高寒草甸施工保护与生态修复技术

李仁华　代宗育　汪海波 等　著

中国水利水电出版社
www.waterpub.com.cn
·北京·

内 容 提 要

高寒草甸是在寒冷的环境条件下发育在高原和高山的一种草地类型，在我国主要分布在青藏高原，其组成主要是冷中生的多年生草本植物，常伴生中生的多年生杂类草。由于发育地环境条件恶劣，高寒草甸一旦遭到破坏就很难恢复。在青藏高原高寒地区开发建设时，不可避免地会扰动原生草甸，如何保护草甸是开发建设必须解决的现实问题。本书介绍了青藏高原高寒地区植被多样性及分布概况、高寒草甸土壤可蚀性及生态环境保护现状与需求、青藏高原高寒地区草甸保护施工案例等，并着重论述了生产建设项目施工扰动的高寒草甸剥离、养护、回铺工艺，以及扰动破坏后高寒草甸区的生态恢复技术。可为后续高寒草甸区草甸研究与保护性施工提供借鉴与参考。

图书在版编目（CIP）数据

高寒草甸施工保护与生态修复技术 / 李仁华等著
. -- 北京 : 中国水利水电出版社, 2022.12
ISBN 978-7-5226-1163-1

Ⅰ. ①高… Ⅱ. ①李… Ⅲ. ①寒冷地区－草甸－生态环境保护－研究②寒冷地区－草甸－生态恢复－研究
Ⅳ. ①S812.6

中国版本图书馆CIP数据核字(2022)第245494号

GS京（2022）1387号

书　　名	**高寒草甸施工保护与生态修复技术** GAOHAN CAODIAN SHIGONG BAOHU YU SHENGTAI XIUFU JISHU
作　　者	李仁华　代宗育　汪海波　等 著
出版发行	中国水利水电出版社 （北京市海淀区玉渊潭南路1号D座　100038） 网址：www.waterpub.com.cn E-mail：sales@mwr.gov.cn 电话：（010）68545888（营销中心）
经　　售	北京科水图书销售有限公司 电话：（010）68545874、63202643 全国各地新华书店和相关出版物销售网点
排　　版	中国水利水电出版社微机排版中心
印　　刷	天津嘉恒印务有限公司
规　　格	184mm×260mm　16开本　12.75印张　287千字
版　　次	2022年12月第1版　2022年12月第1次印刷
印　　数	001—500册
定　　价	**98.00**元

本书编委会

主编： 李仁华　代宗育　汪海波

成员： 姚　赫　张　勇　张　歆　林庆明　周　媛

项　宇　孙驷阳　赵俊华　杨　昕　占羽檬

李晓锋　江　宁　程景彬　李国锋　闫定弘

朱光杰　王战辉　林春杰

前 言

伴随着国家经济的不断发展，国民收入水平不断提升，社会对能源的依赖与需求量逐渐增大，同时国家对能源保障的需求也有所增加。在能源结构中，化石能源为主要能源。从油气输送方式来看，我国先后经历了公路、铁路、管道三大阶段。其中，公路输送与铁路输送具有成本高、运量有限、建设投资较大等典型特征，而管道输送特别是长输管道输送则可以承载较大的油气运输量，且具有单位运费低、能耗较小、受外界气候条件影响小、安全性能好、有利于环保等优势，尤其适合长距离输送易燃易爆的石油、天然气，因而管道输送成为包括我国在内的世界多数国家的现实选择。我国油气长输管道工程建设发展迅猛，现已贯穿我国疆域的东西南北，而长输管道工程跨越区域大，穿越地区地质条件差异大，不可避免的对区域生态环境产生影响。青藏高原地区为我国的重要能源通道，工程建设对原生草甸植被及生态环境造成破坏，因此长江水利委员会长江流域水土保持监测中心站组织编写了《高寒草甸施工保护与生态修复技术》。

高寒草甸广泛分布于青藏高原东部及其周围山地，处于高海拔、高纬度地带，所形成的群落和生态系统具有独特的物种组成、生态结构、生物量以及物质循环和能量流动规律与机理。首先，管道工程施工将直接损害地表保护层，尤其是高寒草甸将受到破坏；其次，高原牧场土壤侵蚀不仅影响土壤的肥力而且也影响草甸牧草的质量；最后，高寒草甸破坏，将导致严重水土流失现象，损害区域生态环境。因此，保护高寒草甸，对于保护植被、减少土地荒漠化、防止水土流失、减少河流泥沙含量、维护生物多样性、改善生态环境等具有非常重大的意义。

本书以青藏高原高寒草甸区为对象，从高寒草甸表土低损剥离、剥离后草甸根系劣化阻控、极端条件下土壤局部环境改良和生态修复等四个方面综述了高寒草甸立体防护及生态修复技术方法，探寻管道施工后迹地生态修复的最优路径，研究高寒草甸区高频扰动生态修复关键技术，对高寒地区管道施工后生态恢复、人为扰动、植被保护等提供建议及参考。

全书共8章，各章节编写工作由不同人员负责，第1章由李仁华、汪海波、程景彬和李国锋编写；第2章由代宗育、汪海波、闫定弘、朱光杰、王战辉和林春杰编写；第3章由张勇、张歆、李仁华、林庆明、周媛、孙驷阳、占羽檬和李晓锋编写；第4章由姚赫、张勇、张歆、林庆明、周媛、项宇、江宁和杨昕编写；第5章由周媛、张歆、李仁华、姚赫、张勇、项宇、孙驷阳和江宁编写；第6章由张勇、李仁华、张歆、周媛、姚赫、林庆明和赵俊华编写；第7章由张歆、张勇、周媛、林庆明和孙驷阳编写；第8章由张勇、张歆、李仁华、姚赫和林庆明编写；全书由李仁华统稿。

限于研究人员自身的专业知识、研究认识和实践经验，书中难免有疏漏和不足之处，敬请指正。

李仁华

2022年10月于武汉

目　录

第1章 高寒草甸区概况

高寒草甸广泛分布于青藏高原东部及其周围山地，其草层低矮，结构简单，层次分化不明显，覆盖度大，生长季节短，具有较强的抗寒性，其形成发展和分布规律受特定生态地理条件的制约，是青藏高原等高山地区具有垂直地带性特征的植被类型，也是一定地区生物气候的综合产物。不同于我国低海拔地区的隐域性草甸植被，高寒草甸处于高海拔、低纬度地带，所形成的群落和生态系统具有独特的物种组成、生态结构、生物量以及物质循环和能量流动规律与机理。加之，对地貌、气候变化以及水文特征最敏感，高寒草甸群落和生态系统会受到全球变化进程加剧的影响；同时，群落和生态系统的结构与功能的动态演变能够对全球变化产生敏锐的反应。因此，通过对高寒草甸地质地貌、植被水文、气象等因素进行分析，探究各因素空间分布差异对高寒草甸分布特征的影响，为高寒草甸生态系统的优化组合和可持续发展提供理论依据。

1.1 地　　质

青藏高原位于亚洲大陆的中南部，海拔高度4000m以上，是世界上最高的高原，素有“世界屋脊”之称。由北向南包括祁连－柴达木、昆仑、巴颜喀拉、羌塘－昌都、冈底斯和喜马拉雅等6个构造带，由蛇绿混杂岩所代表的缝合带将各构造带之间隔开。构造带从北向南依次变新，表明青藏高原是由欧亚大陆不断向南增生，冈瓦纳古陆北缘微陆块不断解体、北移、拼贴到欧亚大陆南缘而产生的。在早古生代结晶基底上，发育了早古生代优地槽，加里东运动使地槽回返，形成褶皱基底，晚古生代转化为稳定的盖层。由于印度洋不断扩张使已拼合的印度板块与欧亚大陆发生大陆岩石圈俯冲，俯冲带地壳缩短，分层变形、加厚，经历了一系列构造抬升和均衡隆升的阶段，在晚新生代青藏高原出现。青藏高原是200万年地壳隆升的结果，并且这一隆升过程至今尚未结束。

青藏高原有5个主要岩层：①北祁连蛇绿岩带，位于祁连中央隆起带北侧，包括蛇纹石化橄榄岩、辉橄岩和纯橄岩；中基性海底喷发岩，主要为细碧岩、角斑岩，具枕状构造；放射虫硅质岩夹复理石砂板岩。带内发育有蓝闪石片岩，常出现在超镁铁岩上下盘，主要有绿帘石蓝闪片岩、石榴石蓝闪片岩和石英白云母蓝闪片岩3种组合类型，蓝闪石结晶粗大。②昆仑蛇绿岩带，属蛇绿岩套，与蛇绿岩伴生的构造混杂岩和泥砾混杂岩的基质是早三叠世复理石，夹有大量二叠纪石灰岩和含煤碎屑岩等外来块体。③龙木错－金沙江缝合带，总体呈北西西向展布，东段向南偏转，构造混杂堆积和蛇绿混杂堆积十分发育，近期主要表现为右行走滑断裂，有地震活动。④班公错－怒江蛇绿岩带，为古特提斯南域的一个深海盆，包括超镁铁岩、堆晶辉长岩、粒玄岩岩墙、枕状玄武岩和放射虫硅质岩。⑤雅鲁藏布江蛇绿岩带，沿印度河－雅鲁藏布江蛇绿岩断续出露，长达1700km，包括地幔超镁铁岩、堆晶辉长岩、枕状拉斑玄武岩、辉绿岩席状岩墙群，上覆灰绿色、紫红色放射虫硅质岩。由于板块俯冲，与蛇绿岩相伴，发育了泥砾混杂岩和蛇绿混杂岩。

青藏高原为一个外形呈纺锤状的封闭负异常区，夹在塔里木地台、扬子地台和印度地台的正异常区之间，形成一个不对称的“重力盆地”。异常边缘陡峭，内部平坦，与地质构造格局和地形轮廓基本一致。地壳厚度与地壳结构在南北方向上的变化大于东西方向。高原内部浅源地震断层面解和高原中源地震断层面解，揭示出高原的现今应力场，其主压应力轴多近南北向或北东向，高原东部边缘近东西向。这说明高原岩石圈存在一个以近南北向水平压应力为主，及与之成正交的张应力为辅的近代构造应力场。高原中西部一系列近东走向的逆冲断裂带、推覆构造带等压性构造和走滑压剪性构造，都是在这种构造应力场的背景下形成的。

1.2 地形地貌

我国高寒草甸分布在所处的地形多为高原面上缓丘、山坡、冰碛平台、宽谷和盆地等。青藏高原南起喜马拉雅山脉南缘，北至昆仑山、阿尔金山脉和祁连山北缘，西部为帕米尔高原和喀喇昆仑山脉，东及东北部与秦岭山脉西段和黄土高原相接，一般海拔在3500～6000m，平均海拔4000m以上，东西长约2800km，南北宽约300～1500km。青藏高原是一个巨大的山脉体系，青海高原、祁连山地、羌塘高原、藏南谷地、柴达木盆地和川藏高山峡谷区等6个部分共同构成了青藏高原。由于受到重力和外有引力的作用，高原面在形成过程中发生了不同程度的变形，使整个高原的地势呈现出由西北向东南倾斜的趋势。青藏高原的低海拔地区是由高原面的边缘被切割所形成的，地形较为破碎。青藏高原主要的山脉类型（从走向划分）是东西走向的山脉，占据了青藏高原的大部分地区；次要山脉类型是南北向山脉，其主要分布在高原的东南部及横断山区附近，地貌骨架由这两组山脉构成，控制着高原地貌的基本格局，东北向的山脉平均海拔高度普遍偏高。青藏高原的冻土特征具有明显的纬向变化规律，是世界上中低纬度地区面积最大的多年冻土区，占中国冻土面积的70%。除去多年冻土之外，在海拔较低区域内青藏高原还具有季节性冻土，即冻土随季节的变化而变化，呈现出一系列融冻地貌类型。另外，青藏高原上也广泛分布着冰川及其冰川地貌，青藏地区区位图如图1.1所示。

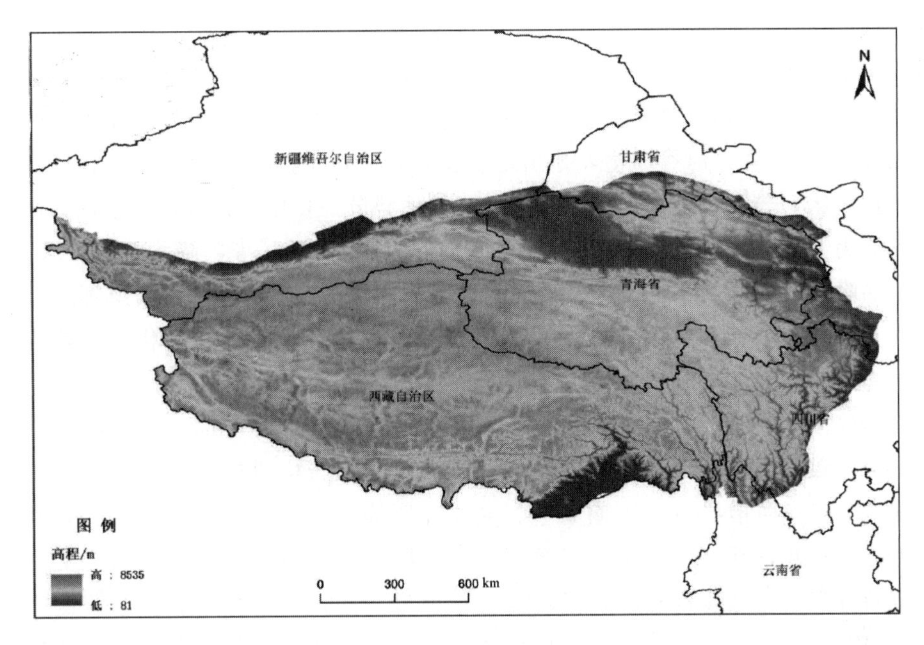

图 1.1 青藏地区区位图

祁连山脉位于青海省的东北部，且大部分山脉位于青海省境内，境外山脉包括兰州西北部的山脉和北部山脉，构成青海、甘肃两省的天然分界，地貌特征十分复杂且具有明显的特殊性，山脉南北向具有明显的不对称性，南坡地势相对平缓，北坡地势陡峭，导致南北海拔落差大。东西长约 800km，南北宽 200～300km，地形多为谷地和平行山地。地势自西向东逐渐降低，山脉平均海拔 4000m 以上，西段不少地区海拔在 5000m 以上，山间盆地和宽谷海拔一般为 3000～4000m，谷地较宽，两侧洪积、冲积平原或台地发育。祁连山海拔 4500～5000m 以上现代冰川和古冰川作用的地貌类型较丰富。祁连山区受地形海拔和高原气候的影响，且冻土的下限高程一般为 3400～3700m，使得大多数山区发育着冰川地貌，具有东部以流水作用为主的特征。

天山山脉位于新疆中部，平均海拔约 4000m，其主要地形结构为山地，且结构复杂。山地气候明显分成冷、暖两季，冷季天气多晴朗，3000m 以下的山地、盆地和谷地积雪深厚，且多雾霜；暖季（夏季）海拔 3000m 以上多雨雪，3000m 以下气候凉爽，特别在天山西段，冬季往往形成明显的逆温层结。天山山脉由三列大致平行的山岭组成，其中北路天山有喀拉乌成山、阿拉套山、阿尔善山、婆罗科努山和伊连哈比尔尕山，中路天山有乌孙山、那拉提山和额尔宾山，南路天山有科克沙勒山、哈尔克他乌山、科克铁克山和霍拉山等。地势较高，顶部常年积雪，多冰川，雪线高度海拔为 3600～3800m，附近寒冻风化强烈，形成冰川侵蚀地形，在海拔 2500～2800m 以上的山脉，存在冰川作用带并堆积了大量的冰川沉积物。天山山地从山顶到山麓形成了四个现代地貌过程，分别为常年积雪和现代冰川作用带（海拔 3800～4200m）、霜冻作用带（海拔 2600～2700m，低温时间长）、流水侵蚀、堆积带（海拔 1500～2700m 或 2800m，该地带河网密集）以及干旱剥蚀低山带（海拔1300～1500m以下，年降水量200～400mm）。

世界上最高大的山系之一——昆仑山。昆仑山脉西起帕米尔高原，平均海拔5500～6000m，宽130～200km，西窄东宽，在中国境内地跨青海、四川、新疆和西藏四省（自治区），地形相对平缓，河谷纵横，冰川地貌发育较快，是高原地貌的基本骨架，是青海省重要的自然区划界线。昆仑山脉西高东低，按地势分西、中、东3段，依次为西段昆仑山平均海拔为5500～6000m，主要山脉有乌孜别里山、康西瓦等，降水量北坡大于南坡，雪线附近的降水量则达300mm左右，土壤类型为高寒草甸土、棕钙-淡栗钙土、山地棕漠土，主要植被包括紫花针茅、银穗羊茅、雪岭云杉林、刺矶松、垫状驼绒藜等；中段昆仑山平均海拔5000～5500m，植被类型有沙生针茅、红沙半灌木、短花针茅、昆仑蒿等，土壤为棕漠土、棕钙土；东段昆仑山平均海拔4500～5000m，山地海拔在3800～4500m是以小蒿草为主的草原化高寒草甸。昆仑山脉的新构造运动极其强烈并具有间歇性，属晚古生代海西褶皱带。青南高原、藏北高原等地区由于地势较高、气候寒冷，存在多年冻土，在此条件下，发育着以藏蒿草、青藏苔草为主的沼泽化草甸。秦岭由东向西海拔逐渐升高，在地质构造上，秦岭是像个掀升的地块，山脉主脊偏于北侧，北坡是一条极大的断层，短而陡峭，南坡坡度较为缓和，秦岭北坡山麓短急，地形陡峭，南坡山麓缓长，坡势较缓。西秦岭北缘构造带处于青藏高原东北缘地形地貌、变形转换和地壳厚度弧形梯度带内，构造活动强烈，地貌类型多样，既有夷平面残留，又有多方向复杂的沟谷水网，还有特殊的岩石地层形成的特殊地貌现象。

综上所述，高寒草甸分布区的地貌复杂多样，复杂的地形地貌对土壤、气温降水、日照和太阳辐射以及水文特征等产生了明显影响，进而影响了植物群种的构成。

1.3 土壤与植被

1.3.1 土壤

土壤特性是一系列土壤物理化学特征的综合反映，体现了土壤环境的基本状况，包括土壤物理结构与组成、土壤化学与养分特征以及土壤水分行为特征等，与自然环境和植物有着密切的关系，它们相互影响、相互作用，构成了土壤-植物-大气的物质循环系统。相对草地土壤而言，有关森林土壤与农田土壤环境在不同土地利用与管理措施下的变化研究开展较早，在不同气候与地貌条件下，对土地覆盖/利用变化下土壤的理化性质与环境特性的改变都有较为深入的研究。已有的初步研究表明，草地覆盖变化与森林覆盖变化相似，对土壤水文循环以及土壤养分迁移变化具有显著影响。在草地土壤中，广泛分布于青藏高原和内陆山地的高寒草甸草地土壤具有特殊性。

1.3.1.1 土壤的分布与形成特点

（1）土壤的分布。

高寒草甸土（alpine meadow soil），发育于高山森林郁闭线以上草甸植被下的土壤，在中国曾称草毡土，它是高原和高山低温、中湿及高寒草甸植被下发育的土壤类型。这类土壤在欧洲、美洲和大洋洲的高山区也有分布，而中国的高寒草甸土主要分布于青藏高原东部的高山和高原面，以及帕米尔高原、天山和祁连山等海拔在3200～5200m的高山地带。在青藏高原，其大部分都分布在海拔4400～5500m的范围内，处于高原亚寒带半湿润气候；在天山等山地常以垂直带的形式出现，而在高原面上则具有水平地带性分布的特征。在祁连山的中段，海拔3800～4400m的范围内，东段海北州境内，高寒草甸土多分布于3300～4000m的山地阳坡及宽谷，垂直地带较宽。在昆仑山由于受到柴达木盆地干旱气候的影响，土壤从东到西逐渐变干，导致生草线抬升，进而使高寒草甸土从东到西垂直带谱由宽变窄，主要分布在阴坡，分布上限为4600～4800m，下限为4000～4400m；青藏公路以东地区是唐古拉山高寒草甸土的主要分布区域，从东向西垂直带谱由宽变窄，分布海拔高度为4700～5300m。高寒草甸土所在的地形多为山坡、盆地、高原面上缓丘、宽谷和冰碛平台等。母质多为残积-坡积物、坡积物、冰碛物和冰水沉积物等。

从水平分布上讲，高寒草甸土主要分布于内外流水系分水岭以东南地区向西北方向，随着干旱程度的增强，逐渐过渡为高山草原土。在垂直分布系列中，高寒草甸土上承高山碎石带，下接土带。在西部，由于受到了永冻层影响，且基面很高（4500m以上），多接高原沼泽土；在中部，地形降低，高寒草甸土构成基带，并几乎占据了高山碎石带以下的全部空间；在东南部，多与高山灌丛草甸土复合分布，在边缘峡谷地段则下接山地灰褐土，主要分布在阳坡和基带。

（2）土壤的形成特点。

高寒草甸土因地表常年受到冻裂和土滑作用而呈现为层状或小丘状；草根交织成软韧的草皮层。可分为三个亚类：高寒草甸土、高山草原草甸土、高山灌丛草甸土。生草过程发育强盛，形成致密紧实的草皮层，有机质含量较高，但未能分解。土壤呈微酸性至中性反应，部分土壤有永冻土层，发育于高山森林郁闭线以上草甸植被下的土壤，在中国曾称草毡土，高寒草甸可作为天然牧场。在亚高山带的有些地区配以防寒和肥水管理措施后可开垦为旱作农田，种植青稞、油菜等耐寒作物。

青藏地区高寒草甸的覆盖度也十分有限，覆盖度与土壤侵蚀强度和模数和有很强的相关性，高寒草甸退化加深土壤侵蚀，而土壤侵蚀强烈又会加重草甸退化，这说明了生态补植对土壤侵蚀治理及植被恢复的重要性。青藏地区土壤侵蚀空间分布如图1.2所示。

高寒草甸土广布于青藏高原，是森林郁闭线以上高山带或无林山原高寒草甸植被下发育的土壤。青藏地区是我国自然植被和土壤保存比较完好的地区，其中土壤质地包含砂土、黏土、粉砂土三种类型。

砂土是指土壤颗粒组成中砂粒含量较高的土壤，土壤质地的基本类别之一。砂粒（粒径1～0.05mm）含量大于50%为砂土。如图1.3所示，青藏地区从西到东沙土含量逐渐增加，从南向北含量逐渐增加，随经纬度分布较为明显，砂土含量40%～60%主要分布在西藏地区的东部、四川省的西北部以及青海省的南部和东部地区，面积为99.13万km^2，占青藏地区面积的39.51%；含量为60%～80%的砂土面积最大（125.46万

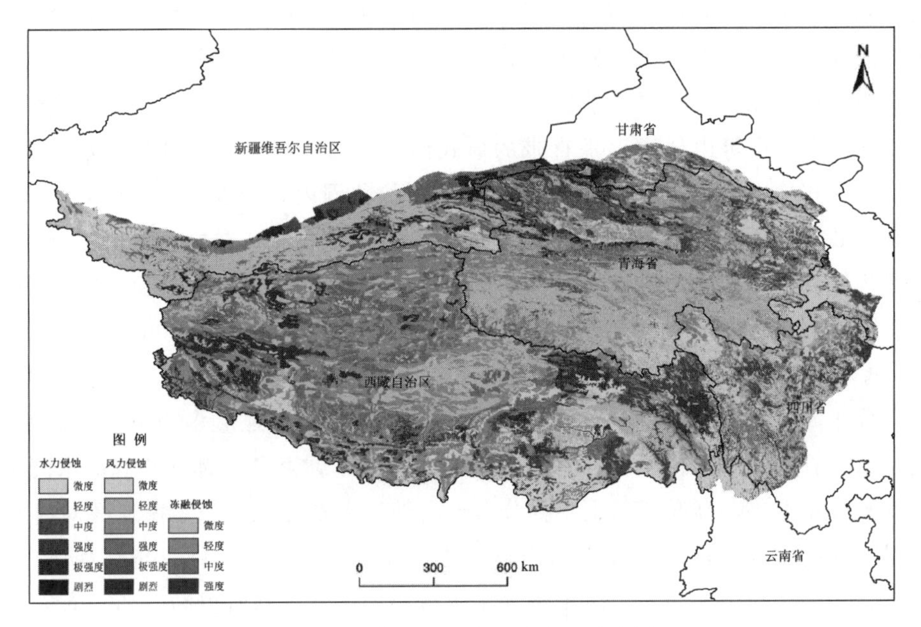

图 1.2 青藏地区土壤侵蚀空间分布图

km²)，所占总面积的比例为50.01%，分布在青藏地区的西北部；而砂土含量0～20%的所占比例最小（0.44 万 km²），仅占 0.18%，含量 20%～40%和 80%～100%的占10.30%，大多数分布在青海省的西北部和新疆的南部。砂土保水保肥能力较差，养分含量少，土温变化较快，但通气透水性较好，好气性微生物活动占优势，可以促进有机质分解，有机质矿质化加快，且土壤疏松，易耕作。

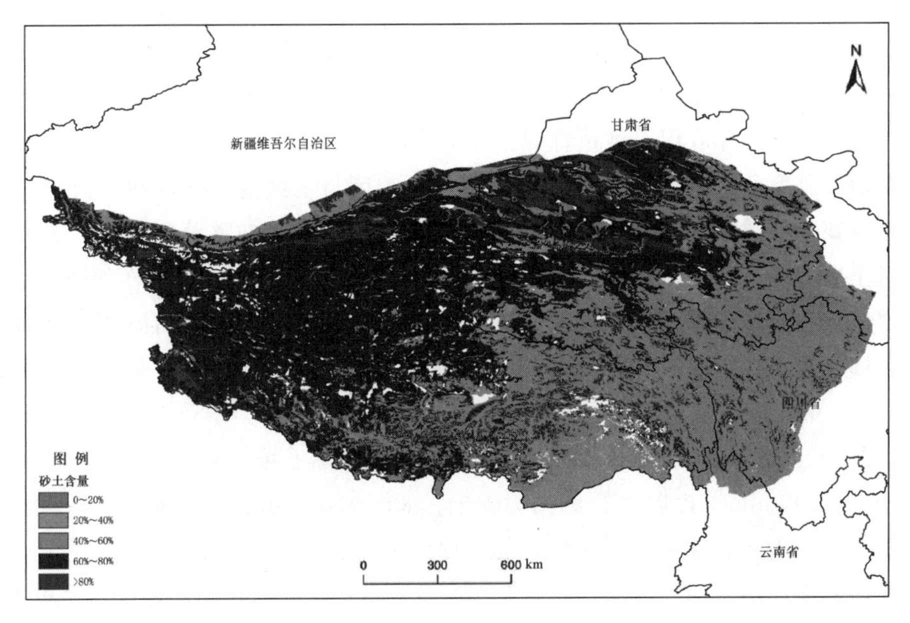

图 1.3 青藏地区砂土分布图

黏土是含沙粒很少、有黏性的土壤，水分不容易从中通过，具有较好的可塑性。如图 1.4 所示，青藏地区黏土含量在 10%～20%的面积为 109.15 万 km^2，占青藏地区总面积的比例最大（为 43.51%），其主要分布于西藏的中部和东南部、青海省的北部以及四川省的西北部，而含量大于 40%的黏土面积比例最小为 0.29%（面积为 0.73 万 km^2）；含量为 0～5%和 5%～10%的黏土分布在新疆的南部、西藏的西北部和青海省的西北部，所占比例分别为 5.78%、22.73%，黏土（含量为 20%～40%）主要分布在西藏、青海的东南部和四川省的西北部，面积为 69.45 万 km^2。

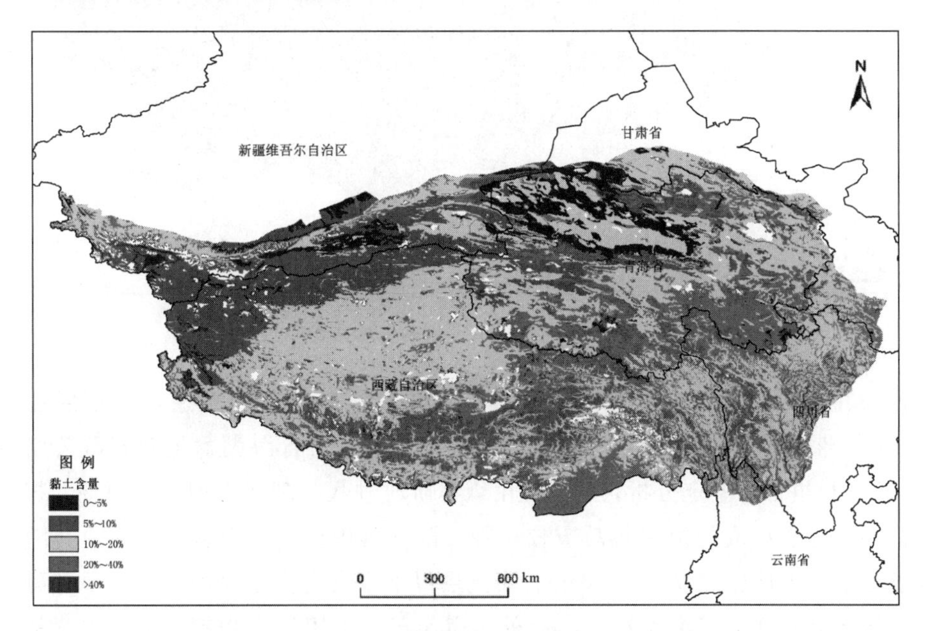

图 1.4 青藏地区黏土分布图

粉砂土是岩石经过风化作用后的产物，颗粒介于细砂土和粉土之间，其颗粒组成中以砂粒和粉粒为主，黏性颗粒含量相对较少。如图 1.5 所示，青藏地区粉砂土逐渐向内部蔓延，从东南向西北粉砂土含量逐渐减少，在高原内部河流附近粉砂土含量明显增加。粉砂土含量在 10%～20%面积比例 45.22%，所占面积为 113.43 万 km^2，分布在新疆的南部、青海和西藏的西北部以及甘肃的西部地区；含量为 20%～40%的粉砂土主要分布在四川省的西北部、西藏和青海省的东南部，面积为 112.23 万 km^2，所占总面积比例 44.73%，而含量在 0～5%、5%～10%和大于 40%的粉砂土所占总面积的比例较小，分别为 3.31%、1.21%、5.53%，其主要分布在青海省西北部和新疆南部。粉砂土的天然含水率较低，当颗粒较细时毛细作用较发达，在季冻区粉砂土路基在冻结过程中水分的迁移积聚现象较为显著。

高寒草甸土壤形成具有以下明显特征：

(1) 土壤的年轻性。

土壤发育比较年轻是由于广大地面从第四纪冰期的冰雪覆盖下暴露的历史与外围地

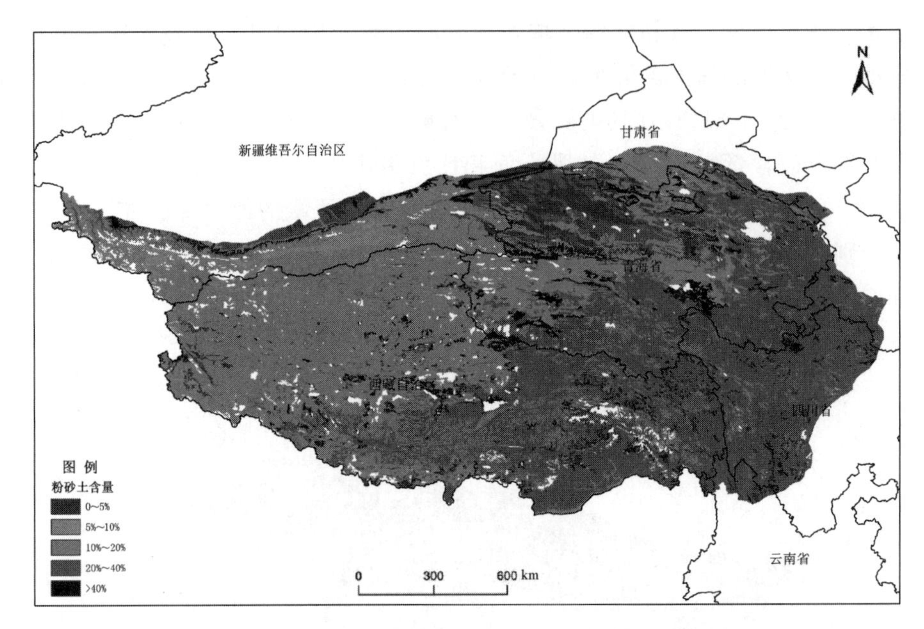

图1.5　青藏地区粉砂土分布图

区比较最为短促，气候严寒，相应的土壤剖面发育比较年轻，普遍具有薄层性（30～60cm）、粗骨性的特点，缺乏明显的B层等特点。通过对青海湖盆地及青藏公路清水河203m钻孔孢粉组合的鉴定分析，均曾经由森林阶段进入与现代近似的草原期。据此可以推断，高寒草甸土形成的绝对年龄应较年轻。剖土壤中砂、砾石含量较多，并随深度增加而显著增加。土层厚度仅40～50cm，表土层以下常夹有大量砾石，有明显的融冻形态特征，底层有季节冻层或多年冻土。此外，高寒草甸土壤发育程度较低，土壤剖面大都呈As-A或C/D结构，B层发育不明显。成土过程以强烈的生草化为主，表层10～25cm为草毡层（As），根系交织得极为紧密，容重较小。

（2）有机质分解缓慢。

高寒草甸土生草旺盛，以碳酸盐高寒草甸土最为突出，厚约4～10cm，其草皮层盘结极为紧实而具弹性，容重很小（$1g/cm^3$ 以下），但坚实度极大，其所在区域由于土壤的湿度过大，水分充塞了绝大部分土壤孔隙，使得通气受阻，再加上夏季气温较低、太阳辐射强等原因，土壤微生物活动受到明显的抑制，在干冷的冬季温度更低，微生物活动更加微弱，甚至停止，因此植物残体分解速度慢，得不到完全分解，以有机残体或腐殖质的形式在土壤表层累积，故高寒草甸土壤中形成了根系盘结的草皮层，在草皮层之下发育有暗色腐殖质层。

（3）土体大多盐基饱和。

高寒草甸土有机质含量10%～20%，以富啡酸为主，胡敏酸/富啡酸（H/F）比值为0.6～1.0。土壤复合胶体以松结合态腐殖质为主，腐殖质层厚8～20cm，呈灰棕至黑褐色粒状-扁核状结构，下层腐殖质层颜色会变淡。土壤剖面中水溶性盐类和碳酸钙已淋失，仅部分剖面的中、下部有碳酸钙积聚，呈酸性至中性反应。在亚高山带，土壤层次间过渡迅速而明显；而在高山（真高山）带则不甚明显，且AB层出现一个暗色层。

1.3.1.2 土壤类型

（1）高寒草甸土。

高寒草甸土分布在高山带上部较为平缓的山坡，成土母质多为残积-坡积物、冰碛物及冰水沉积物。植被以蒿草为主，伴有有头花蓼、珠芽蓼等矮草草甸及次生杂类草草甸，覆盖度20%～80%，地表有地衣、苔藓附生。局部地区草皮层较薄，当气温升高使得土壤化冻时，在永冻层上形成滑动面，草皮滑脱，从而造成剖面缺层。剖面形态为As-A1-AB-C型，有机物积累作用强，草皮层和腐殖质层发育良好，有机质含量8.60%，母质层薄，下为基岩或基岩风化碎石，剖面弱石灰反应，pH值6.16～7.98。高寒草甸土植株矮小，且生长茂密，具有营养价值高、放牧性强等特点。

（2）高山草原草甸土。

高山草原草甸土分布在高寒草甸土之下，海拔平均高度为3800～4600m，受弱淋溶作用的影响，所形成的草皮层根系盘结坚韧干燥，厚度一般为5～12cm，土壤水分条件也相对较差，成土母质坡积-残积物或洪积物及冰碛-冰水沉积物，植被类型为针茅-嵩草草原草甸。高山草原草甸土有三个分布区：唐古拉山区，分布东部高山半阴坡及山间开阔谷地，海拔分布高度由东向西逐渐抬升并渐灭；祁连山东段，多见于阳坡带及平缓的山原面；昆仑山区，海拔高程由东向西依次抬升。土壤剖面形态为As-A1-Bca-C型，有机质含量较低，淋溶作用弱，呈强石灰反应，土层厚度不均，但多为薄层，草皮层因土壤冻融交替作用而造成不同程度的脱落。

（3）高山灌丛草甸土。

高山灌丛草甸土所在环境为冷温微润，分布于高山带内3800～4500m的山体局部阴坡，常与亚高山灌丛草甸土交错镶嵌，仅有少部分地块镶嵌于高山草原草甸土地带内，土层厚度约30cm，土体湿度较大，土壤水分含量高，植被上层为灌木，覆盖度40%～50%，下层为草本植物。土壤表层有机质含量为9.56%，腐殖质层明显，厚度为20cm，淋溶作用弱，新生体多呈假菌丝状及斑点状，并有较多的石块侵入体，通体呈强石灰反应。

（4）冻土。

青藏高原独特的地理水文环境孕育了世界上中低纬度地区面积最大、范围最广的多年冻土区，冻土面积约$115.02\times10^4km^2$（不包括冰川与湖泊），占中国冻土面积的70%，主要分布在4000～5500m，在海拔较低区域内，青藏高原还分布有季节性冻土，即冻土随季节的变化而变化，冻结、融化交替出现，呈现出一系列融冻地貌类型。从中新世中期至上新世末，青藏高原抬升比较缓慢，而自此以后高原抬升速度及幅度逐渐加剧，至晚更新世末期高原面海拔达到4000～4500m。由于高原巨大的海拔高度，使其具备了形成和保存多年冻土的低温条件，与同纬度的我国东部地区相比，平均气温低18～24℃，具有-3.0～7.0℃的年平均气温，为高原晚更新世以来及现存多年冻土的形成与保存提供必要的气候环境。青藏高原海拔、气温以及坡向的特征，决定着高原多年冻土分布特征具有垂直分带性和明显的纬向变化规律。海拔越低，坡向的作用越明显，在 5100m 以下，阴坡（北坡）发育的多年冻土面积大于阳坡（南坡），在 5100m 以上，海拔控制着多年冻土的分布。青藏公路可视为纵贯青藏高原南北的剖面，由 60～61 道班之间至昆仑山垭口和安多北山至 124～125 道班之间北段、南段岛状冻土区，北段冻土分布下界为海拔 4150～4250m；南段冻土分布下界为海拔 4640～4680m，自南而北大致纬度升高 1°N，冻土下界降低 80～100m。此外，冻土分布下界随纬度的变化也是受海拔高度和纬度控制的，巨大的高原及其东西部地势和气候的差异，也会带来多年冻土在经向上的变化。

1.3.2　植被

1.3.2.1　植被分布

高寒草甸是分布海拔最高的草地生态系统，以密丛而根茎短的小蒿草、矮蒿草等为主，并常伴生多种苔草、圆穗蓼和杂类草，群落结构简单，层次不明显，生长密集，植株低矮，有时形成平坦的植毡，草群高为 3～10cm，覆盖度 70%～90%，在阳坡方向还常有灌丛出现，常为分散的片状，是青藏高原和高山寒冷中湿气候的产物，是典型的高原地带性和山地垂直地带性植被（图 1.6）。草甸与草原的区别在于草原为半湿润和半干旱气候条件下的地带性植被，以旱生草本植物为优势种；而草甸一般属于非地带性植被，可出现在不同植被带内。

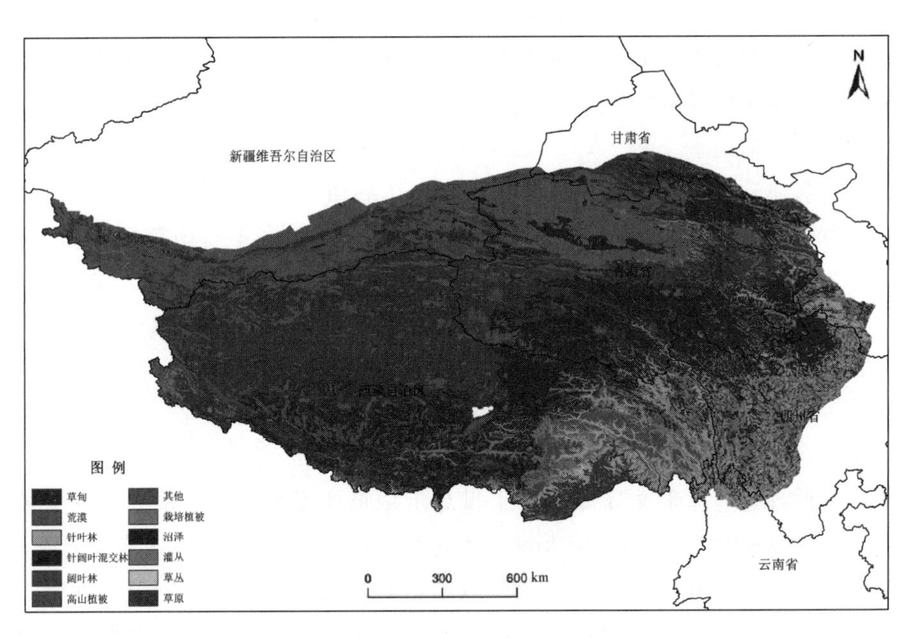

图 1.6　青藏地区植被类型空间分布图

1.3.2.2　主要植被类型

（1）小蒿草（*Kobresia pygmaea*）草甸。

小蒿草又名高山蒿草，多年生草本，分布于华北、青海、甘肃、西藏、云南等地区，

是青藏高原高寒草甸上分布最广、所占面积最大的植被类型之一。根状茎密丛生，秆矮小，高1～3cm，基部有暗褐色枯死叶鞘。叶与秆近等长，刚毛状。鳞片宽卵形或长圆卵形，中部淡绿色，两侧褐棕色。花序简单穗状，卵状长圆形，长4～6mm，雌雄异序或同序。草质柔软，营养丰富，适口性强；同时耐放牧践踏，是一类很好的天然放牧场，适宜放牧牦牛和藏羊。

（2）藏嵩草（*Kobresia tibetica*）草甸。

藏嵩草主要分布于甘肃、青海、四川、西藏等地区，位于海拔2900～5000m的祁连山、昆仑山、唐古拉山地区的阴坡上，常作为亚优势种，与优势种高山嵩草（*Kobresia pygmaea*）组成阴坡高山嵩草草地。在青藏高原的高寒草甸上，根系发达，生命力强，在海拔3300～4600m的高寒地区，年气温在0℃气候条件下，生长良好。藏嵩草根状茎短，秆密丛生，纤细，高20～50cm，粗1～1.5mm，基部具褐色至褐棕色的宿存叶鞘。叶短于秆，丝状，宽不及1mm，腹面具沟。在海拔3200～4000m的高山沼泽比草甸地区成片生长，一般藏嵩草生长的地区气候寒冷而潮湿积水，日照短。藏嵩草经常与高山嵩草、线叶嵩草（*Kobresia capillifolia*）、苔草属（*Carex*）组成地下根茎密丛型莎草层片。在山麓洪积扇积水地带，沟头积水洼地，常常出现以西藏嵩草为主的沼泽化草甸，外貌整齐，覆盖度为90%～95%，草群高15～25cm。若积水消失，则藏嵩草就逐渐退化。

（3）线叶嵩草（*Kobresia capillifolia*）草甸。

线叶嵩草是高寒草甸草场的建群种、高寒草原草场的亚建群种，广泛生长在天山、阿尔泰山及昆仑山等地。在天山海拔2600～3400m范围内，它与嵩草、细果苔草、珠芽蓼及仙女木等建群种植物组成不同的草场型，伴生植物十分丰富，有高山紫菀、高山黄芪、毛虎耳草等，草层高10～30cm，总覆盖度60%～95%；在昆仑山和帕米尔海拔3600～4600m的高寒草甸草场中，它除与窄果嵩草、珠芽蓼、穆莎苔草、晚苔草等同为建群成分外，还以亚建群成分与新疆银穗草组成草场型，以线叶嵩草为单优种建群的草场型，是当地高寒草甸草场中分布广，面积大的草场型之一，草层高7～30cm，总盖度50%～90%。喜寒冷湿润的气候和土层厚实、肥力较高的土壤条件，产草量高，营养丰富，适口性强，是很好的天然放牧场。

（4）嵩草-异针茅（*Stipa aliena*）草甸。

嵩草-异针茅为多年生密丛草本，须根坚韧。异针茅株高10～15cm，层次分化明显，土壤为碳酸盐高寒草甸土，土层薄、干燥。异针茅粗蛋白质含量较高，抗寒性和抗旱性都很强，茎叶柔软，叶量丰富，适口性好，适于在高寒牧区大面积建立人工草地。因此，异针茅扩繁生产，可从缓解三江源区高寒草原地区适宜草种极度缺乏局面，从而促进该地区草地生态环境恢复和草地畜牧业发展。在返青至抽穗之前，各种家畜都喜食，它的茎叶柔软，适口性好，营养价值高，是种植区牲畜夏季主要采食的牧草之一。

（5）矮嵩草（*Kobresia humilis*）草甸。

矮嵩草是一种寒中生根茎疏丛型牧草，根状茎短，植株低矮，茎叶柔软，喜湿冷的生态环境，适宜土壤为高寒草甸土、亚高寒草甸土。在高寒草甸草场中常以建群种、亚建群种或主要伴生种的地位与穗状寒生羊茅、珠芽蓼、黑花苔草、线叶嵩草、天山羽衣草、细果苔草等组成不同的草场型；而在山地草甸草场中则常居于伴生种的地位；由矮生嵩草+线叶嵩草+珠芽蓼所组成的高寒草甸草场，草层高度为10～25cm，覆盖度为50%～80%，该类草场气候凉爽，水源丰富，草质优良，营养价值高，是羊和马的优等夏牧场；由黑花苔草+矮生嵩草+珠芽蓼所组成的高寒草甸，有较多的杂类草参与，也会出现灌丛，通常作为夏场利用，少部分背风向阳的宽谷可作为冬场利用，粗蛋白质含量高，最高可达16.05%，粗脂肪含量也较高，有机物质消化率达72.23%，是高寒地区优良牧草之一。

（6）垂穗披碱草（*Elymus nutans Griseb*）草甸。

垂穗披碱草属多年生禾本科披碱草属植物，是青藏高原地区天然草地的主要优势禾本科植物，根系发达，生长期长，具有抗旱、耐寒、品质优、地下繁殖能力和可塑性较强等特点，主要分布在我国内蒙古、甘肃、新疆、西藏等省、自治区，喜马拉雅山也有分布。群落结构较为复杂，组成植被种类较多，总覆盖度60%～80%，株高15～30cm，生长在草原或山坡道旁。适应性强，无论在低海拔地区或高海拔的青藏高原均生长良好，适应海拔高度的范围为450～4500m，适应pH值7.0～8.1的土壤，根系入土深可达88～100cm，在青藏高原海拔3500～4500m的阴坡山麓地带，生长高大茂盛，形成垂穗披碱草草场，喜生长在平原、高原平滩以及山地阳坡、沟谷、半阴坡等地方。其伴生种类有紫花针茅（*Stipa purpurea*）、海乳草（*Glaux maritima*）、铁杆蒿（*Artemisia sacrorum*）、芨芨草（*Achnatherum splendens*）、鹅绒委陵菜（*Potentilla anserina*）、甘肃马先蒿（*Pedicularic kansuensis*）、紫花芨芨草（*Stipa regeliana*）、二裂叶委陵菜等。不仅是高寒地区天然草地的优良牧草组分，而且是青藏高原地区退化草地修复和栽培草地建植的主要草种。

1.4 水文气候

1.4.1 气候

气候是指一个地区大气的多年平均状况，是植物生长和发育至关重要的环境条件，主要的气候要素包括气温、风速、日照、太阳辐射和降水等，其中降水是气候一个重要的要素。青藏高原气候总体特点：气温低，日照时间长，辐射强烈，积温少，气温随海拔高度和纬度的升高而降低，海拔每上升100m，年均温降低约0.57℃，昼夜温差较大，干湿分明，夏季温凉多雨，冬季干冷漫长，四季不明。

1.4.1.1 大气环流

冬季，西风气流遇到青藏高原会产生分支效应，沿高原绕行。在高原西侧发生分支，南北形成两个明显的西风急流，高原北部，西北侧暖于东北侧；高原南部，东北侧暖于西南侧，高原西北侧气流有低纬向高纬流动的分量，为暖气流；西南侧气流有高纬向低纬流动的分量，为冷气流。绕过高原之后，在高原东部相遇，气流辐合，对我国南部和东部的降雨天气中起着十分重要的作用。我国的天气系统受到青藏高原的抑制，当接近高原时，它的南部被高原切断，停留在高原的西部，而它的北部向东移动，强度减弱。它只有在离开高原后才能被重新开发，但在接近高原时，对高压脊和高压系统有明显的强化作用。另一方面，地形的扰动也可能导致低压气槽的产生和下坡或下游高压脊的减弱，合理解释了西北低压槽形成和西南低涡形成的地理背景原因，它们的频繁存在也影响东亚大气环流平均环流特征的形成。

青藏高原对从南而来的寒潮有阻挡作用，导致在同纬度下受到青藏高原阻挡作用影响的印度半岛北部的东部气温比我国东部热带、亚热带地区较高。夏季，青藏高原对南来暖湿气流北上有一定的阻挡作用。我国梅雨天气与江淮盆地高原南北两股气流的汇合有关，青藏高原的屏障功能使高原东侧产生死水效应，它还影响着当地天气系统的形成，这是贵州恶劣天气的直接原因。青藏高原热效应及其对大气运动的影响，在统一海拔高度下，由于高原与周围大气的热差，高原与周围大气的温度有明显的差异，这导致高原附近风场和大气质量发生日变化，同时也导致高原地区大气温度的年变化，研究发现，高原上的大气是夏季同一纬度最热的大气，其东移将直接影响中国东部的天气过程。在冬季，由于高原中部的强辐射降温，它也加强了高原南部的西南风。

青藏高原夏季出现热低压，冬季出现冷高压，与四周大气的热力有明显的差异，从而形成高原季风气候。高原季风与由海陆热力差异形成的季风风向一致，两者叠加，导致我国西南地区季风的厚度特别大，随着海拔升高和进入高原腹地，高原季风逐渐减弱，降水量逐渐减少，从东南向西北依次出现森林、高寒灌丛草甸、高寒草甸、高寒草原和高寒荒漠。高原季风对南北半球空气质量的调整产生影响。

1.4.1.2 气温

青藏高原的年平均气温比同纬度的我国东部地区要低很多，这主要是由于青藏高原海拔较高，夏季气温比东部内地低很多，而冬季气温相对来说却又不太低，尤其是在西藏南部地区，冬季干旱、空气湿度较小，辐射强，北部又受山脉阻挡，冷空气不易入侵，因而冬季不太冷，导致气温年较差较小。然而，青藏高原的年平均气温日较差一般比我国同纬度东部地区要大，高原气温的日变化比我国同纬度东部地区剧烈。有近一半的面积年平均气温低于0℃。温度最低的地区在青南高原和藏北地区，年平均气温低于0℃，部分地区年平均温度甚至低于－5℃。1月是青藏高原上最冷的月份，除藏东南一隅，整个青藏高原气温都在0℃以下，且除藏南和藏东等部分地区以外，高原大部都低于－10℃，其中青海南部、西藏西部和北部、祁连山西部的平均气温都在－15℃以下，比我国除东北和新疆北部外的其他地区都要冷。高原上还有三个相对暖的地区：一是柴达木盆地，年平均气温基本在3～5℃之间；二是青海东部的黄河、湟水谷地，年平均气温基本在5～8℃之间；三是藏东南三江谷地和雅鲁藏布江下游等地，年平均气温基本在5～11℃之间。年极端最高气温的分布与平均气温的分布大不相同，高温区在柴达木盆地，这一方面是由于该地区夏季干旱少雨、辐射强，另一方面与盆地下垫面性质和地形有密切关系。

如图 1.7 所示，青藏高原极端最高气温、极端最低气温的总体分布呈现西冷东暖的特征，与地形西高东低一致，该地区极端最高气温、极端最低气温及暖日日数均呈上升趋势，倾向率分别为 0.25℃/10a、0.42℃/10a、2.14d/10a，极端最低气温的增温趋势较极端最高气温更为明显；而结冰日数、霜冻日数及冷夜日数均呈下降趋势。从极端最高气温来看，青藏高原东北部极端最高气温的增温趋势大于西南部，以柴达木盆地为升温中心的青海省极端最高气温的增温趋势最为明显，四川地区的增温趋势最弱；从极端最低气温来看，除四川中部地区外，青藏高原区的趋势系数均在 0.9，且与极端最高气温相比，极端最低气温的线性增温趋势更明显。

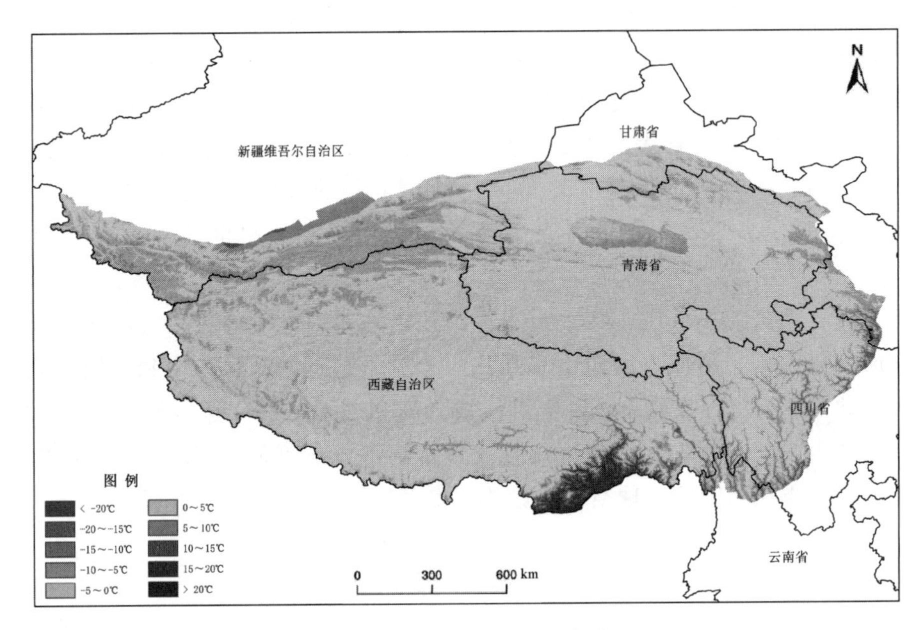

图 1.7　青藏地区平均气温分布图

祁连山山地、青南高原、羌塘高原，随着海拔升高，气温随之降低（图 1.8）。从年平均最高气温的分布来看，青海南部、西藏北部以及祁连山地区仍是低温区，年平均最高气温在 0～5℃之间，在全国也是少见的低值区。冷中心仍在青海南部和西藏北部，可以达到－10℃以下；祁连山西部也在－10℃以下，是次冷区；相对暖区在西藏东南部，基本在 0～5℃之间。在年极端最低气温的分布上，青海玛多、西藏那曲低于－40℃，青海祁连山区的托勒也接近－40℃，青藏高原超过一半的面积低于－30℃。羌塘高原气候寒冷干燥，气温的年变化大，其年平均气温大都在 0℃以下，南羌塘海拔 4200～5000m 的亚寒带为 6～10℃；北羌塘海拔 5000m 以上的寒带地区为 3～6℃，最冷月平均气温都在－10℃以下。祁连山区常年都有积雪，最冷的 1 月平均气温低于－11℃，最热的 7 月平均气温低于 15℃。祁连山区平均气温的空间分布形势比较稳定，年际变化很小，气温最低中心常年位于西段海拔较高的托勒山附近。

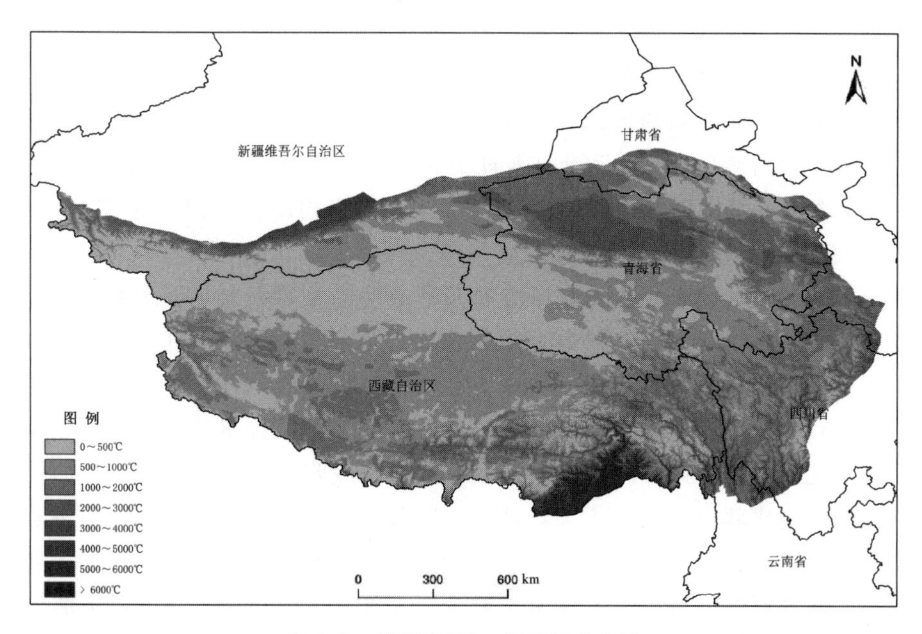

图 1.8 青藏地区≥0℃积温分布图

1.4.1.3 风速

青藏高原是高海拔地区，是我国大风较多的地区之一。大风日数要比我国同纬度的平原地区多，大多数发生在春冬两季，因此春冬两季又被称为风季。高原中西部地区的年大风（风力超过 17m/s，7 级风）日数超过 150 天，极大风速甚至超过 30m/s（11 级，属于强热带风暴级别）。大风的成因，一方面受地势影响，另一方面也与高原上空的急流有关。高空上空西风急流的走向与高原境内的昆仑山脉、喜马拉雅山系、冈底斯山的走向大体一致，在春冬两季西风急流强盛的时候，高原的热力作用较强，容易导致大气层气流不稳定，上下层的空气对流强烈，西风急流携带的动量随着空气对流向下输送，加剧了高原近地面的风速，易形成大风。除此之外，山谷风、冰川风使得高原的风力风向变得更加复杂。青藏铁路沿线的昆仑山口至唐古拉山一带是年均大风日数最多的地区，一年当中有近 180 天会出现大风天气，托托河的平均年均大风日数高达 196 天。青海北部的阿尔金山和祁连山一带的大风日数也往往超过 100 天。西藏东南部的河谷地带、青海东部以及柴达木盆地的大风日数相对较少，局部地区年大风日数甚至不足 10 天。

祁连山区平均风速和最大风速的变化规律既存在相同点也有差异性，二者全区和西段春季风速均是年内的峰值区，分别为全区（3.06m/s 和 14.04m/s）和西段（2.62m/s 和 10.81m/s），而中段和东段的最大风速出现在冬季，分别为 12.94m/s 和 9.66m/s，主要因为祁连山地势由西北向东南倾斜，中东段受到强冷空气的影响较西段大，故中东段的最大风速发生在冬季。并且祁连山区的平均风速和最大风速年变化整体上均呈下降趋势，下降速率分别为－0.07m/s 和－1.56m/s·(10a)，1970—1979 年是祁连山区风力资源最丰富的时段。祁连山区年际和季节平均风速变化趋势自西向东呈递减的趋势，空间分布表现为东西下降快、中间下降慢的格局。祁连山区年际最大风速的风向以西南风和南西南风为主，春季、夏季、秋季、冬季的主导风分别为 SW、S、SW 和 SSW、WSW，全区风向以 SW 为主。年际最大风速的风向以西南风为主，而内部差异性也较为明显，东段的西宁和西段的德令哈最大风速的风向以 SE 为主，东段的乌鞘岭以 S 和 ESE 为主，中段的托勒和野牛沟分别以 W 和 WNW 为主，其余站点均以 SW、WSW 或 SSW 为主。

1.4.1.4　日照和太阳辐射

太阳辐射是影响气候变化、大气环流和人类活动的重要因素，也是天气形成和气候变化的基础，日照时数是太阳辐射最直观的表现。青藏高原所在地区纬度较低，太阳高度较大，海拔较高，是我国太阳辐射高值中心区，辐射强烈，日照时间长，光能资源居于全国第一位；高原上空气密度稀薄，大气中的细颗粒杂质含量较少，云量较少，大气透射率高。上述原因，使得太阳辐射的折射、散射和吸收作用大大减弱，从而使太阳辐射增强；夏季时也比其他地区晴天多，日照时间长。所以，青藏高原是我国年总太阳辐射最高的地区，也是我国夏季太阳辐射强烈的地区。但是，由于青藏高原海拔高，高原上空气稀薄，大气层中云量少，大气逆辐射少，大气的保温作用却很差，不能很好地保存地面辐射的热量。而西藏东部地区年日照时数呈现由东往西逐渐增加的特点，西藏东部地区日照时数最主要的分布特点是具有基本一致的空间变化，容易出现一致偏高或者一致偏低的空间分布情况。

在祁连山区，年日照时数整体上表现出东南少、西北多的趋势，祁连山区日照时数四季变化表现为夏季最大，冬季最小的变化趋势。夏季日照时数最大，与夏季太阳高度角大有关，夏季（6—8 月）太阳辐射经过大气层距离短，到达地表单位面积的太阳辐射多；冬季日照时数最小，与冬季大气层中气溶胶含量多有关，但是个别站点原因个别对待，比如民勤站点由于特殊的地理环境，导致春季升温快，通过长波辐射传递给大气的太阳辐射多，导致春季日照时数大，这也与近年来沙尘天气减弱有关。在林区，随着海拔的增高，大气中的水汽含量和尘埃减少，大气透明度增加，太阳总辐射量加大。在 4—12 月，该地区山上的云雨比山脚地带显著增多，日照时间显著减少，山区的总辐射量不如山脚地带高，因而太阳总辐射和日照年总量山上比山脚少。月总辐射及日照时数最大值均出现在 4 月，2 月为总辐射量出现在太阳高度角较小而日照又较短的最小月。同时，光照和幼树的生长的关系也十分密切。光照充足的地方一般温度较高，郁闭度较小，营养空间较大，有利于幼树的生长更新。

1.4.1.5　降水特征

青藏高原的降水受青藏高压、西风急流、东南季风和西南季风等大气环流系统的控制以及地形的影响，降水量在我国是比较少的地区，降水主要集中在夏季，夏季降水的变化幅度较小，而冬季降水增加最快（图 1.9）。青藏高原降水的水汽来源主要是外部的水汽输送，包括南亚季风、东亚季风和西风带输送的水汽。水汽输送通量及其散度在很大程度上决定了降水，而大气环流的变化会导致水汽输送通量的变化。青藏高原湿季降水的水汽主要来源于印度西南季风，此时水汽输送通量较强，降水较多；干季主要受西

风带控制，水汽输送通量较小，降水较少。12月高原主要受西风带控制，西风较强，但水汽含量较少，从而使得水汽输送通量较小，水汽输送通量辐合（辐散）强度也较小，导致高原12月降水占全年总降水量的比例较小。

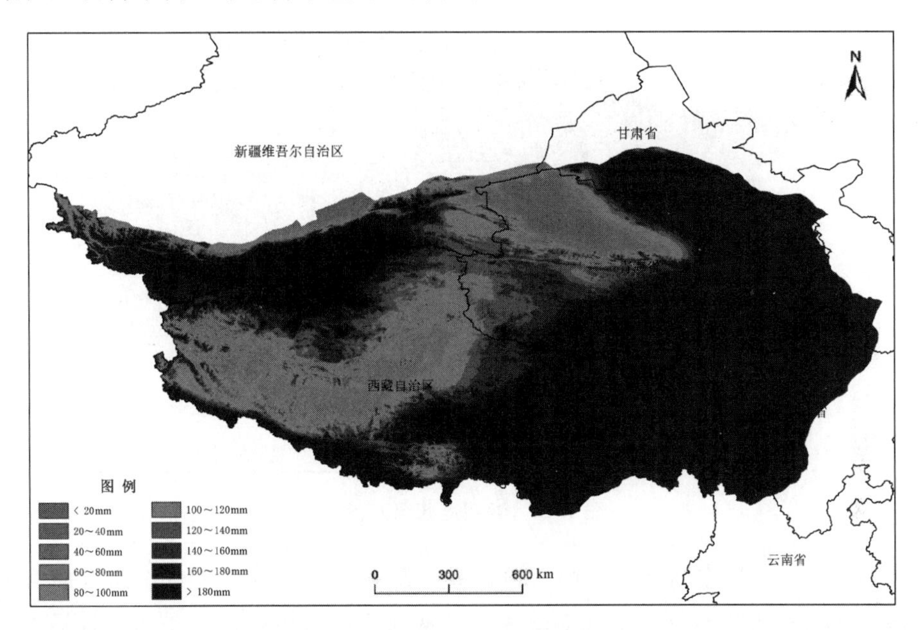

图1.9 青藏地区平均降水量分布图

不同气候区平均降水的年循环变化差异较大，藏南地区、青南高原和羌塘高原等半干旱区的降水峰值显著增大；东喜马拉雅湿润区、横断山脉东南部湿润区和中北部半湿润、阿里干旱区的年内分布曲线发生显著变化；而祁连山半干旱区、柴达木干旱区和若尔盖湿润区和果洛半湿润区的变化较小。根据降水的年内分布型态和峰值的变化将11个气候区分为三类：第一类为降水峰值显著增大的气候区，包括藏南地区、青南高原和羌塘高原等半干旱区，例如青南高原5—9月降水明显增加，7月降水增加了15.78mm；第二类为年内分布型态显著变化的气候区，包括东喜马拉雅湿润区、横断山脉东南部湿润区和中北部半湿润、阿里干旱区，例如东喜马拉雅湿润区降水的年变化呈双峰型，降水的第一个峰值出现的月份由1979—1997年的3月推迟到1998—2016年的4月；第三类为变化较小的气候区，包括祁连山半干旱区、柴达木干旱区和若尔盖湿润区和果洛半湿润区，如图1.10所示。

祁连山区处于青藏高原和新疆之间，降水受大气环流系统变化和局地环境的影响较大，因而在气候上有其复杂性。降水特征与气温不同，不但受海拔高度的影响，而且受所处的纬度、经度，以及地形的坡向和坡度的影响。祁连山区是河西走廊降水较多的区域，降水变率在0.60左右。随着海拔升高降雨日增加，降水量增多。在祁连山北坡中部降水量总的变化特征是海拔每升高100m，降水量增加4.3%。随着海拔升高，亦出现了蒸发量减少，相对湿度增加，绝对湿度下降的趋势。当海拔超过3600m时，由于接近山

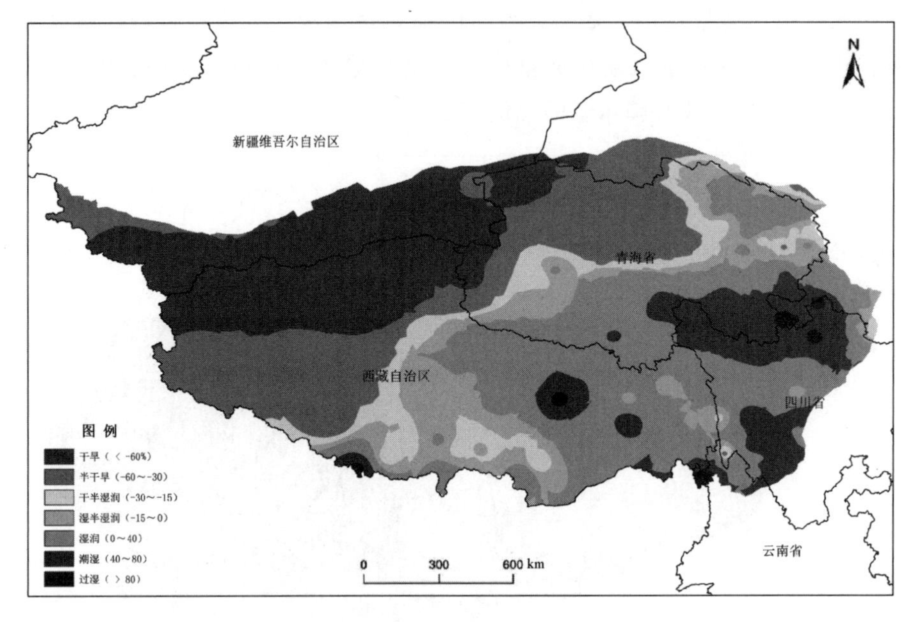

图 1.10 青藏地区湿润指数

顶，风速加大，降水量多为固态，降水量出现下降趋势。降水量表现出从东向西递减的变化趋势，在东部地区形成降水相对集中区。从祁连山整体看，夏季是雨日最多，雨强最大的季节，增雨潜力最大，为 968.94mm；冬季反之，增雨潜力最小，为 118.53mm。在强度分布上，小雨强度冬季差别不大，但春季东南部区最大，夏秋季东中部区最大；中雨秋季东北部区最强，其余季节东南部区最强；大雨秋季东中部区最强外，其余季节东南部区最强。不同区域年降水量年代际变化：西部年均降水量为 50～90mm，北侧年均降水量为 180～200mm，中部年均降水量为 350～410mm，南侧年均降水量为 350～380mm。祁连山年降水量西南侧最少，中部主峰西少东多。春季西南部不足 10mm，东南部多在 100mm 以上，最大降水量出现在门源，北坡多在 30mm 以下，东北侧的古浪最大 82.1mm；夏季西南部最少不足 20mm，东南部多在 280mm 以上，乌鞘岭最大 239mm；秋季西南部最少不足 20mm，东南部多在 110mm 左右，主峰雨量在 60～110mm；冬季北坡明显偏多，主峰东端在 10～15mm。降水日数分布小雨白天多于夜间，但中雨以上夜间明显多于白天；降水强度小雨差别不大，但中雨以上夜间略强于白天。通过研究祁连山北侧河西地区及青藏高原近地面层风场、湿度场得出，夜间近地层的高湿中心和低空急流是造成降水日变化的重要原因。

1.4.2 水文

1.4.2.1 河流

青藏高原是众多大江大河的发源地，与其周边地区共同作为“亚洲水塔”，是湖泊、冰川、多年积雪和多年冻土的主要聚集区，也是我国水资源产生和运移的战略要地。青藏高原集水面积（境内）$50km^2$ 及以上的河流有 13266 条，占全国同口径河流总数的

29.3%，其中集水面积 $1.0\times10^4km^2$ 以上的河流有长江、黄河、塔里木河、雅鲁藏布江、澜沧江和怒江。河流分布主要受到气候和地形地势的影响，是我国长江、黄河两大河流的发源地，也是澜沧江、怒江、雅鲁藏布江等大江大河的发源地。除东南部降水丰富外，内陆区的河流补给，主要依靠冰川或积雪的融化。

青藏高原河流分为外流与内流两大水系，区域内祁连山-巴颜喀拉山-念青唐古拉山-冈底斯山是内外水系分界线。如图 1.11 所示，外流水系分布于青藏高原的东部和南部，主要包括：长江上源的金沙江及其一级支流雅砻江和二级支流大渡河，澜沧江、怒江、雅鲁藏布江以及高原东北部的黄河上游部分，在外流河水系中，永久性河流最多，河流发育，河网密度较大，流域宽广、支流众多，是青藏高原最重要的外流水系类型。内流水系主要分布于高原的中部和西北部，多发源于四周山区，呈辐合状汇集于盆地或湖泊中心，河流数目多而短小，主要指的是羌塘高原和柴达木盆地及局部小块的封闭湖盆。大多数内流河的河水会注入这些洼地中，形成为数众多的咸水湖。内流河中较大的有注入柴达木盆地南霍布逊湖的柴达木河，注入色林错的扎加藏布（主干长近 400km），注入达则错的波仓藏布（主干长 200 余 km），注入依布茶卡的江爱藏布以及措勒藏布和惹多藏布等。外流水系补给的主要方式是雨水补给，内流河水系的水源补给主要来源于冰雪融水，两者相比，外流河水量巨大，河流较长，但崇山峻岭间河谷狭窄，水流湍急，流经高原面时则因堆积、侵蚀而在两岸形成大小不一的冲积平原或台地。高原内外流水系的分布形势与地形密切相关，高原地势轮廓是西北高、东南低，河流也大都由西北部向东南部倾泻。高原上的河流受强烈的新构造运动的影响，河流在发育过程中塑造成独特的形态特征。随着高原的大幅度强烈隆起，河床来不及向下侵蚀，切割不深，老河床的宽谷形态原封不动地被保存下来，与此同时，高原边缘的河流下游段被切割成深邃峡谷，这种现象叫“地形回春”。由于地形回春的结果，高原边缘的河流无论是大江还是小溪，都是坡陡流急、险滩栉比、峡谷相连。

1.4.2.2 湖泊

青藏高原常年水面面积 $1km^2$ 及以上的湖泊有 1129 个，占全国同口径湖泊总数的 39.4%，其中水面面积 $1000km^2$ 以上的湖泊有青海湖、色林错、纳木错和扎日南木错。青藏高原面积大于 $1km^2$ 的湖泊主要集中在海拔 4000～5000m 范围内。按照湖水矿化度小于 1.0g/L 的湖泊称为淡水湖，1.0～50.0g/L 的湖泊称为咸水湖，大于 50.0g/L 的湖泊称为盐湖，大部分咸水湖集中在青藏高原海拔为 4000～5000m 的范围内，淡水湖主要在 4000m 海拔范围内，盐湖则主要集中在小于 3000m 海拔的范围内。按照区域分布，青藏高原湖群呈现由藏东南向藏西北和由藏南向藏北的淡水—微咸水—咸水—盐湖—干盐湖的分布趋势和规律。藏东南外流湖区以淡水湖为主，藏南外流、内陆湖区的湖泊矿化度均较低，有淡水湖，也有咸水湖和半咸水湖，藏北内陆湖区的湖泊矿化度均较高，最多的是咸水湖，其次是盐湖和干盐湖。

羌塘高原主要分布着星罗棋布的大小湖泊，湖泊的总面积超过 $25000km^2$，占中国湖

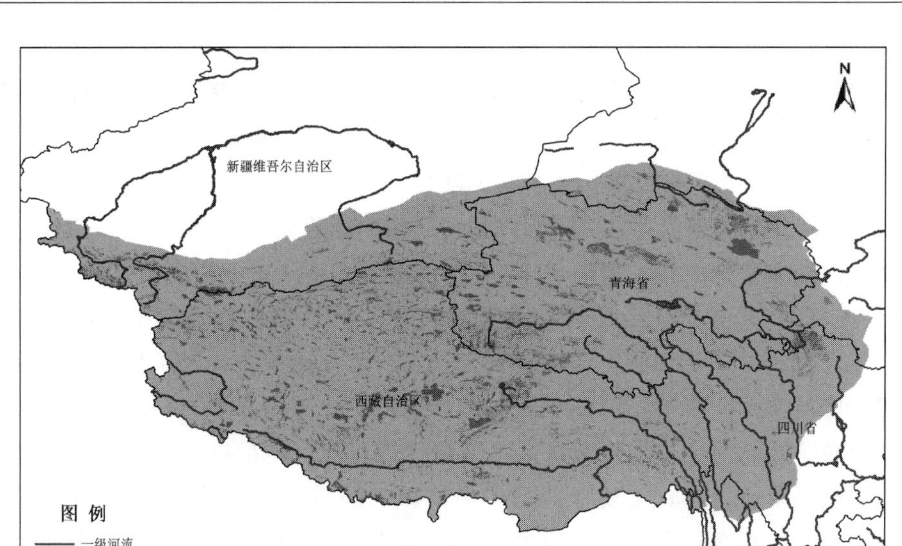

图1.11　青藏地区水系分布图

泊总面积的25%。羌塘高原是世界上海拔最高的内流区，流域集水面积小，大部分地区地表径流匮乏，河网稀疏，且多季节性河流，并均流入湖泊或消失在干涸的湖盆中。湖泊大多数为咸水湖和盐湖，淡水湖极少，南部多碳酸盐型咸水湖，往北盐化过程强烈，以硫酸盐型盐湖占优势。羌塘高原上的河流均为内流河，河水都消失在高原上。河流的数量很多，从东到西共有9条。较大的常流河多集中在降水稍多，冰雪融水补给较丰的南部地区，如扎加藏布、波仓藏布、措勤藏布等，在夏季的流量均不超过$60m^3/s$。羌塘高原上的河流主要特点：大河流少，小河流多、由于受地形的制约，羌塘高原上的河流的流域面积大多为几百平方千米，少部分为数千平方千米，超过1万km^2的只有4条。最大的扎根藏布，流域面积为$16500km^2$，河长355km。一些靠泉水补给的小溪为过往旅客与牧民的重要饮用水源，但在严寒的冬季经常冻结成冰，宛若冰川，为当地特殊景观之一。

1.5　土　地　利　用

青藏地区地广人稀，由于青藏高原特殊的地理位置和气候条件不适宜人类活动，建设用地占比最小，其次是耕地。耕地主要分布在海拔4000m以下的区域，以青藏高原东部边缘和南部边缘为主，即包含青海西宁市、海东地区及海南藏族自治州，四川阿坝藏族羌族自治州和甘孜藏族自治州，西藏拉萨市、山南及日喀则的东部。建设用地主要分布在青海海西蒙古族藏族自治州、西宁市，以及西藏拉萨市。耕地和建设用地主要分布在水域附近和青藏铁路沿线，这些区域为人类生活提供了便利的条件，人

口较多，需要开垦耕地和修建城乡、工矿、居民用地来满足人类的生活需求。耕地以旱地为主要类型，建设用地则以农村居民点为主（图 1.12）。林地面积为 $3122.53hm^2$，占比约 12%。青藏高原的东部边缘和东南部地区林地分布居多，以西藏山南、林芝和昌都地区，四川甘孜藏族自治州和阿坝藏族羌族自治州为主，主要在海拔 4500m 以下温度较高且降水充沛的地区，林地的生长对环境条件要求极高。

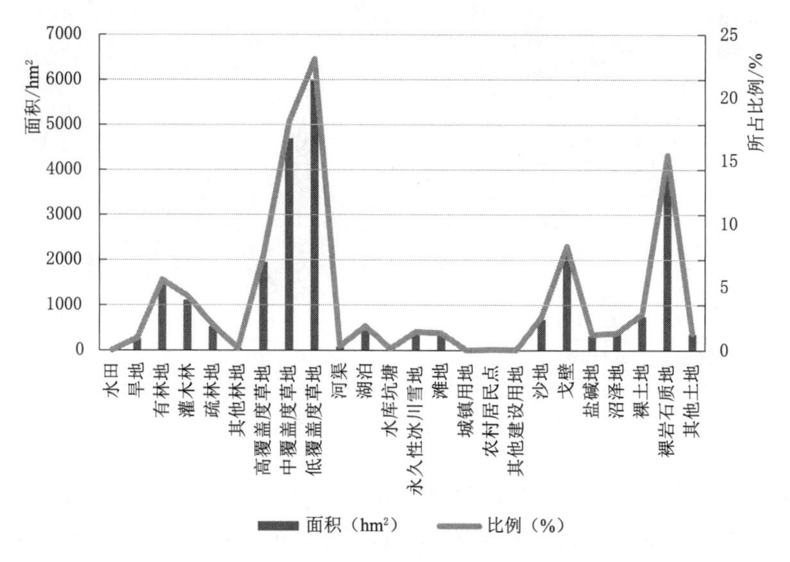

图 1.12 2020 年青藏地区土地利用状况

如图 1.13 所示，青藏高原地区草地所占面积最大，约占整体面积的 49%，不同省份、不同海拔梯度均有不同的草地覆盖度，西藏阿里、那曲和日喀则地区分布最为密集区、那曲和日喀则分布最为密集。草地分布范围的平均海拔大于 4000m，该区域内温度较低，降水较少，说明草地对生长环境的要求较低，其中高覆盖度草地适宜生长在水分条件良好的地区，且长势茂密，但该类型在草地中的占比最少；中低覆盖度草地覆盖面积相差无几，占比较多，说明青藏高原的草地质量不好，稀疏草被居多。未利用地占比约 33%，大多数分布在 2500m 海拔以上。青藏高原北部区域分布较多，包含有青海海西蒙古族藏族自治州和玉树藏族自治州的西北部地区，新疆巴音郭楞蒙古自治州、和田和喀什的南部。由岩石或石砾所覆盖的裸岩石质地面积所占未利用地面积比例最大，分布区域主要在新疆维吾尔自治区，盐碱地和沼泽地分布面积最少。

土地利用的变化是人类的活动对地球表层生态系统最直接的表现形式，对其生态环境的安全、保护及城市未来的发展规划具有重要意义。青藏地区土地利用变化明显：

（1）2010—2015 年间，耕地主要转化为建设用地，转入了 $1.23\times10^{-2}km^2$，变化为其他土地类型的面积较小，耕地的转换区域主要位于青海省东部青海湖附近的区域；林地主要转出为水域和建设用地，转出 $0.39\times10^{-2}km^2$、$0.31\times10^{-2}km^2$，与沙地、戈壁、裸土地以及裸岩石质地转换的面积最小，转换区域主要位于青藏高原的东南部边缘的四川省。草地转移面积最大，主要转出为水域、建设用地和其他土地，水域中分别有 4.8×

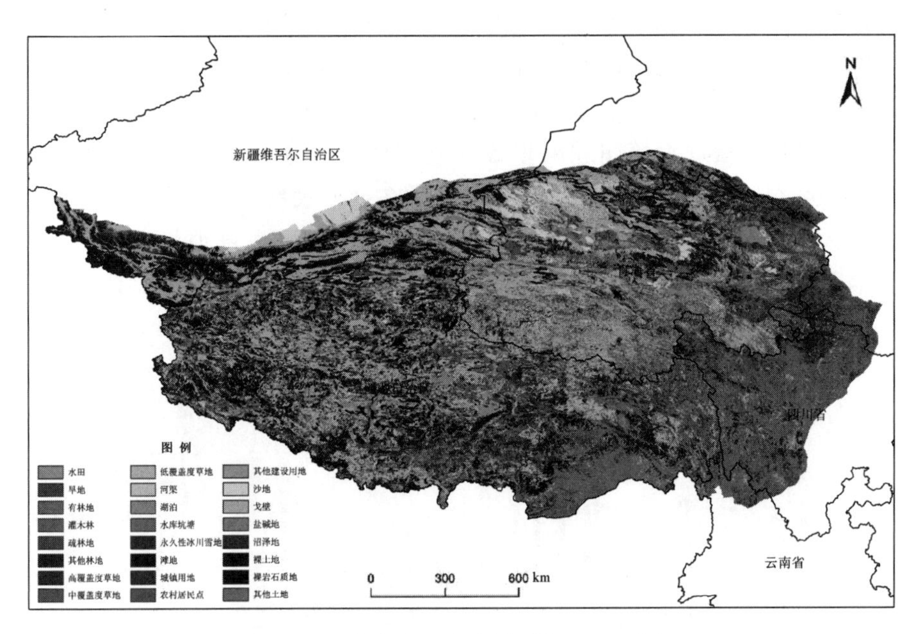

图 1.13　青藏地区土地利用图（2020 年）

$10^{-2}km^2$、$2.58\times10^{-2}km^2$ 转出为其他土地和滩地，永久性冰川雪地中有 $2.25\times10^{-2}km^2$ 转出为沙地、戈壁、裸土地以及裸岩石质地，滩地和沙地、戈壁、裸土地以及裸岩石质地中分别有 $2.85\times10^{-2}km^2$、$3.3\times10^{-2}km^2$ 转出为水域，其余土地类型变化不大（表 1.1）。

表 1.1　　2010 年青藏地区土地利用变化　　单位：hm^2

2010 年	2015 年										
	耕地	林地	草地	水域	永久性冰川雪地	滩地	建设用地	沙地、戈壁、裸土地、裸岩石质地	其他土地	总计	减少
耕地	232.61	0.01	0.05	0.35		0.01	1.23	0.05		234.31	1.7
林地	0.02	2699.63	0.25	0.39	0.02	0.03	0.31	0.01		2700.66	1.03
草地	0.11	0.02	15077.86	9.31	0.02	0.52	2.76	0.38	3.68	15094.66	16.8
水域			0.12	434.16		2.58	0.05	0.09	4.8	441.8	7.64
永久性冰川雪地				0.04	453.64			2.25	0.04	455.97	2.33
滩地	0.01			2.85		146.02	0.08		0.05	149.01	2.99
建设用地			0.04	0.19			18.64		0.3	19.17	0.53
沙地、戈壁、裸土地、裸岩石质地	0.15	0.01	1.26	3.3	0.05	0.23	1.07	5416.13	0.4	5422.6	6.47
其他土地			0.36	9.22	0.28	0.28	0.96	0.43	1402.57	1414.1	11.53
总计	232.9	2699.67	15079.94	459.81	454.01	149.67	25.1	5419.34	1411.84		
新增	0.29	0.04	2.08	25.65	0.37	3.65	6.46	3.21	9.27		

(2) 2015—2020 年，土地类型变化程度相较于上一时段有所增强。在转移数量上草地变化最为明显，净增长 $2462.84\times10^{-2}km^2$，其中，以转出为沙地、戈壁、裸土地以及裸岩石质地最大，为 $3663.52\times10^{-2}km^2$，草地的转换区域分布于青藏高原的不同省份，以青海省和新疆维吾尔自治区为主；水域的转入以草地转入为主，永久性冰川雪地的转入面积最小，转换区域以郎钦藏布和狮泉河附近区域，怒江和雅鲁藏布江中间区域及雅砻江附近为主；沙地、戈壁、裸土地以及裸岩石质地转出为草地最大，为 $1729.22\times10^{-2}km^2$，其次为林地和其他土地，转出为建设用地的面积最小（表 1.2）。

表 1.2　　2015—2020 年青藏地区土地利用变化　　单位：hm^2

2015 年	2020 年										
	耕地	林地	草地	水域	永久性冰川雪地	滩地	建设用地	沙地、戈壁、裸土地、裸岩石质地	其他土地	总计	减少
耕地	94.79	37.99	80.62	3.03		3.39	6.88	4.92	1.09	232.71	137.92
林地	45.42	1794.62	777.94	12.42	1.82	3.44	1.97	52.88	6.40	2696.91	902.29
草地	106.60	1075.55	9395.54	145.12	51.89	228.71	11.37	3663.52	393.58	15071.88	5676.34
水域	2.60	6.09	45.53	354.58	0.27	10.21	0.44	27.37	12.57	459.66	105.08
永久性冰川雪地		11.19	77.74	0.49	211.38	0.31		140.02	11.97	453.10	241.72
滩地	2.57	3.39	63.57	10.22	0.18	37.06	0.59	25.19	6.80	149.57	112.51
建设用地	5.05	1.27	7.07	3.27		0.52	4.81	1.30	1.78	25.07	20.26
沙地、戈壁、裸土地、裸岩石质地	6.50	172.95	1729.22	28.55	91.77	38.65	1.98	3228.58	119.13	5417.33	2188.75
其他土地	0.87	17.10	431.81	51.15	19.04	31.45	0.94	396.41	461.71	1410.48	948.77
总计	264.40	3120.15	12609.04	608.83	376.35	353.74	28.98	7540.19	1015.03		
新增	169.61	1325.53	3213.50	254.25	164.97	316.68	24.17	4311.61	553.32		

青藏高原的土地利用类型多样，以自然环境因素和人为因素为主，分析青藏高原不同土地利用类型变化的原因：在 2010—2020 年耕地面积总体上增加，主要由草地和林地转入（图 1.14），其变化原因为青藏高原气温持续升高，热量资源增加，再加上国家发展政策的实施、青藏铁路的开通等促使研究区域内人口增多，迫于人口快速增长的压力，农牧民需要开垦土地来满足生活需求；草地总体上在减少，很大的原因是随着该区域社会经济和旅游业的迅速发展，人类活动如过度放牧不断增多可能导致人为干扰强度增加，对草地的破坏力度也随之加大；林地面积增加，引起变化的原因是随着气候逐渐暖湿化，降水增加可以提供给植被充沛的水分使其能够更好地生长，温度和日照升高能够满足植被生长所需要的热量，“退牧还林”工程的启动促使青藏高原向变绿方向发展；建设用地面积增加，主要由城镇化进程的加快，城市化水平越来越高，经济的快速发展驱动了建设用地增加的速度。

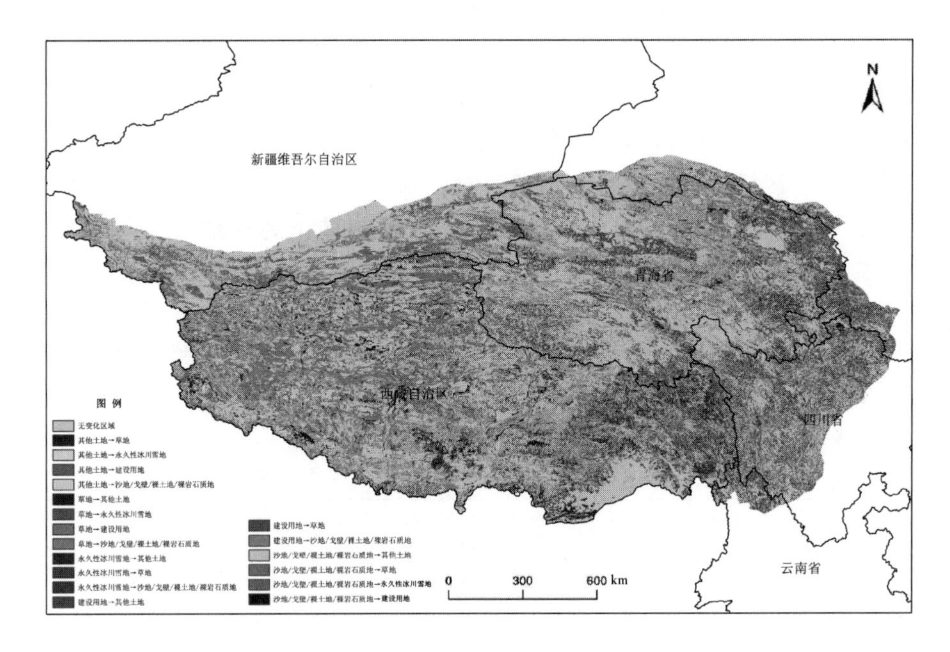

图 1.14　青藏地区土地利用变化图（2010—2020 年）

1.6　土壤侵蚀状况

青藏地区地域广阔，不同区域地形、植被、气候等差异显著，包含陆地上所有的土壤侵蚀类型。仅西藏自治区就有东南部暖热湿润水蚀区、东部温带半湿润水蚀区、南部温带半干旱水蚀区、西北部高原冻融侵蚀区、寒冷半干旱水蚀和风蚀区、西部温凉干旱风蚀区等 6 种侵蚀区，包含了水力侵蚀、冻融侵蚀、重力侵蚀、风力侵蚀以及多相组合的侵蚀类型。如图 1.2 所示，青藏地区土壤侵蚀严重，呈现明显的分区形态，东部的水力侵蚀、西部的冻融侵蚀和北部的风力侵蚀，这些侵蚀的产生原因与地形地貌、坡度坡向、干湿分区有关。青藏地区中部出现零散风力侵蚀、冻融侵蚀嵌入水力侵蚀和风力侵蚀嵌入水力侵蚀，这可能是由于区域小气候的不同而造成的。

青藏高原是全球气候变化最为敏感的地带之一，受全球气候变化和人类活动的影响，青藏高原极端高温和降水事件频繁发生，会加剧区域土壤侵蚀。地处青藏高原北部的柴达木盆地是整个青藏高原气候变化最为敏感和显著的地区。柴达木盆地属土壤侵蚀区划的三北戈壁沙漠及沙地风沙区，主要侵蚀类型为风力侵蚀，在全区均有分布。冻融侵蚀主要分布在盆地的东北部和南部边缘高山地带。水力侵蚀主要分布在盆地的东部，集中分布在德令哈市、乌兰县、天峻县等地。区域内侵蚀特征差异大，且随着全球气候变化，柴达木盆地气候趋向暖湿化发展，增温显著，降雨量持续增加，显著加剧了水土流失，使沙漠化面积不断扩大。

1.7 高寒草甸分布特征

1.7.1 高寒草甸分布区域

高山草甸又称为高寒草甸，在寒冷的环境条件下，发育在高原和高山的一种草地类型。高寒草甸主要分布在青藏高原东部和高原东南缘的高山以及祁连山、天山和帕米尔高原等地方，向东延伸到秦岭主峰太白山和小五台山（图 1.15），海拔高度在 3200～5200m，在天山等地区常以垂直带的形式出现，而在高原面上则具有水平地带性分布的特征。主要分布于东北、新疆、内蒙古和青藏高原，种类多样。

图 1.15 高寒草甸分布图

青藏高原高寒草甸是适应高原隆起与长期低温环境形成的特殊产物，一般不呈地带性分布，其广泛分布于青藏高原东部、东南部以及祁连山等区域。在青藏高原经历快速隆升过程后，区域内物种多样性分布格局产生变化，同时促进了物种的快速形成。随海拔梯度升高，高寒草甸群落谱系结构由发散逐渐变为聚集，不同海拔的群落类型均表现出一定的谱系结构，与中性理论所预测的物种分布趋向于随机并不一致，这进一步表明在本地区群落组成和多样性维持过程中生态位作用（生境过滤与种间相互作用）更加重要。这可能与草甸植物自身的一些生物学特性有关，如其扩散能力强，并且其群落组成在短期内往往可能有较大波动；其次某些草本植物（如禾本科的披碱草等）对逆境的耐受性较强。在湿润地区，草甸伴随着针叶林出现，主要分布在山间低地；虽然草原荒漠带的气候干旱，降雨量不足，但草甸仍可在地表径流汇集或地下水位较高之处形成。在热带、亚热带和温带的高山地区还能形成高寒草甸。不过，典型的草甸在北半球的寒温带和温带分布特别广泛。

1.7.2　分布规律

由于高原大气环流分布形式，对青藏高原地区的气候产生的重要影响，使得青藏高原草地形成地带性分布，青藏高原地区具有复杂的气候环境，草甸植被在对气候的适应性过程中也形成了复杂的植被类型分布。再加上往年来地理信息观测数据的匮乏以及近几年极端气候频繁发生，从而使了解和解释青藏高原地区植被空间分布和植被类型跃迁机制的阻力更大。青藏高原植被分布不仅与区域水热条件密切相关，而且植被与气候及人类活动因子存在相关关系，还存在时滞效应。此外，植被变化特征也受到地形因子，特别是海拔的影响，复杂的地形和海拔等因素决定着高原气候条件，致使植被分布情况更加复杂，并形成明显的垂直地带性，除高原中东部半湿润地区外，在半干旱、干旱条件下，草甸发育较差，常见于高山阴坡或仅呈斑块状分布，在羌塘高原东南过渡地段上嵩草草甸中含有紫花针茅等草原植物，具有草原化草甸的特征。总之，青藏高原草原分布具有明显的地带性，其中高寒草原集中分布于那曲地区和阿里地区的藏北高原；高寒草甸主要分布在雅鲁藏布江、黄河、长江以及澜沧江等河流源头的高海拔地区。

藏西南高原植被类型主要为草原、草甸、灌丛和高山植被，草原主要分布在高原西部和东南部，草甸主要分布在高原中部和东部，高山植被主要分布在冈底斯山脉和喜马拉雅山系处，而灌丛主要分布在高原南部，藏西南高原不同植被类型所处的海拔梯度具有明显差异，不同类型植被NDVI（归一化植被指数）随海拔梯度的上升呈现不同的减小趋势，同一类型植被指数在不同年份随海拔梯度的变化趋势保持一致，但存在一定波动变化。高寒草甸上限分布的最大特征是具有极值点。在纬向上，高原上的温度和降水量状况，总的趋势是由南到北逐渐减少，受温度垂直递减率的影响，高寒草甸分布上限随纬度值的增大而降低，因此高寒草甸的分布上限在高原东南部降低。在经向上，极值点不很明显，极值点以西上限分布高度的下降很小，故可近似认为随经度值的增大（向东部），上限高度基本上是下降的。换而言之，影响高寒草甸上限分布的主导因素是温度条件。高寒草甸的分布下限实际上是山地森林（高原东南部）、高寒草原（高原西北部）的分布上限，分布下限相对于分布上限来说，受降雨量较大、太阳辐射降低的影响较小。在纬向上，也由于从南到北温度和降水量递减的总趋势，其下限分布高度逐渐降低。在经向上，主要是由于由东到西较干旱的气候条件适合于高寒草原的扩展，故高寒草甸的下限上移。

1.8　高寒草甸生态系统类型

根据高寒草甸对海拔、气象条件（如大气降水、太阳辐射、气温）、土壤以及建群种的形态、生态学特征，将高寒草甸划分为典型高寒草甸生态系统、草原化高寒草甸生态系统和沼泽化高寒草甸生态系统。

1.8.1 典型高寒草甸生态系统

（1）蒿草高寒草甸生态系统。

蒿草（*Kobresia*）隶属于莎草科（Cyperaceae）蒿草多年生垫状草本植物，是藏东南地区高寒草甸的建群种和优势种。因长期生长在青藏高原地区，蒿草属植物为适应高山环境，形成了明显的形态差异，并呈现出一定的变化机制，从而形成了特定的形态特征。常生长在2600～4800m的河漫滩、湿润草地、林下、沼泽草甸和灌丛草甸。在阿尔泰山，蒿草主要生长在海拔2600～3000m的高寒草甸，有时在2300～2400m的山地草甸也可以伴生种出现：在昆仑山的帕米尔，蒿草生于海拔4000～4300m的高寒草甸草场。喜寒冷而湿润的气候，具有一定的耐旱能力，对温度敏感，通常生于海拔2700m以上，适宜土壤为壤质的高寒草甸土，在稍微石质化的地段也能形成群落。在天山北坡海拔2700～3200m土层厚、持水性强的地段（阴坡），蒿草常与细果苔草、珠芽蓼等形成草场型，草场植物种类较多，伴生种有白尖苔草、龙胆、准噶尔蓼、高山唐松草等，而在土层浅薄、持水性差的地段（阳坡），则形成以蒿草为单优势种的草场型，草场植物种很少，主要伴生种有绿叶委陵菜、火绒草、雪地棘豆等。蒿草高寒草甸生态系统主要包括矮蒿草高寒草甸生态系统、线叶蒿草高寒草甸生态系统、青藏高原高寒草甸生态系统、甘肃高寒草甸生态系统等。

（2）丛生禾草高寒草甸生态系统。

密丛中禾草主要为针茅属植物，株高30～80cm的密丛性禾草，多属于旱生，是组成温性草原、草甸草原的主要成分，少数种类为寒旱生，成为高寒草原建群种。黄花茅是禾本科黄花茅属植物，具细弱的根茎，多生长于海拔1600～2500m高山灌丛，建群种主要为疏丛型的短根茎禾草黄花茅；垂穗披碱草草甸草群茂密，分布于青藏高原的东南部和祁连山东部山地，是原生植被破坏之后的次生类型。总覆盖度可达70%～95%；草层高40～80cm，最高者可达150cm。适应性强，无论在低海拔的河北，或高海拔的青藏高原均生长良好，适应海拔高度的范围为450～4500m。垂穗披碱草草甸常显单优势植物群落，生态幅度较大，在气候温暖、土壤疏松的低海拔地区生长发育良好，植株生长高大、茂密，而随着海拔升高、气候变冷，则生长发育较差，植株低矮，群落结构较简单，伴生种类极少，主要有鹅绒委陵菜、细裂叶亚菊、银莲花、海乳草、珠芽蓼和兰石草等。

（3）杂类草高寒草甸生态系统。

以杂类草为建群种的高寒草甸生态系统，主要分布在青藏高原东部和东南部，所处地形比较平缓。珠芽蓼是高寒草甸植物，多年生草本，根状茎粗壮，弯曲，黑褐色，直径1～2cm。茎直立，高15～60cm，不分枝。耐寒性强，多生长在阳光充足、气候冷凉，海拔2500～5000m的山坡草地、山谷溪旁、沙河滩底、林下及林缘等地。珠芽蓼喜土层深厚，富含有机质、较湿润的土壤。杂类草高寒草甸生态系统主要包括圆穗蓼高寒草甸生态系统、瑞玲草高寒草甸生态系统以及纤弱银莲花高寒草甸生态系统等。

1.8.2 草原化高寒草甸生态系统

高山蒿草草甸是分布于中国内蒙古、甘肃、青海、新疆南部、西藏等地，生长在海拔3200～5400m的生于高山灌丛草甸和高山草甸，是青海湖流域广泛分布的一种高寒草甸类型，草层低矮、植株密聚，虽然是优良放牧地，但也是草地小型啮齿类动物高原鼠兔适宜分布区，在西藏，高山蒿草在各草地类型中多有生长，但主要生长在西藏高寒草甸类中，土壤主要为在寒冷而湿润的气候条件下形成的高寒草甸土，土层薄，一般仅40～50cm厚；腐殖质含量丰富，土壤pH值为6.92。受高寒低温气候的影响，腐殖层分解缓慢，土壤有效肥力不高，有机质含量仅为2.36%。高山蒿草高寒草甸占青藏高原高寒草甸总面积的56%，是青藏高原高寒草甸类草地中分布最广、面积最大、饲用价值较大的草地类型。整个高原面上空气稀薄、大气尘埃少、水蒸气和二氧化碳等气体含量很低，大气透明度高，近地表太阳光辐射强且日照时间长；同时，受高原大陆性气候影响，早春和晚秋季节高原地区寒冷且少雨，土壤干旱现象十分明显，植物常处于非生物胁迫引起的生理性干旱状态。高山蒿草作为高山蒿草高寒草甸建群种和优势种，系莎草科嵩草属植物，是高山和高寒气候的产物，自身具有极高的耐寒性，并具有草质柔软、营养丰富、适口性良好等优良特质。但由于独特的高原气候如高寒缺氧、辐射强、干旱强风等的影响，高山蒿草生长期短，且在生长期易遭受夜间零下低温和霜冻侵袭，影响高山蒿草的生理代谢活动。经过长期的自然选择和遗传变异，高山蒿草形成了适合高寒环境的生理代谢机制。

1.8.3 沼泽化高寒草甸生态系统

（1）藏蒿草沼泽化草甸生态系统。

以藏蒿草为建群种所形成的群落，多年生草本，秆密丛生，主要分布于青藏高原、祁连山脉以及青南高原。土壤为高寒草甸沼泽土，其成因主要与地形条件和水分状况及低温作用有关，地表多水是沼泽形成的首要条件，水分补给源主要有冰雪融水、河水等，故沼泽地常占据水分补给充足的湖滨、河沟洼地、河流低阶地及冰渍洼地等地段。由于藏蒿草草甸的分布地域较广，水文和地形差异较大，所处地段海拔较高，土壤过分湿润或有季节性积水，加上土壤通透性弱，造成水分不能入渗，在长期的寒冻下，从而形成了冻土地貌，因此在不同地区会有不同的群落结构和植物组成。在祁连山、川西红原等地，海拔较低，平均海拔在3000～3600m内，气候比较温暖，冻土发育较慢，因此组成的植物种类较多，草群茂密，群落总盖度为10%～20%，伴生种类有木里苔草（*Carex mulensis*）、黑药蚤缀（*Arenaria melanandra*）、甘青报春（*Primula tangutica*）、海韭菜（*Triglochin maritimum*）、矮地榆（*Sanguisorba filiformis*）、珠芽蓼（*Polygonum viviparum*）、云生毛茛（*Ranunculus nephelogenes*）、羊茅、钻裂风铃草（*Campanula aristata*）、爪虎耳草（*Saxifraga unguiculata*）等；在青南高原，海拔较高，气候比较寒冷，冻土特征发育较快，优势植物主要为藏蒿草，总盖度为60%～90%，伴生种有羊茅、高山蒿草（*Kobresia pygmaea*）、矮生蒿草（*Kobresia humilis*）、高山银莲花（*Anemone demissa*）、驴蹄草（*Caltha palustris*）、圆穗蓼、条叶垂头菊（*Cremanthodium*

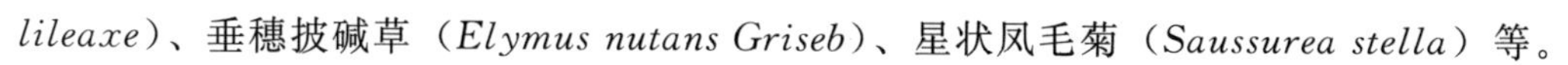

lileaxe）、垂穗披碱草（*Elymus nutans Griseb*）、星状凤毛菊（*Saussurea stella*）等。

（2）青藏苔草沼泽化草甸生态系统。

以青藏苔草为建群种的沼泽化草甸植物群落，主要分布于青藏高原以及川西高原等，海拔分布范围为3400～5700m，土壤为沼泽草甸土，并且分布地点的土壤常常覆盖有较多的沙性物质甚至为风沙土，草群茂密，群落结构简单，草群高10～20cm，群落总盖度为85%～95%，在生境干旱化的影响下，青藏苔草的地下、地上生物量都减小，青藏苔草缩短叶长提升运输效率，同时增加茎基直径及叶片数量以维持光合作用，残存叶基数量也随叶片数量的增多而增多。伴生种有藏蒿草、镰萼假龙胆（*Gentianella falcata*）、车前叶垂头菊（*Cremanthodium plantagineum*）、长叶无尾果（*Coluria longifolia*）、鳞叶龙胆（*Gentiana squarrosa*）、喉花草（*Comostoma pulmanaria*）、柔弱喉花草（*Comastoma tenellum*）、大通獐牙菜（*Swertia przewalskii*）、尖叶龙胆（*Gentiana aristata*）、湿生扁蕾（*Gentianopsis paludosa*）、肋柱花（*Lomatogonium rotatum*）、重冠紫菀（*Aster diplostephioides*）、狭叶龙胆（*Gentianales siphonantha*）等。

参 考 文 献

[1] 王根绪，程国栋，沈永平，等．土地覆盖变化对高山草甸土壤特性的影响［J］．科学通报，2002（23）：1771-1777.

[2] 张法伟，李英年，汪诗平，等．青藏高原高寒草甸土壤有机质、全氮和全磷含量对不同土地利用格局的响应［J］．中国农业气象，2009，30（3）：323-326，334.

[3] 严振英，李浩．试论高山草甸土及其与草畜的关系［J］．甘肃农业科技，1994（12）：29-30.

[4] 张兴．认识我国的土壤［M］．喀什：喀什维吾尔文出版社，2006.

[5] ZHANG L，GUO H D，WANG C Z，et al. The long-term trends（1982—2006）in vegetation greenness of the alpine ecosystem in the Qinghai-Tibetan Plateau［J］．Environmental Earth Sciences，2014，72（6）：1827-1841.

[6] LI B，ZHANG L，YAN Q，et al. Application of piecewise linear regression in the detection of vegetation greenness trends on the Tibetan Plateau［J］．International Journal of Remote Sensing，2014，35（4）：1526-1539.

[7] 左克成，乐炎舟．青海高山草甸土的形成及其肥力评价［J］．土壤学报，1980（4）：308-318.

[8] 李连捷．西藏高原的自然区域［J］．地理学报，1954（3）：255-266.

[9] 李吉均，文世宣，张青松，等．青藏高原隆起的时代、幅度和形式的探讨［J］．中国科学，1979（6）：608-616.

[10] 杨惠秋，江德昕．青海湖盆地第四纪孢粉组合及其意义［J］．地理学报，1965（4）：321-335.

[11] WANG C Z，GUO H D，ZHANG L，et al. Assessing phenological change and climatic control of alpine grasslands in the Tibetan Plateau with MODIS time series［J］．International journal of biometeorology，2015，59（1）：11-23.

[12] YU H Y，LUEDELING E，XU J C. Winter and spring warming result in delayed spring phenology on the Tibetan Plateau［J］．Proceedings of the national academy of sciences，2010，107（51）：22151-22156.

[13] 赵林，吴通华，谢昌卫，等．多年冻土调查和监测为青藏高原地球科学研究、环境保护和工程建

设提供科学支撑 [J]. 中国科学院院刊，2017，32 (10)：1159 - 1168.

[14] CAO B，GRUBER S，ZHANG T，et al. 2017. Spatial variability of active layer thickness detected by ground - penetrating radar in the Qillian Mountains，Western China [J]. Geophys Res - Earth Surf，122：574 - 591.

[15] 《新疆植物志》编委会. 新疆植物志（第一、二、六卷）[M]. 乌鲁木齐：新疆科学技术出版社，1996.

[16] 罗四维. 青藏高原对大气环流的影响 [J]. 高原气象，1983 (2)：82 - 84.

[17] 梁潇云，刘屹岷，吴国雄. 青藏高原隆升对春、夏季亚洲大气环流的影响 [J]. 高原气象，2005 (6)：837 - 845.

[18] 宋辞，裴韬，周成虎. 1960 年以来青藏高原气温变化研究进展 [J]. 地理科学进展，2012，31 (11)：1503 - 1509.

[19] 次央，次仁旺姆，德吉，等. 1961—2015 年青藏高原极端气温事件的气候变化特征 [J]. 高原山地气象研究，2021，41 (2)：108 - 114.

[20] 索朗塔杰，施宁，王艺橙，等. 我国冬季极端低温指数的年代际变化特征 [J]. 大气科学，2020，44 (5)：1125 - 1140.

[21] 叶笃正，高由禧. 青藏高原气象学 [M]. 北京：科学出版社，1979.

[22] 姚慧茹，李栋梁. 青藏高原风季大风集中期、集中度及环流特征 [J]. 中国沙漠，2019，39 (2)：122 - 133.

[23] 祁莉，杨睿婷，何金海. 青藏高原东南侧南风的东扩特征分析 [C]. 第 35 届中国气象学会年会 S7 东亚气候、极端气候事件变异机理及气候预测，2018：463 - 468.

[24] 徐丽娇，胡泽勇，赵亚楠，等. 1961—2010 年青藏高原气候变化特征分析 [J]. 高原气象，2019，38 (5)：911 - 919.

[25] 付建新，曹广超，郭文炯. 祁连山区风速和风向时空变化特征 [J]. 山地学报，2020，38 (4)：495 - 506.

[26] 拥珠卓嘎，次仁达娃，仓拉，等. 青藏高原降水、日照、风速等特征研究 [J]. 中小企业管理与科技（中旬刊），2017 (2)：116 - 117.

[27] 林晓君，焦志敏，谢玉华，等. 西藏东部地区的日照变化特征 [C]. 第 35 届中国气象学会年会 S3 高原天气气候研究进展，2018：125 - 140.

[28] 付建新，曹广超，李玲琴，等. 1960—2014 年祁连山日照时数时空变化特征 [J]. 山地学报，2018，36 (5)：709 - 721.

[29] 黄荣辉，陈际龙. 我国东、西部夏季水汽输送特征及其差异 [J]. 大气科学，2010，34 (6)：1035 - 1045.

[30] 李晓英，姚正毅，肖建华，等. 1961—2010 年青藏高原降水时空变化特征分析 [J]. 冰川冻土，2016，38 (5)：1233 - 1240.

[31] 许建伟，高艳红，彭保发，等. 1979—2016 年青藏高原降水的变化特征及成因分析 [J]. 高原气象，2020，39 (2)：234 - 244.

[32] 谢欣汝，游庆龙，保云涛，等. 基于多源数据的青藏高原夏季降水与水汽输送的联系 [J]. 高原气象，2018，37 (1)：78 - 92.

[33] XIANG LONGWEI，WANG HANSHENG，HOLGER S，et al. Groundwater storage changes in the Tibetan Plateau and adjacent areas revealed from GRACE satellite gravity data [J]. Earth & Planetary Science Letters，2016，449 (1)：228 - 239.

[34] XU JIANHUA，CHEN YANING，LI WEIHONG，et al. The nonlinear hydro - climatic process in the Yarkand River，northwestern China [J]. Stochastic Environmental Research & Risk Assessment，2013，27 (2)：389 - 399.

[35] KOJI M, KOSUKE H. Time - variable ice loss in Asian high mountains from satellite gravimetry [J]. Earth and Planetary Science Letters, 2010, 290 (1): 30 - 36.

[36] 郑然，李栋梁，蒋元春. 全球变暖背景下青藏高原气温变化的新特征 [J]. 高原气象，2015，34 (6): 1531 - 1539.

[37] 周陈超，贾绍凤，燕华云，等. 近 50a 以来青海省水资源变化趋势分析 [J]. 冰川冻土，2005，27 (3): 432 - 437.

[38] 许朋琨，张万昌. GRACE 反演近年青藏高原及雅鲁藏布江流域陆地水储量变化 [J]. 水资源与水工程学报，2013，24 (1): 23 - 29.

[39] ZHANG G Q, YAO T D, PIAO S L, et al. Extensive and drastically different alpine lake changes on Asia's high plateaus during the past four decades [J]. Geophysical Research Letters, 2017, 44: 252 - 260.

[40] LIU J, KANG S, GONG T, et al. Growth of a high - elevation large inland lake, associated with climate change and permafrost degradation in Tibet [J]. Hydrology and Earth System Sciences, 2010, 14: 481 - 489.

[41] ALEXANDER P, RABIN S, ANTHONI P, et al. Adaptation of global land use and management intensity to changes in climate and atmospheric carbon dioxide [J]. Global Change Biology, 2018, 24 (7): 2791 - 2809.

[42] HAO B, MA M, LI S, et al. Land use change and climate variation in the three gorges reservoir catchment from 2000 to 2015 based on the google earth engine [J]. Sensors, 2019, 19 (9).

[43] HUANG C, ZHANG M, ZOU J, et al. Changes in land use, climate and the environment during a period of a period of rapid economic development in Jiangsu Province, China [J]. Science of the Total Environment, 2015, 536 (1): 173 - 181.

[44] LUO G, YIN C, CHEN X, et al. Combining system dynamic model and CLUE - S model to improve land use scenario analyses at regional scale: A case study of Sangong watershed in Xinjiang, China [J]. Ecological Complexity, 2010, 7 (2): 198 - 207.

[45] WALTHER GR, POST E, CONVEY P, et al. Ecological responses to recent climate change [J]. Nature, 2002, 416 (6879): 389 - 395.

[46] 王秀红，傅小锋，王秀红. 青藏高原高山草甸的可持续管理：忽视的问题与改变的建议 [J]. AMBIO -人类环境杂志，2004，33 (3): 153 - 154.

[47] 徐世晓，赵新全，李英年，等. 青藏高原高寒灌丛生长季和非生长季 CO_2 通量分析 [J]. 中国科学 (D 辑：地球科学)，2004 (2): 118 - 124.

[48] WANG X, PIAO S, CIAIS P, et al. Spring temperature change and its implication in the change of vegetation growth in North America from 1982 to 2006 [J]. Proceedings of the National Academy of Sciences, 2011, 108 (4): 1240 - 1245.

[49] LIN X W, ZHANG Z H, WANG S P, et al. Response of ecosystem respiration to warming and grazing during the growing seasons in the alpine meadow on the Tibetan plateau [J]. Agricultural and Forest Meteorology, 2011, 151 (7): 792 - 802.

[50] CHANG X F, ZHU X X, WANGS P, et al. Temperature and moisture effects on soil respiration in alpine grasslands [J]. Soil Science, 2012, 177 (9): 554 - 560.

[51] 刘晓东，田良，韦志刚. 青藏高原地表反射率变化对东亚夏季风影响的数值试验 [J]. 高原气象，1994 (4): 86 - 90.

[52] 刘碧颖. 青藏高原植被动态与气候变化的时空分析 [D]. 成都：成都理工大学，2020.

[53] 李艳芳，孙建. 青藏高原 NDVI 时空变化特征研究 (1982—2008) [J]. 云南农业大学学报 (自然科学)，2015，30 (5): 790 - 798.

[54] 李焱，戴睿，张云霞，等. 藏西南高原植被 NDVI 时空变化及其与海拔梯度的关系 [J/OL]. 水土保持研究：1-8 [2021-11-29].

[55] 崔乃然. 新疆主要饲用植物志 第1册 [M]. 乌鲁木齐：新疆人民出版社，1990：193-194.

[56] 魏兴琥，李森，杨萍，等. 藏北高山嵩草草甸植被和多样性在沙漠化过程中的变化 [J]. 中国沙漠，2007 (5)：750-757.

[57] 李莉莎，徐海燕，吴晓东，等. 青藏高原高山嵩草叶、根抗寒性生理特征 [J]. 草地学报，2020，28 (6)：1544-1551.

第2章 青藏高原植被多样性及分布概况

植被作为生态系统结构和功能的主体，是生态系统多种功能实现的载体。针对荒漠化区生态系统退化，国内学者开展了许多富有成效的研究和探索，并取得了很多重要的成果。概括起来，目前植被恢复包括两个方面：一是植被自然恢复。但是，自然恢复过程漫长，致使生态系统效益有限，在高寒区人畜、人地矛盾十分严重的情况下，生态系统很难自我恢复，如果还有人为扰动比如过度放牧等行为，不仅会加重区域水土流失和土地退化，而且还会使得生态系统丧失自我修复能力。封育作为一种主要的植被恢复和生态重建措施，是选取具有一定植被恢复能力的地段，利用天然植被的自然恢复力，并辅以人工的措施，给植物以恢复生长和繁殖更新的机会，增加植被盖度，遏制荒漠化，加快退化生态系统的自我修复。现已成为防治荒漠化蔓延，进行生态修复的根本办法之一。二是人工促进下的定向植被恢复。定向恢复是基于生态学的理论，人工干预下，充分利用自然生境资源，借助工程措施、化学措施及生物技术的促进恢复措施。针对不同区域自然气候和人为扰动特点，国内学者在植被群落演替、植被掩体过程中土壤性质变化及种子库特征、人工选种、物种引进及个体对环境的反映、植被覆盖变化等方面开展了大量的工作，取得了一些重要成果。

综上，国内对封育条件下荒漠化植被恢复及人工促进下的定向植被恢复效应开展了大量研究，取得了很多进展，但在青藏高原区的研究相对较少。有限的研究多是以野外调查为主，整体性、连续性监测研究有待完善。青藏高原区是我国生态环境十分脆弱和敏感的区域，由于特殊的生境和植物群类型，亦不能直接引用其他区域的研究成果。

青藏高原区植物种类繁多，植物地理成分交错，植被类型复杂、植物资源丰富，并且呈现出明显的区域差异。据粗略估计青藏高原区高等种子植物可达10000种左右，如果把喜马拉雅山南翼地区除外也有约8000种之多。但是高原内部的生态条件差异悬殊，植物种类数量的区域变化也十分显著。如高原东南部的横断山区，自山麓河谷至高山顶部，具有从山地亚热带至高山寒冻风化带的各种类型的植被，是世界上高山植物区系最丰富的区域。

青藏高原面积辽阔，地势较高，地处亚热带和暖温带纬度范围，形成多种多样的气候类型。高原的这种独特的自然地理背景和环境的多样性，导致了植物群落的多样性，青藏高原植被的主要特点为：①大陆性强，植被旱生性显著；②热量丰富，植被分布界限高；③高原上的植被垂直带明显；④植被带宽广。

青藏高原比较典型的植被有西藏嵩草、紫花针茅、小嵩草和固沙草等。而典型的高山和温带植物如金露梅、珠芽蓼和羊茅等常为高寒草甸和灌丛的重要组成成分。青藏高原的主要植被类型有山地灌丛、高寒草原，高寒草甸和高寒荒漠几类。

青藏高原作为全球气候变化的启动器和调节器，在全球气候变化研究中备受关注。研究全球变暖背景下的青藏高原气候变化以及植被的响应特征，对于推进该区域气候变化研究具有重要意义。青藏高原作为亚欧板块最大的草地区域，高寒草地由于气候寒冷而相对湿润。高寒草地是一个独特的地理和生态环境，易受气候变化、放牧和其他扰动的影响，气候波动可能使草地生态系统产生强烈的反应，导致生物群落、生物多样性和生态系统功能的重大变化。

2.1　青藏高原特点及其评价

青藏高原介于北纬 26°～39°、东经 73°～104°之间，其最显著的自然特征是高寒。青藏高原平均海拔在 4000m 以上，由于青藏高原的高度，它的空气比较稀薄、干燥、气温比较低、太阳辐射比较强，再加上其地形的复杂多变，青藏高原上气候随地区的不同而变化很大。总的来说高原上自东向西、自南向北降水量逐渐减小。青藏高原是北半球气候变化的调节器。它的气候变化不仅驱动着中国西南部和东部地区气候的变化，而且对北半球甚至对全球的气候变化具有重要的影响。

青藏高原不仅被边缘山包围，高度差别也广泛，高原内部也有山脉，起伏不平，因此，垂直自然区一般发展为海洋系统和两种不同特性的大陆系统。另外，广袤的青藏高原，受到地形结构和大气循环特征的限制，形成了从东南到西北角的水平梯度，从温暖湿润到干旱寒冷的差异，表现为从森林→草甸→草原→荒漠的地带性变化。高原内部以高寒草甸、草原和荒漠为主体的高原垂直带呈现水平地带变化，具有强烈的大陆性高原的特色，在本质上异于低海拔相应的自然地带。

青藏高原是地球上最高而又最年轻的高原，在冷湿气候和高海拔而地势平缓条件下发育的沼泽草甸和高寒草甸，丰富了青藏高原的生物多样性。高寒草地是世界唯一的高寒生物种质资源库，其生物种类丰富，青藏高原已记录的真菌 5000 种，维管束植物 12000 种，脊椎动物约为 1300 种，昆虫 4100 种。青藏高原生态环境的不断变化，使得大量生物种群由于不适应新的严酷环境而消亡或向高原周边地区迁移，同时也孕育和形成了大量新的生物类群和物种，这一过程至今仍在继续中，不断充实着草地生物多样性。

青藏高原地跨植物的泛北极区和古热区，植物区系的地理分布类型具有多样性。青藏高原种类繁多的草地植物中除牧草资源外，还蕴藏着包括药材、纤维、淀粉、糖类、油料、香料、鞣料等各种类型的资源植物，长期以来已被各族人民广泛应用。药用植物在青藏高原草地上分布广泛，既有常用的中草药，也有特殊风格和用途的藏药，比较著名的中药材有大黄、党参、龙胆、贝母、丹参、虫草、黄芪、羌活、柴胡等，它们大部分生长在高山地区。一些名贵药材（如天麻），在波密、林芝和察隅等林间草地都有较多

分布；胡黄连是青藏高原南缘喜马拉雅高山地区特有的药用植物，在藏南聂拉木、亚东、错那、察隅等地高山草甸和林缘草地上均有较多分布。

2.2　青藏高原自然地域系统划分及植被特征

2.2.1　划分的原则和方法

青藏高原自然地域的划分主要采用和地表自然界地域分异规律相适应的原则和方法，对于高原山地的地域分异，应按照地表自然界的实际异同，温度、水分条件的不同组合和地带性的植被、土壤类型进行区域划分。较高级单位的划分遵循生物气候原则，即地带性原则，既要求表现出水平地带性，又反映出垂直地带性。较高级单位的划分，着重以自然界中的现代特征与进展特征为主要依据，主要考虑不能改变或很难改变的自然要素；较低级单位的划分着重以残存特征为主要依据，主要考虑较易改变的要素。为了使水平地带性得到充分的反映，并体现垂直地带性的差异，需要对高原山地的各种地貌类型组合与基面的海拔高度进行分析研究，按不同区域确定代表基面及其海拔高度范围，使生物气候资料数据得以对照比较。例如，羌塘高原以广阔的湖成平原和山麓平原为代表，海拔 4500～4800m；而藏南则以海拔 3500～4500m 的宽谷盆地为代表部位。这也考虑到人类聚居和从事生产活动的主要地段在河谷盆地这一事实。横断山区中北部，则把优势垂直带分布的高度和主要河谷、盆地结合起来，将海拔 2500～3500m 的河谷盆地作为代表基面，根据所确定的代表基面的海拔高度范围来比较各个区域的温度、水分条件组合以及地带性植被和土壤，进而划分为不同的自然地带或区域单元。

按演绎途径自上而下进行青藏高原自然区划，可以区分为类型区划和区域区划两种。先在较高级单元中进行类型区划，然后在较低级单元中转变为区域区划。如温度带的划分、地带性水分状况的区分都具有类型区划的性质。它们结合形成的自然地带，则是由类型区划向区域区划转变和过渡的地域单元。

2.2.2　划分指标的选择

与低海拔区域一样，青藏高原自然区划采用和地表自然界地域分异规律相适应的原则和方法。对于山地高原的地域分异应按照地表自然界的实际异同，温度、水分条件的不同组合进行划分。

2.2.2.1　温度条件

温度是影响植物生长和分布的重要因素，人为措施不易大规模或长时间地改变它。以日均温稳定≥10℃的日数作为主要指标，由于海拔高的高原腹地气温较低，日均温稳定≥5℃的日数可以作为参照，最暖月平均气温为辅助指标，可将青藏高原区划分为山地亚热带、高原温带和高原亚寒带。

2.2.2.2　水分状况

在一定温度条件下，水分成为植物生长和分布的限制性因子。采用年干燥度（年蒸发量与年降水量之比）作为主要指标，年降水量为辅助指标，划分出湿润、半湿润、半干旱和干旱等地域类别。

2.2.2.3　地形分类

在任何自然地带内，地形的差异可以引起气候、水文、土壤、植被等自然条件与风化、侵蚀、堆积等过程的差异变化，并反映出岩石组成和内营力等因素的不同。地形也属于人力不易改变或不能大规模改变的，是区域的重要因素。相同地形在不同自然地带内的作用差别很大。因此，依据温度、水分条件划分温度带及自然地带后，可按地形差异进一步划分出自然区。

2.2.3　自然区分区概况及植被特征

青藏高原自然地域系统的拟订采用比较各项自然地理要素分布特征的地理相关法，着重考虑气候、生物、土壤的相互关系及其在农业生产上的意义。采用的等级单位为温度带→干湿地区→自然区。自然地域系统，根据上述原则、方法和指标，除去东喜马拉雅南翼山地划归山地亚热带以外，可将青藏高原划分为2个温度带，其下可分为3个干湿地区，再根据地形的差异，青藏高原可划分出10个各具特色的自然区。

2.2.3.1　果洛那曲高原山地高寒灌丛草甸区

果洛那曲高原山地高寒灌丛草甸区西起怒江河源的那曲，向东展布经通天河的玉树、黄河上游的果洛至四川西北部的阿坝、若尔盖。区内有海拔5000～6000m的唐古拉山、巴颜喀拉山等山脉，山体宽厚，但多宽谷、盆地和缓丘，地面切割较浅。这里流水侵蚀作用仍占重要地位。高原面上曲流发育，山坡后退，山麓平原扩展等均反映出和缓、稳定的特点。但寒冻风化作用也较显著，冰缘地貌发育，且有岛状冻土区存在。本区受高原中部东西向切变线影响，及松潘低压控制，气候冷湿，最暖月平均气温6～10℃，年降水量400～700mm，是高原上降水较多的区域，属高原亚寒带半湿润气候类型。辽阔的丘状高原上广布着高山灌丛和高山草甸植被。占优势的高山灌丛有常绿革叶灌丛和落叶阔叶灌丛等，占优势的高山草甸植被，主要有矮型莎草和杂类草草甸。高山草甸土（寒毡土）最主要的特征是土壤表层有嵩草等死根和活根密集纠结而成的草皮层，厚约10cm，其下是腐殖层，B层发育不明显，C层则明显地受基岩性质所制约。这一自然区是青藏高原重要的畜牧业生产基地，草场是以小嵩草占优势的高山草甸为主，牧草低矮，产量低，但营养价值较高，适于牦牛的生活需求。高山带中分布有贝母、知母、虫草及大黄等贵重药材。

2.2.3.2　青南高原宽谷高寒草甸草原区

羌塘高原内流区以东，唐古拉山、巴颜喀拉山与昆仑山东段之间的缓切割高原是中国最大河流长江与黄河的河源地区，切割成具有宽阔谷地、波状起伏的高原面，平均海拔4200～4700m。在这南北宽300～400km的青南高原上分布着可可西里山、风火山、开心岭等几列东西向的线状山地，相对高差仅300～500m。青南高原是巨大冻土岛的主体部分，多年冻土连续分布，平均厚度达80～90m，季节融化层厚1～4m，冻结融化作用频繁，冰缘地貌普遍发育。这里最暖月平均气温约6～10℃，植物生长期很短，仅90～100天。因受湿润气候影响，故降水量、云量及相对湿度均略大于羌塘高原，年降水量可

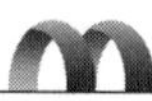

达 200～400mm。由紫花针茅组成的高寒草原是青南高原上分布较广的植被类型，其次为青藏苔草草原，还有扇穗茅高寒草原。草原中坐垫植物比重也较大。由于湿润条件稍好，草原类型中草甸化特点明显，伴生有小蒿草等种类。本区气候寒冷，既无天然森林生长，又不适宜于农作物种植，是放牧牦牛和绵羊为主的纯牧区。本区动物种类虽少，但珍稀特有种较多，主要有藏羚羊、藏原羚、藏野驴、野牦牛等。

2.2.3.3 羌塘高原湖盆高寒草原区

羌塘高原是大高原的主体，处于昆仑山和冈底斯、念青唐古拉山之间，东自内外流水系的分水岭，西以公珠错、革吉、多玛一线与阿里西部山地为界。整个地势南北高、中间低，高原面较完好，北部海拔 4900m 左右，南部约 4500m。羌塘高原是世界上海拔最高的内流区，流域集水面积小，多季节性河流。本区是高原湖泊集中分布区域，内陆湖泊星罗棋布，是著名的高海拔湖群区，湖泊大多为咸水湖和盐湖，淡水湖极少。这里气候寒冷，气温的年日变化大，最暖月平均气温 6～10℃，局地可达 12℃，最冷月平均气温在－10℃以下。年降水量约 100～300mm，自东南向西北递减。冬春多大风。本区植物种类较少，由紫花针茅为主组成的高寒草原是高原上分布最广的地带性植被。高山草原土土层浅薄，砂砾含量高，腐殖质含量少，剖面中有碳酸盐存留且呈碱性反应。本区是以放牧绵羊为主的牧区，尚有相当面积的“无人区”。由于人类活动较少，羌塘北部是野牦牛、藏羚羊和藏野驴等的天然乐园。

2.2.3.4 昆仑高山高原高寒荒漠区

昆仑高山高原高寒荒漠区是青藏高原主体西北部地势最高的部分，包括羌塘高原北部、喀喇昆仑山区、昆仑山南翼和可可西里山地。喀喇昆仑山北翼高山西起红其拉甫达坂，东达空喀山口，主峰乔戈里峰海拔 8611m，为世界第二高峰。中国境内喀喇昆仑山区冰川覆盖度达 37％，冰川资源丰富。在地貌轮廓上，北有昆仑山，南有喀喇昆仑山，其间有数列海拔 5000～5500m 的山地。昆仑山南翼高原湖盆，平均海拔 5000m，广泛分布波状平原、丘陵和低山。本区主要由宽谷盆地组成，较大的有阿什库勒盆地、阿克赛钦盆地等。湖泊较多，湖水主要靠河水补给，但湖泊不断退缩，湖水矿化度很高。本区气候严酷、寒冷干旱，最暖月均温 3～7℃，暖季期间日最低气温多在 0℃以下。除高山上降水较多外，高原面上年降水量一般不超过 100mm，且多以固态形式的雪、冰雹为主。以垫状驼绒藜和西藏亚菊为主的高寒荒漠植被以及由轮叶棘豆、簇生柔籽草、糙点地梅组成的高寒坐垫植被是本区高山湖盆上的主要植被类型。在高山荒漠区，主要土类为高山荒漠土或寒漠土。通常在地势平缓、景观开阔的高原湖盆地区，藏羚羊、野牦牛和藏野驴等的种群数量大。

2.2.3.5 川西藏东高山峡谷针叶林区

川西藏东高山峡谷针叶林区位于青藏高原的东南部，西起雅鲁藏布江中下游，东连横山区中北部，即怒江、澜沧江、金沙江及其支流雅砻江和大渡河的中上游，是以高山峡谷为主体的自然区，行政区划上包括西藏东部，四川西部及云南西北部。本区高山峡谷的形势主要受区域地质构造的制约，除念青唐古拉山东段平均海拔 6000m 外，其他山地大多为海拔 5000m。怒江、澜沧江和金沙江中游的横断山区山高谷深、岭谷并列，分布着近南北走向的山脉与河流。本区分别受来自印度洋和太平洋暖湿气候的影响，具有湿润、半湿润的气候。年降水量 500～1000mm，干燥度 0.8～1.5。本区气温的垂直变化明显。在海拔 2500～4000m 的谷地中最暖月平均气温 12～18℃；在海拔 4000～4500m 的高原面和高山上则在 6～10℃之间。本自然区植物区系属于中国喜马拉雅森林植物亚区横断山脉地区，分布着各种类型的山地森林和高山灌丛草甸植被，是世界高山植物区系最丰富的区域。受大地构造与大气环流的制约，本区西自雅鲁藏布江谷地的朗县至东北岷江上游的理县、茂汶等分布着一系列不同类型的干旱河谷，其中以横断山脉中段最为典型。本区生物物种资源丰富，在世界遗传基因库中有重要位置，被世界和中国列为保护的植物超过 100 种，动物有 50 多种，其中有大熊猫、金丝猴等。

2.2.3.6　青东祁连高山盆地针叶林草原区

青东祁连高山盆地针叶林草原区位于青藏高原东北部，包括西倾山以北的青海东部、祁连山地及洮河上游的甘南地区。祁连山由数条平行排列的北西-南东，北西西-南东东走向的山地组成，山峰多超过海拔 4000m。纵向宽谷如大通河谷地及青海湖盆地相间分布，海拔 2500～3500m。黄河、湟水及洮河谷地海拔 2000～3000m，属青藏高原向黄土高原的过渡地带，黄土广布，流水作用强烈，阶地亦较发育。这里纬度偏北，但海拔较低，气候温和，最暖月均温约 12～18℃，最冷月－5～－12℃。受偏南湿润气流惠泽，暖季仍有较多降水，年降水量达 300～600mm，多集中于生长季。由克氏针茅、短花针茅和冷蒿组成的山地草原是本区主要的植被类型。以青海云杉为建群种的山地暗针叶林在祁连山东段有较多的分布，它们和山地草原分别生长在山地阴阳坡，形成独特的山地森林草原带。

2.2.3.7　藏南高山谷地灌丛草原区

藏南包括喜马拉雅主脉的高山及其北翼高原湖盆和雅鲁藏布江中上游谷地。喜马拉雅山中段雪峰林立，有珠穆朗玛峰、马卡鲁峰、卓奥友峰、希夏邦马峰等多座海拔 8000m 以上的高峰。在喜马拉雅以北与拉轨岗日之间有一系列断陷盆地，自东而西分别为哲古措、羊卓雍措、普莫雍措、佩枯措等。盆地与宽谷之间除冰碛平台外，多为相对高度在 200～500m 的波状丘陵和低山。雅鲁藏布江自西而东纵贯本区，是沿地质构造线发育的高原大河。上游马泉河为高原宽谷，中游为宽窄河段相间，著名的峡谷有曲水以上的约居峡谷，泽当以下的加查峡谷。重要的宽谷有拉孜、日喀则、泽当及拉萨、江孜等。藏南气候受地形影响明显，宽谷盆地最暖月均温 10～16℃，冬季并不太冷，最冷月均温 0～－12℃。中喜马拉雅山脉的气候屏障作用明显，北翼高原湖盆年降水量仅 200～300mm，形成干旱的“雨影带”。在雅鲁藏布江中上游谷地，降水量由东而西递减，年降水量 300～500mm，日照丰富，太阳辐射强。藏南分布较广的植被类型主要是山地灌丛草原和高山草原。土壤以山地灌丛草原土和高山草原土为主，前者具灰棕色腐殖质层，强烈石灰反应并形成富含碳酸钙新生体的钙积层。本区的雅鲁藏布江中游及其支流年楚河、拉萨河中下游谷地，自古以来就是藏族人民主要生息之地，也是西藏最重要的农作物集中分布区，有“高原粮仓”之称。

2.2.3.8 柴达木盆地荒漠区

柴达木盆地荒漠区位于青藏高原北部，包括柴达木盆地及其西北缘的阿尔金山地。柴达木盆地是一个封闭的内陆高原盆地，海拔 2600～3100m，地势自西北向东南倾斜。在盆地边缘，特别是南侧昆仑山北麓边缘地带，广泛发育着微倾斜的山前洪积平原。洪积平原前缘为冲积平原和湖积平原，湖积平原上形成大片盐壳和盐沼泽。这里全年受高空西风带控制，且受到蒙古高压反气旋的影响，晴朗干燥、降水稀少，是整个青藏高原上最干旱的地区。仅盆地东部受夏季风未受影响，气候湿润，年降水量东部 100～200mm，自东向西递减，至西部仅 10mm。最暖月均温 10～18℃，最冷月平均气温 −10～−16℃。本区日照丰富，年日照时数 3000～3600h，终年偏西风强劲，形成西部广大风蚀和流沙地貌。占优势的地带性植被是荒漠，以膜果麻黄、红砂、蒿叶猪毛菜、合头草及蒿属等旱生、超旱生灌木、半灌木为主组成，还有白刺、柽柳等盐生灌丛分布。

2.2.3.9 昆仑山北翼山地荒漠区

昆仑山北翼山地荒漠区包括帕米尔高原东缘，西、中昆仑山的北翼。其南界西起红其拉甫山口，经西昆仑山的主脊东延，沿麻札康西瓦纵谷南侧山地，经慕士山及中昆仑山主脊至阿其克库勒湖北侧分水岭至布喀达坂峰，沿中昆仑南支主脉东延至昆仑山垭口。青藏高原北缘的昆仑山脉山峰平均海拔在 6000m 以上，大体呈东西走向呈向南突出的弧形。昆仑山北翼濒临新疆塔里木盆地，山峰与盆地高差 4000m，山势高耸，极为壮观。昆仑山北翼中低山地及山麓地带海拔较低，气温稍高，为向暖温带荒漠过渡的地段。本区年平均气温 0～6℃，1 月平均气温约 −4～−12℃，7 月平均气温 12～20℃。年降水量约 70～150mm，山地中上部降水可达 300～400mm。昆仑山北翼大部分山地为稀疏的荒漠植被，上限可达海拔 3200～3500m，其上有山地草原带分布。高处还有高山草甸和垫状植被分布。昆仑山仅西段北翼局地海拔 2900～3600m 的中山带阴坡有天山云杉林分布，自西而东逐渐减少。

2.2.3.10 阿里山地荒漠区

阿里山地荒漠区高山、盆地与宽谷相间，地形比较复杂。地质构造的控制使本区形成从西北向东南平行的几个地形单元：羌塘高原-冈底斯山主脉山地-两湖盆地、噶尔藏布宽谷-阿依拉山地-象泉河谷地-喜马拉雅山主脉山地。山峰高达海拔 5000～6000m，宽谷、盆地一般海拔 3800～4500m，主要包括印度河上游的象泉河（郎钦藏布）、狮泉河（森格藏布）流域以及北部的班公错盆地。本区太阳辐射强，日照时数长，最暖月均温 10～14℃，但冬季仍较寒冷，最冷月均温为 −9～−13℃，境内干旱少雨，年降水量自南向北递减，南部不到 200mm，中北部为 50～150mm。北部冬春多大风天气。本区分布着以沙生针茅、匙叶芥、驼绒藜和灌木亚菊为主的山地荒漠草原和荒漠植被。高山上有高寒草原分布、南部还有灌丛生长，甚至组成连片的灌丛草原景观，高寒草甸面积有限，发育较差。除南缘山地外无天然森林分布。本区发育着山地荒漠草原土和山地荒漠土。宽谷盆地中的沼泽和沼泽草甸，是高原特有的黑颈鹤繁殖季节的栖息地之一。

2.3　青藏高原植被划分及分布规律

青藏高原森林主要分布在滇西北、藏东南、川西、甘南和青海东部地区。1950 年以来，森林资源在面积、蓄积、类型及空间分布格局等方面均发生了显著变化。2016 年第九次全国森林资源清查结果显示，西藏林地面积达 17.98 万 km^2，森林面积 14.9 万 km^2，森林覆盖率 12.14%，活立木总蓄积 23.05 亿 m^3，与 2011 年第八次全国森林资源清查结果相比，林地与森林面积分别增加 0.14 万 km^2 和 0.19 万 km^2，森林覆盖率提高 0.16%，森林蓄积量增加 2047 万 m^3，实现了森林面积和蓄积“双增”。

目前有许多专家学者对高原植被都进行过深入的研究，取得了丰硕的成果，但都缺乏工程实践。根据沿线的海拔、自然气候、地形地貌与植被特点，可将高原植被分为几大区段：①戈壁与山地荒漠区局部有高寒草原，植物以超旱生灌木、半灌木为主；代表性植物主要有梭梭、多花柽柳、长毛白刺、红砂、驼绒藜及各种蒿类；该区段植被恢复的限制因子主要是气候干旱、水源缺乏。植被恢复或建植的难度很大，成本较高。②唐北高寒草原区地处青藏高原腹地，植被以高寒草原为主，主要植物如紫花针茅、青藏苔草、蒿类等；多数地段为多年冻土区，地下为永久冻土，地表临时性积水较多，可作为植被恢复时的水源，且该区段在高原原面上，较平缓，土壤中含有一定的有机质。③唐南高寒草甸区草地类型主要是高寒草甸，植被盖度 60%～90%，植物以各种蒿草、圆穗蓼等为主；该区段降水条件较好，地势平缓开阔，原生植被恢复普遍较好，土壤中的有机质含量较高，管道沿线所经过的安多、那曲、当雄一带又是西藏草地分布和草地畜牧业发展最好的地区，这一区段应是管道沿线植被恢复的重点地区。④羊拉山地灌丛区草地类型从寒冷半湿润高山草甸，到温凉湿润亚高山疏林灌丛和温暖半干旱山地灌丛草地类都有分布；植物以小蒿草、白草、杜鹃、金露梅、高山柳等为多；水热条件相对较好，但地形、地貌和土壤类型在各区段中最为复杂，石质山地和高峡深谷占很大比重，水土易于流失，植被恢复难度较大。

2.3.1　按植被类型划分

2.3.1.1　高寒草甸

高寒草甸（Alpine meadow soil）是指以寒冷中生多年生草本植物为优势种而形成的植物群落，植物种类组成较简单，主要由莎草科的蒿草属和苔草属的植物组成（图 2.1），主要分布在林线以上、高山冰雪带以下的高山带草地，耐寒的多年生植物形成了一类特殊的植被类型。董世魁（2018）将高寒草甸定义为，高寒草甸是在高原或者高山亚寒带和寒带寒冷又湿润的气候条件下，由耐寒性多年生、中生草本植物为主或有中生高寒灌丛参与形成的一类植被，主要以矮草草群占优势的草地类型，分布于果洛、玉树、那曲一带，以多年生草本植物矮蒿草、小蒿草、线叶蒿草、短轴嵩草等多种蒿草为主，灌木则有变色锦鸡儿、藏北锦鸡儿、矮生金露梅、匍匐水柏枝等。

高寒草甸是我国青藏高原及亚洲中部高山特有的类型之一，是最典型、面积最大分

布最广的一类高寒草甸生态系统。高寒草甸广泛分布于青藏高原东部及其周围山地，是青藏高原等高山地区具有水平地带性及周围山地垂直地带性特征的独特植被类型。高寒草甸受一定的水热条件所制约，占一定的地理区域，是稳定的地带性植被类型，它是亚洲中部地区的高山和青藏高原隆起所产生的高寒气候的产物。高寒草甸在长期适应与自然选择的过程中，形成了一系列特点：草层低矮、层次分化不明显、结构较为简单、生长季短、草群生长密度大；组成群落的多数植物在高寒气候作用下，具有丛生、植株低矮被茸毛和营养繁殖等抗寒的生态生物学特性；组成种类较少。

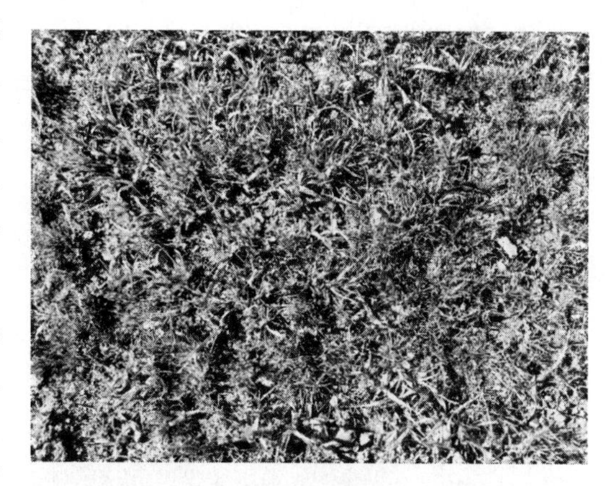
图 2.1 典型的高山矮生蒿草

高寒草甸群落外貌整齐，草层密茂，总覆盖度达 50%～90%，草层低矮，结构简单，层次分化不明显。高寒草甸是典型的高原地带性和山地垂直地带性植被类型。蒿草长期适应高寒而产生的形态特征，如植株低矮、叶线形、密丛短根茎、地下芽等，使本类群可以巧妙地度过严寒的不利环境。高寒矮蒿草草甸是长期适应高寒生态环境而形成的耐寒中生植物，植物群落以矮蒿草、羊茅、早熟禾、恰草、藏异燕麦、小蒿草、苔草、二柱头草、麻花光、线叶龙胆、矮火绒草、雪白委陵菜、美丽凤毛菊建群，草质营养丰富、热值含量较高。小蒿草草甸植物种类比较贫乏，草层低矮，分布均匀，结构简单，层次分化不明显，仅为单层结构，群落总覆盖度一般在 70%～90%。矮蒿草草甸，群落结构简单、仅草本层一层，群落总覆盖度一般在 60%～95%，优势种主要是矮蒿草，伴生种有线叶蒿草、异针茅、高山唐松草等。藏蒿草沼泽化草甸，群落结构简单，仅有草本一层，群落平均高度 10～25cm，群落总覆盖度 80%～95%。优势种主要是藏蒿草，伴生种有小金莲花、星状凤毛菊等。

高寒草甸植物草层低矮、丛生、莲座状，结构简单，层次分化不明显，叶片缩小，被绒毛，或成垫状，主要为营养繁殖，外貌不华丽，草绿色。植物种类以高原及北极高山和中国喜马拉雅植物成分为主。高寒草甸植被类型的分布与土壤水分和温度密切相关，同一地区不同小尺度范围的地形部位，由于区域环境条件限制及土壤类型分布的复杂多样，造就了适应寒冷湿中生的多年生草木植物群落、高寒草甸植被类型，形成了在土壤湿度适中的平缓滩地、山地阳坡多以矮蒿草草甸为主；土壤湿度较高的山地阴坡和滩地多为金露梅灌丛草甸；在土壤湿度较低的山地阳坡还发育有小蒿草草甸。而在高山冻土集中分布的地势低洼，地形平缓，排水不畅，土壤潮湿，通透性差的河畔、湖滨、山间盆地以及坡麓潜水溢出和高山冰雪下缘等低洼的潮湿地带多分布有藏蒿草沼泽草甸为主的各种不同植被类型。

2.3.1.2　高寒草原

高寒草原是在高海拔地区长期受寒冷、干旱气候的影响，由耐寒耐旱的多年生密丛型禾草、根茎型苔草以及垫状的小半灌木植物为建群种构成的植物群落，如图 2.2 所示。我国高寒草原主要分布在青藏高原中部和南部、帕米尔高原及天山、昆仑山和祁连山等亚洲中部高山。分布于长江源、黄河源及羌塘高原，由耐寒耐旱多年生草本植物和小半灌木组成，以紫花针茅、沙生针茅、羊茅、青藏苔草、西藏蒿草为主；但其西部和北部寒旱程度更甚，已成为高寒荒漠草原。

图 2.2　垫状植被

高寒草原是青藏高原高山植被中分布面积最大的类型，在广袤的羌塘高原及其毗邻的东昆仑山原和长江源地区呈连续地大面积分布，它是本类型最为典型和具有代表性的区域。此外在藏南高山、雅鲁藏布江河源区、阿里地区高山、祁连山、阿尔金山和昆仑山也有分布。它们适应寒冷半干旱的大陆性气候，分布海拔大致为 4200～5300m。其群落类型比较简单，主要建群种为密丛型多年生禾草针茅属中的紫花针茅、座花针茅。这类群落生长稀疏，覆盖度较小，一般仅 30％～50％；生长季节较短，外貌淡黄绿色，单调而不华丽；草层较矮，通常在 25cm 以下，因而生物产量很低，垂直分层结构也不明显；在群落组成中，多数都是耐寒适寒的高山种类，在有些地段尚有垫状植物生长。甚至可形成独特的垫状植物层片。高寒草原也与温带草原一样，其当年生长的好坏和生物量的高低与雨季来临早晚和降水的年变率之间存在着密切的关系，但是它们的基本组成都是相当稳定的。

2.3.1.3　山地灌丛

山地灌丛以耐寒的中生灌木为建群种，主要分布于青藏高原的东南部，包括常绿革叶灌丛、常绿针叶灌丛和落叶阔叶灌丛三个主要亚类，如图 2.3 所示。高原边缘山地因各个高度范围内水热组合特征不同而形成不同的植被垂直带。例如，南部和东南部边缘山地以热带、亚热带森林为基带，形成完备的植被垂直带。从低到高依次为热带低山雨林与半常绿雨林带（<1100m）、山地常绿阔叶林带（1100～2200m）、山地针阔叶混交林或针叶林带（2200～2800m）、亚高山暗针叶林带海拔（2800～3600m）、高山灌丛草

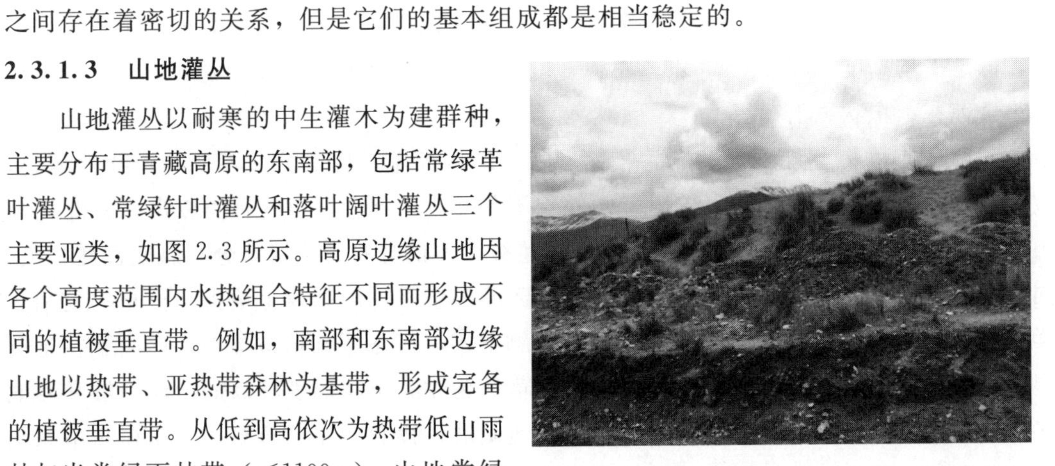

图 2.3　典型的灌木蒿草群落

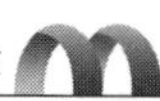

甸带（>3600m）。藏东亚热带山地的基带为亚热带常绿阔叶林，海拔 2000～2500m，以栎类为主，东亚热带植物成分丰富。针阔叶混交林分布于海拔 2500～3200m，主要植物要高山松、丽江云杉、巴郎栎等。山地暗针叶林带分布于海拔 3200～4600m，上部为冷杉林，下部为云杉林。

在青藏高原高山带，常绿革叶灌丛非常发育，是灌丛的最主要代表，也是青藏高原高山植被的一个显著特征。它们主要由种类繁多的高山杜鹃为建群种，包括理塘杜鹃、密枝杜鹃、雪层杜鹏、北方雪层杜鹃、毛嘴杜鹃、毛花杜鹃、刚毛杜鹃、髯花杜鹃、微毛樱草杜鹃等。这类群落分布地的环境寒冷而较湿润，主要占据阴坡和半阴坡，夏季常有云雾笼罩，土壤主要为棕黏土，色黑而富含有机质。群落种类组成比较丰富，发育良好，生长密集，覆盖度一般在 60%～80%；灌木层高约 30～70cm；草本层以中生草甸成分为主，并有一定的苔藓地被层发育。

常绿针叶灌丛在青藏高原高山带分布亦较普遍；由于它们相对耐旱，多占据阳坡和半阳坡，并比常绿革叶灌丛的分布区域稍大，但群落类型较简单，最主要的是香柏灌丛。该灌丛广泛见于川西高原、藏东三江峡谷区和藏南地区，分布海拔东低西高，一般约为 3800～5000m。群落外貌黄绿色，香柏常呈团块圆垫状，生长较稀疏，覆盖度一般在 50%左右；可分灌木、草本两层，草本层组成一般均系中生高山草甸成分，如多种蒿草、杂类草，但在藏南西部邻接草原的地区，旱生草原成分如蒿属及针茅属显著增加，甚至可成为草本层的主要种类。一般地说，此类灌丛的苔藓层均不发育。

青藏高原的高山落叶阔叶灌丛分布广、类型多，但多呈斑块状镶嵌在常绿革叶灌丛和常绿针叶灌丛之中或其边缘，面积并不大。主要群落类型有：窄叶鲜卑花灌丛。硬叶柳灌丛、高山绣线菊灌丛、金露梅灌丛、鬼箭锦鸡儿灌丛、变色锦鸡儿灌丛等。这类灌丛一般分布高度在 3000～4800m，主要占据阴坡，也见于阳坡；群落植冠参差不齐、疏密不均匀，覆盖度差异较大，约在 40%～80%；一般分灌木、草本两层，灌木层高 40～100cm 不等，草本层种类组成比较丰富，多系中生草甸成分。此外，在某些比较阴湿的地段，尚有一定程度的苔藓地被层发育。

2.3.1.4 高寒荒漠

高寒荒漠主要分布于青藏高原西北部，即喀喇昆仑山以北的内部昆仑山原地区。这里海拔高度约 5000m，深居大陆内地，毗邻亚洲中部干旱中心，因此气候极端大陆性，是高原上最冷最干旱的区域。图 2.4 是典型的高寒荒漠景观。

图 2.4 植被稀疏的荒漠景观

分布于草原向荒漠过渡的地带，以旱生型丛生小禾草占优势，并伴生有大量强旱生小半灌木和小灌木的植被类型，于羌塘北部及可可西里一带，以垫状驼绒藜为主，一些地方几乎不生长植物。为温带草原中较为干旱、种类组成简单、初级生产力较低的一类。标志层片为强旱生小半灌木。优势植物主要为戈壁针茅、小针茅、短花针茅、沙生针茅、东方针茅、高加索针茅、无芒隐子草等。土壤主要为淡栗钙土、棕钙土、灰钙土。

其群落类型十分简单，最主要的为垫状驼绒藜群落，还有分布比较局限的藏亚菊群落。这类荒漠，种类组成非常贫乏，常见伴生种多系针茅属、苔草属、棘豆属、风毛菊属和某些十字花科植物；它们的个体数量很少，生长非常稀疏、低矮，群落覆盖度小，一般不足10%；在起伏平缓的辽阔山原面上，地面大部光裸，一片灰秃，景象十分荒凉。

2.3.2　按垂直带类型划分

青藏高原南北跨纬度11°（北纬28°～39°）、东西占经度24°（东经78°～102°），面积辽阔，地势高亢，地处亚热带和暖温带纬度范围，气候由东南往西北有湿润半湿润、半干旱、干旱的明显水平分异和由低至高的垂直分异，形成多种多样的温度、水分组合类型。高原的这种独特的自然地理背景和环境的多样性，导致了植物群落的多样性：既有中生性的高山灌丛、高寒草甸，又有旱生性的高寒草原和高寒荒漠，并广泛发育了适应高寒生境的垫状植物群落和高山岩屑坡上的稀疏植被。

在植物区系地理和植被地理上，青藏高原可以划分为以下几个区域：高原东南部属于中国-喜马拉雅森林植物亚区和山地寒温性针叶林亚区域，高原中部、西北部，区系上属青藏高原植物亚区，植被上分别属于高寒灌丛草甸亚区域、草原亚区域和荒漠亚区域。根据山地生物群落所处的地带特点而将山地区分为单一地带的、地带间的和多地带的三种类型，实际上，青藏高原就是一个包含着多地带山地生物群落的山地高原。因此，其高山植被类型十分丰富。

如前所述，高原东南缘和东南部山地的植被垂直带谱，在高山带之下为各种森林群落，高山带主要分布着高山灌丛和高寒草甸，再往高处发育着高山流石坡稀疏植被，整个带谱均由中生性的植物群落所组成，属于湿润型山地植被亚直带结构类型，其高山带是湿润型山地垂直带的高山带，与湿润、半湿润气候相适应，它分布的绝对高度较低。青海南部和藏东北地区的山地，植被垂直带谱亦由中生性的森林、灌丛、草甸等组合而成；只是由于该区地处高原内部，地势升高，有的山地垂直带缺少森林和高山灌丛分布，带谱更加简化，相应的高山植被带绝对高度有所抬升。但是，它们实际上与高原东南缘和东南部山地垂直带谱的上段是基本一致的或相似的，亦应属于湿润型山地植被垂直带谱类型。羌塘高原及其毗邻的东昆仑内部山原的山地植被垂直带，主要由旱生的高寒草原所组成，中生的高寒草甸仅局部出现，且没有森林和高山灌丛分布。高原西北部是高寒荒漠区，其山地植被垂直带的基带由超旱生的高寒荒漠组成，往上经过一个旱生的高寒草原带而过渡到高山流石坡稀疏植被带。不难看出，后两个地区的山地植被垂直带的高山带，均由旱生的或超旱生的群落组成；高山带以下的垂直带虽然由于高原基准面地势高而无从观察，但根据其南、西、北三面海拔较低山地上或分布着草原或分布着荒漠的事实，无疑亦应为旱生或超旱生的群落类型所覆盖。可见，它们属于大陆性的干旱型山地植被垂直带结构类型。

青藏高原是高山垫状植被分布最集中的地区之一，无论是在湿润、半湿润区，还是在干旱、半干旱区的高山带，均有生长。但是有显著的地区差异：高原东南部湿润区和高原西北部干旱区分布较少，而以半湿润和半干旱的高原中、南部分布较多，特别是半湿润与半干旱的过渡地带尤甚。如西藏日喀则、那曲、昌都，青海省玉树、果洛和四川西北部等地区的高山带，高山垫状植被分布较多。这表明它们虽有较广的生态适应幅度，但其基本生态特性介于草甸植物与草原植物之间，即属于中生-旱生生态型。它们多以斑片状分布于高寒灌丛草甸区和高寒草原区高山带，其具体分布地段往往与放牧过度、平缓浑圆的地形和基质砾石多等有一定联系，因而在植被的高原水平地域分带中不占有特殊的位置，不形成地带性植被景观。

2.4 青藏高原植被多样性功能

2.4.1 植被对气候变化的响应

由于青藏高原特殊的地理位置、寒冷干旱的气候特点以及高寒植被的脆弱性等使得该区域植被对气候影响比较敏感，易受到外界因素的干扰而引起植被功能如绿度、物候、植被生产力等不同程度的变化。在青藏高原地区气候因素和植被的主要关系如图 2.5 所示。

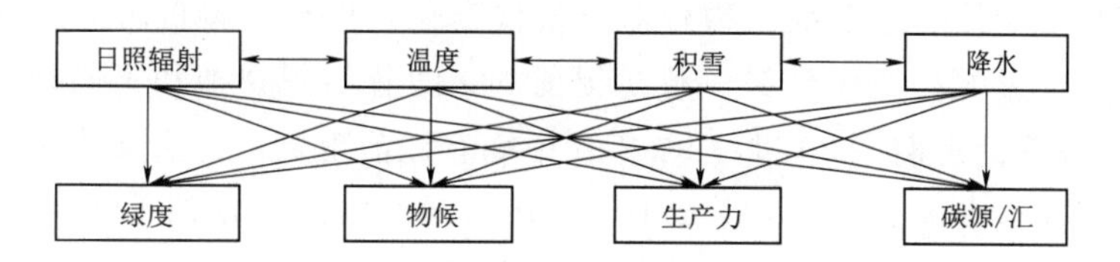

图 2.5 气候因素和植被的关系

2.4.1.1 植被绿度

植被绿度与覆盖度有直接关系，可表征植被的生长状况，植被覆盖度越高，其长势越好。19 世纪 80 年代至今青藏高原植被覆盖度总体呈现变好的趋势，但局部呈退化趋势。其中，植被状况相对较好的南部地区植被覆盖度增加不太明显，而植被较差的中北部地区植被覆盖度增加较显著。青藏高原植被变化在水平方向上存在明显异质性，表现在青藏高原东南部与西北部的植被覆盖度变化差异上。Zhang 等（2014）利用 GIMMS 遥感数据，发现 1982—2006 年青藏高原植被绿度对增温有积极响应，18%的植被区域有增加趋势，东部和西南部在时间顺序上最先表现为增加趋势。Li 等（2014）利用分段线性方法对 1982—2006 年的归一化植被指数（NDVI）数据进行分析，以 1989 年为分界点，1982—1989 年间增加趋势主要发生在青藏高原的中部、西南部、东北部，减少趋势发生在东南部；而 1990—2006 年间增加趋势主要发生在青藏高原的北部和东部，减少趋势发生在中部、西北部以及东南部。植被覆盖度变化的空间异质性不仅表现在水平方向上，还表现在垂直方向上，如较低海拔（4400～4600m）的高寒草甸与高寒沼泽草甸地带植被退化最为强烈，而较高海拔（4600～4800m）地区植被退化程度最小，植被覆盖面积最大。植被覆盖度变化的差异除了表现在空间上，还表现在季节变化差异和不同植被群落中。季节变化方面，多数研究认为春夏两季 NDVI 显著增加，增加量和增加率最大的季节为春季。植被覆盖度的变化趋势因植被类型的不同也略有差异，除针叶林阔叶林受采伐影响覆盖度下降外，其他植被覆盖度均呈不同程度的上升趋势，不同植被类型对水热条件的响应程度也存在差异，敏感程度由高到低依次是草甸、草原、灌丛、高寒垫状植被，最后是森林。相对于我国其他地区而言，青藏高原植被对气候变化的响应最为明显。多数研究认为，降水是决定高原地区植被覆盖整体变化的重要因素之一，尤其是拉萨地区和青藏高原东北部地区。温度也会对高原地区植被变化产生影响，近年青藏高原草地植被活动明显增强，并且与温度上升密切相关。还有研究发现积雪也会影响植被的绿度，如 Wang 等（2015）利用 2001—2010 年 MODIS 数据发现青藏高原积雪覆盖的时间影响了植被的绿度，积雪融化的时间影响了植物的返青期。除降水和气温之外，还存在其他的气候影响因素，包括太阳辐射、热通量、水汽压、日照时间和风速等。人类活动也是影响植被变化的重要原因，过度放牧会导致草产量下降，加速草地的退化，如地处海拔 4400～4600m 的高寒草甸与高寒沼泽草甸地带的退化与过度放牧相关性较大；黄河源地区草地退化也与人类活动影响有关。

2.4.1.2　植被物候

物候期变化可能是生态系统中物种对于气候变化响应最直接的方式。青藏高原春季物候主要受温度的影响，变化趋势一般是提前的，随着不同物种和不同地区而不同。如 Yu 等（2010）发现返青期在 20 世纪 90 年代中期有提前现象，之后又表现为推迟，并且认为冬季升温可能是物候期提前的主要原因；Piao 等（2011）发现 1982—1999 年青藏高原的返青期有提前的趋势，而 1999—2006 年间返青期有推迟现象；Wang 等（2015）基于 MODIS 数据发现，青藏高原东部草原返青期提前，西部返青期延迟；Piao 等（2011）和 Liu 等（2014）研究发现青藏高原高海拔地区的草地春季物候对温度的响应比低海拔的草地更为敏感，且变化幅度也有地域性差异。多数研究表明返青期的变化与冬春两季温度和降水有关，也有研究认为春季降温是影响物候变化的原因，还有研究认为冬春季降水的减少是影响物候变化的原因。Shen 等（2011）发现物候期的变化并不始终与冬季增温保持一致。目前对春季物候的变化特征以及响应因素尚未有一致的结论，仍需通过实测站点数据的支持和验证对物候变化开展进一步研究和探讨。

2.4.1.3　植被生产力

植被生产力（NPP）是表征植被活动的关键变量，作为全球碳循环的重要组成部分，必然会对全球变化起到反馈作用。青藏高原地区植被 NPP 整体增加，其分布总体表现为自东南至西北递减，这与该地区的水热条件和植被类型的地带性分布规律一致。张镱锂等（2014）基于遥感数据和站点数据通过 CASA 模型对 1982—2009 年青藏高原 NPP 进

行估算，发现高寒草地 NPP 多年均值的空间分布表现为由东南向西北逐渐递减且呈波动上升的趋势；孙云晓等（2008）也发现 1983—2012 年青藏高原 NPP 总量在时间上的波动呈现缓慢增加（1983—1992 年）—缓慢减少（1993—2002 年）—快速增加（2003—2012 年）的趋势。影响植被生产力的因素主要为温度和降水。年均温度增加对 NPP 的变异有显著影响；Xu 等（2008）研究发现增温在湿润区增加群落生物量，而在干旱区降低群落生物量。除了温度，降水也会对生产力产生很大影响，Yang 等（2009）和李晓东等（2012）认为生长季的降水量是影响植被生产力的主要因素。1990—2010 年间，高原由于受增温影响而增加的蒸散量，抵消甚至超过降水增加的速度，导致气候暖干化，使植被生长主要受到水分胁迫的影响，从而影响植被生产力。陈卓奇等（2012）研究发现降水在 450mm 之内的区域，影响植被生产力的主要因素是降水，而在降水大于 450mm 的地区，其主要影响因素是气温。Klein 等（2004）研究发现在青藏高原地区，如果降水量相对于温度只是较小幅度地增加，那么增温可能会降低生产力。

2.4.1.4 植被碳源/汇

在高纬度或高海拔地区，植物通常具有极高的根/茎比，其凋落物和地下死根等由于低温作用难以分解，植物通过光合作用所同化的有机碳可以较长时间地储存于地下根系和土壤中。因此，高寒地区的天然草地生态系统被认为可能是全球非常重要的碳汇。多数研究认为，由于气候变暖在一定程度上提高了高寒草地生态系统的植被初级生产力，从而补偿了气候变暖导致的土壤有机碳分解释放量，使青藏高原草地植被仍然发挥着碳汇的功能。张宪洲等（2005）对高原高山草地系统土壤呼吸进行测定，发现 1999—2001 年高山草地系统表现为碳汇；徐玲玲等（2005）对当雄草甸系统的研究表明，其具有碳吸收功能，潜能大小需要进一步研究；Wang 等（2002）对青藏高原土壤有机碳库的研究发现，1970—2000 年间高原草地约排放 3.02Pg 碳。但也有人认为增温可能会削弱高寒草地生态系统的碳汇潜能，如裴志永等（2010）认为，高寒草地土壤由于具有呼吸释放更大量 CO_2 的潜力，加之土壤碳库对全球变暖较为敏感，因此当高寒草甸的固碳能力随温度升高而增大时，土壤呼吸和枯落物的分解速度也会相应加大，最终导致土壤碳库中的碳释放到大气中，增加碳的排放。也有研究认为高寒草地生态系统与大气间的净碳交换不一定会因增温而发生大的变化，尽管增温和放牧对生长季生态系统平均呼吸速率的影响不大，但改变了其季节排放模式，增温导致 NPP 增加的同时，也会提高土壤碳排放的速度，从而维持碳吸收和碳排放的平衡。目前增温对未来碳源/汇的影响尚未有一致结论，影响碳循环的气候因子主要是温度，Chang 等（2012）发现高寒草甸碳循环过程对于温度变化的响应更为敏感；Lin 等（2012）认为生态系统的 CO_2 排放量均表现为随温度升高而增加。也有人认为影响碳循环的主要因素是降水，闫巍等（2006）对当雄 2003—2005 年间高寒草甸生态系统进行了研究，发现高寒草甸在生长季具有碳汇功能，且与降水呈正相关；Peng 等（2009）发现，相对于温度而言，高寒草原碳循环过程对降水变化的响应更敏感。

2.4.2 植被对土壤环境的影响

青藏高原植被对土壤水热变化、土壤侵蚀的影响土壤是限制植被分布和生长的主要生态因子。植被通过改变地表粗糙度、反照率等对气候变化产生“负反馈”作用，同时也通过地表覆盖、根系生长等过程对区域土壤特征产生显著影响。了解地表土壤热-水状态与植被覆盖度变化之间的相互作用是研究和预测多年冻土区高山生态系统对气候变化响应的关键问题。青藏高原土壤温度和水分动态的年际变化受气候和植被覆盖度变化的协同影响，植被覆盖是控制冻土土壤水分和热循环的最重要因素之一，其退化会加剧气候变化对永冻土环境的影响。不同植被覆盖度下土壤热传递和热-水耦合关系的差异是影响土壤水分动态分布的主要因素。随着植被覆盖的减少，土壤对气候变化的敏感性增加，土壤温度和水动力的年际变化增大。植被通过冠层截留、蒸散发、根系吸水等过程影响青藏高原流域尺度的水文特征。随着冻土区植被覆盖度降低，活跃冻土层在融化初期土壤液态水增加较快，而冻结初期的减少也加快。而在海拔较低且较为温暖的横断山区，若该区森林覆盖保持在 1986 年或 1974 年的水平，流域拦截地表径流的能力将比其 2000 年的能力分别增加约 7%和 3%。由于植被生长的季节特性，植被的存在对青藏高原颗粒运移起到的抑制作用表现出明显的季节特征，生长季的减沙效应显著高于非生长季。

青藏高原植被对土壤理化性质的影响，已有研究表明，气候条件对土壤产生的地带性影响会由于植物的存在而发生变化。植被变化引起的土壤理化性质的改变将反作用于植物本身，尤其是土壤营养元素（氮、磷、钾等）、土壤水分等对植物性状、凋落物分解等均有显著影响，从而进一步影响植被的可持续性。此外，土壤质地、有机质和养分是调节灌木和草本物种优势平衡的主要因素，某一物种引起的土壤性质改变也可能对一定范围内其他物种的生长产生影响，例如豆科植物根系的固氮作用显著缓解了同一区域内其他物种生长的氮限制。由于青藏高原的恶劣条件，植被变化对土壤理化性质影响的大尺度研究非常有限，生态系统退化初期即开始对土壤理化性质产生显著影响，而这些影响使得土壤环境朝着不利于生态系统健康与安全方向发展，从而进一步加重了生态系统的退化。

2.5 青藏高原高寒植被生物多样性

作为欧亚板块最大的草地区域，青藏高原高寒草地由于气候寒冷而相对湿润。因其独特的地理环境和生态构造，高寒草地对气候变化以及放牧等人为干扰十分敏感，气候系统的微小波动都会使草地生态系统产生强烈的响应和反馈，进而导致群落结构、生物多样性和生态系统功能都发生很大的改变。由于青藏高原的脆弱性、对气候变化的敏感性以及不断加剧的人类活动，该地区的高寒草地面临严峻的退化演替形势。未来气候变暖、区域性降水格局改变势必影响青藏高原本身的水热条件，在日益加剧的人类干扰背景下，必将导致高寒草地退化、高寒湿地萎缩，并出现严重的生物多样性丧失。Wang 等（2012）在青海海北高寒草甸、王根绪等（2010）在唐古拉地区高寒草原、石福孙

等（2008）在川西北高寒灌丛开展的增温和放牧控制研究，王长庭等（2004）对青海高寒草甸不同草地类型功能群的多样性与生产力关系的研究，Chen 等（2013）在川西北高寒湿地的研究，Shang 等（2013）在青海省三江源区对退化草地结构和功能的研究，牛克昌等（2006）、Niu 等（2009）、Yang 等（2012）和 Shi 等（2014）在甘肃甘南玛曲站施肥样地的研究等。生态系统的结构和功能、生物多样性与生产力的关系是近年来群落生态学研究的中心问题，其中生态系统生产力是其功能的重要表现形式。目前，随着研究手段的日新月异、研究水平的日益提高以及研究认识的不断深入，研究涉及的草地区域不断扩大，类型也逐渐增多。

2.5.1 不同草地类型中的高寒草地生物多样性

目前有关高寒草甸植物群落结构特征及物种多样性研究的报道较多，但是生态系统生产力等功能对物种多样性的响应的相关报道还比较少。高寒草甸生物多样性和生态系统功能之间的作用模式：矮嵩草草甸、小嵩草草甸和金露梅灌丛群落中物种多样性与生产力呈线性增加的关系，而藏嵩草沼泽化草甸群落中的这种线性增加关系不显著，这表明高寒草甸群落生产力受到物种多样性、物种本身特征和环境资源的共同影响，且环境资源的异质性与群落结构特征及物种多样性分布格局的差异有关。对不同类型草地土壤的养分有效性与多样性-生产力之间的关系进一步分析后发现，多样性-生产力受到资源供给率等因素的影响，不同类型高寒草地地上生物量的分布与环境资源供给的变化相一致，但是不同类型的草地之间存在差异：在矮嵩草草甸、小嵩草草甸和金露梅灌丛中，多样性与土壤养分呈正相关；而在藏嵩草沼泽化草甸中，多样性随土壤养分增加而减少。结合目前针对青藏高原高寒草地不同植物群落的相关研究发现，在不同海拔梯度上高寒草地生态系统（涵盖了高寒藏嵩草草甸、矮嵩草草甸、高寒金露梅灌丛和流石坡高寒植被等）中的物种丰富度与地上生物量呈 S 形曲线关系，表现为 Logistic 模型。当物种丰富度低于 12 种时，地上生物量随物种丰富度的增加增长缓慢；当物种丰富度在 12～19 种时，地上生物量随物种丰富度的增加快速增加；当物种丰富度大于 26 种时，地上生物量（生产力）逐渐趋于稳定。当物种丰富度大于某一值时，群落地上生物量（生产力）趋于稳定。这也进一步表明，高寒草地生态系统功能更多地受到物种组成及其生物学特征等因素的控制。高寒草地类型沿海拔梯度发生变化，因草地类型而异的不同物种组成被认为是生态系统稳定性、生产力、营养动态等功能的重要决定因子。

2.5.2 草地退化下的高寒草地生物多样性

围绕退化草地种类组成变化、群落时空结构变化、生物生产力下降和生物间关系的改变等方面开展了较多的研究，周华坤等（2012）对不同退化程度的高寒草原进行研究发现，随着高寒草原退化的加剧，植被盖度和草地质量指数逐渐减少、毒杂草比例逐渐增加，植物群落多样性指数和均匀度指数的拟合曲线呈驼峰式变化规律，而物种多样性与生物量关系的拟合曲线呈 V 形随着退化趋势的加大，物种丰富度与生产力从明显的正相关关系变为负相关关系。进一步研究发现群落的多样性指数和均匀度指数在中度退化阶段是最高的，总体呈现单峰曲线的变化规律，地上生物量随退化程度加深逐渐降低，分布在各层的植物根系量随草原的退化越来越少，根系有向浅层化发展的特点。说明随着高寒草地退化的加剧，生物多样性和生产力等功能特征不仅响应明显，它们之间的关系也发生了明显变化。

2.5.3　工程扰动下的高寒草地生物多样性

人类工程活动影响下高寒生态系统的变化实际上是人类活动、气候以及冻土环境变化等多种因素共同作用的结果。现阶段气候业已发生显著变化，且在外来全球变化影响下单独考虑人类工程活动的影响是不现实的，因为人类工程活动对生态系统的影响既有直接作用，也有通过对气候影响的叠加、促进等间接作用，这在青藏公路工程对高原冻土环境影响的众多研究结果中已有充分体现。人类工程活动加剧了气候对冻土环境的影响，应从两方面来定量评价管道工程对高寒生态系统的影响：一是管道工程活动本身对其所产生的影响；二是全球变化与工程活动耦合的双重作用下严重干扰的高原生态系统的可能演变趋势。受扰动的高寒生态系统均具有一定的自然恢复能力和抵御干扰的能力，类比青藏石油管道工程，高寒草原生态系统的抗干扰能力和受扰动后的自然恢复能力明显优于高寒草甸生态系统；受严重扰动后高寒生态系统的恢复程度和恢复潜力与干扰场地表层土壤环境（土壤结构与养分）、原有植被群落物种的保留程度和冻土条件密切相关。综合考虑干扰场地土壤环境、冻土条件以及不同生态系统对干扰的抵抗与恢复能力等要素，利用综合干扰度方法和测算模型分析。

参　考　文　献

［1］ 张中华，周华坤，赵新全，等. 青藏高原高寒草地生物多样性与生态系统功能的关系［J］. 生物多样性，2018，26（2）：111－129.

［2］ 黄秉维. 中国综合自然区划草案［J］. 科学通报，1959（18）：594－602.

［3］ 郑度. 青藏高原自然地域系统研究［J］. 中国科学（地球科学），1996，26（4）：336－341.

［4］ 郑度，杨勤业，吴绍洪，等. 中国自然地理总论［M］. 北京：科学出版社，2015.

［5］ 伍光和. 青海省综合自然区划［M］. 兰州：兰州大学出版社，1989.

［6］ 郑度. 喀喇昆仑山-昆仑山地区自然地理［M］. 北京：科学出版社，1999.

［7］ 张荣祖，郑度，杨勤业，等. 横断山区自然地理［M］. 北京：科学出版社，1997.

［8］ 杨勤业，郑度. 横断山区综合自然区划纲要［J］. 山地研究，1989，7（1）：56－64.

［9］ 张荣祖. 横断山区干旱河谷［M］. 北京：科学出版社，1992.

［10］ 申元村，向理平. 青海省自然地理［M］. 北京：海洋出版社，1991.

［11］ 刘燕华. 西藏雅鲁藏布江中游地区土地系统［M］. 北京：科学出版社，1992.

［12］ 杨元合，朴世龙. 青藏高原草地植被覆盖变化及其与气候因子的关系［J］. 植物生态学报，2006（1）：1－8.

［13］ 国务院新闻办公室.《青藏高原生态文明建设状况》白皮书［S/OL］.

［14］ 赵新全. 高寒草甸生态系统与全球变化［M］. 北京：科学出版社，2009.

［15］ 董世魁. 青藏高原高寒草地植物土壤系统的生物多样性对全球变化的响应［M］. 北京：科学出版社，2018.

［16］ 王一博，王根绪，常娟. 人类活动对青藏高原冻土环境的影响［J］. 冰川冻土，2014，72（6）：

1827 - 1841.

[17] ZHANG L, GUO H D, WANG C Z, et al. The long - term trends (1982—2006) in vegetation greenness of the alpine ecosystem in the Qinghai - Tibetan Plateau [J]. Environmental earth sciences, 2014, 72 (6): 1827 - 1841.

[18] LI B, ZHANG L, YAN Q, et al. Application of piecewise linear regression in the detection of vegetation greenness trends on the Tibetan Plateau [J]. International journal ofremote sensing, 2014, 35 (4): 1526 - 1539.

[19] 陈婷，梁四海，钱开铸，等. 近 22 年长江源区植被覆盖变化规律与成因 [J]. 地学前缘，2008 (6): 323 - 331.

[20] 刘军会，高吉喜，王文杰. 青藏高原植被覆盖变化及其与气候变化的关系 [J]. 山地学报，2013 (2): 234 - 242.

[21] 丁明军，张镱锂，刘林山，等. 青藏高原植被覆盖对水热条件年内变化的响应及其空间特征 [J]. 地理科学进展，2010，29 (4): 507 - 512.

[22] 向波，缪启龙，高庆先. 青藏高原气候变化与植被指数的关系研究 [J]. 四川气象，2001 (1): 29 - 36.

[23] 范广洲，华维，黄先伦，等. 青藏高原植被变化对区域气候影响研究进展 [J]. 高原山地气象研究，2008 (1): 72 - 80.

[24] WANG K, ZHANG L, QIU Y B, et al. Snow effects on alpine vegetation in the Qinghai - Tibetan Plateau [J]. International journal of digital earth, 2015, 8 (1): 58 - 75.

[25] 张镱锂，刘林山，摆万奇，等. 黄河源地区草地退化空间特征 [J]. 地理学报，2006 (1): 3 - 14.

[26] YU H Y, LUEDELING E, XU J C. Winter and spring warming result in delayed spring phenology on the Tibetan Plateau [J]. Proceedings of the national academy of sciences, 2010, 107 (51): 22151 - 22156.

[27] PIAO S L, CUI M D, CHEN A P, et al. Altitude and temperature dependence of change in the spring vegetation green - up date from 1982 to 2006 in the Qinghai - Xizang Plateau [J]. Agricultural and forest meteorology, 2011, 151 (12): 1599 - 1608.

[28] WANG C Z, GUO H D, ZHANG L, et al. Assessing phenological change and climatic control of alpine grasslands in the Tibetan Plateau with MODIS time series [J]. International journal of biometeorology, 2015, 59 (1): 11 - 23.

[29] PIAO S L, WANG X H, CIAIS P, et al. Changes in satellite - derived vegetation growth trend in temperate and boreal Eurasia from 1982 to 2006 [J]. Global change biology, 2011, 17 (10): 3228 - 3239.

[30] LIU L L, LIU L Y, LIANG L, et al. Effects of elevation on spring phenological sensitivity to temperature in Tibetan Plateau grasslands [J]. Chinese science bulletin, 2014, 59 (34): 4856 - 4863.

[31] 曾彪. 青藏高原植被对气候变化的响应研究（1982—2003）[Z]. 兰州大学，2008: 158.

[32] SHEN M. Spring phenology was not consistently related to winter warming on the Tibetan Plateau [J]. Proceedings of the national academy of sciences, 2011, 108 (19): 91 - 92.

[33] 程志刚，刘晓东，范广洲，等. 21 世纪青藏高原气候时空变化评估 [J]. 干旱区研究，2011 (4): 669 - 676.

[34] 张镱锂，祁威，周才平，等. 青藏高原高寒草地净初级生产力（NPP）时空分异 [J]. 地理学报：英文版，2014，24 (2): 269 - 287.

[35] 孙云晓，王思远，常清，等. 青藏高原近 30 年植被净初级生产力时空演变研究 [J]. 广东农业科学，2014 (13): 160 - 166.

[36] XU X, CHEN H, LEVY J K. Spatiotemporal vegetation cover variations in the Qinghai - Tibet

Plateau under global climate change [J]. Chinese science bulletin，2008，53 (6)：915 - 922.

[37] YANG Y H，FANG J Y，PAN Y D，et al. Aboveground biomass in Tibetan grasslands [J]. Jornal of ardnvronmn，2009 (1)：91 - 95.

[38] 李晓东，李凤霞，周秉荣，等. 青藏高原典型高寒草地水热条件及地上生物量变化研究 [J]. 高原气象，2012 (4)：1053 - 1058.

[39] 陈卓奇，邵全琴，刘纪远，等. 基于 MODIS 的青藏高原植被净初级生产力研究 [J]. 中国科学（地球科学），2012 (3)：402 - 410.

[40] KLEIN J A，HARTE J，ZHAO X. Experimental warming causes large and rapid species loss, dampened by simulated grazing，on the Tibetan Plateau [J]. Ecology letters，2004，7 (12)：1170 - 1179.

[41] 徐玲玲，张宪洲，石培礼，等. 青藏高原高寒草甸生态系统净二氧化碳交换量特征 [J]. 生态学报，2005 (8)：1948 - 1952.

[42] ZHANG X Z，SHI P L，LIU Y F，et al. Experimental study on soil CO_2 emission in the alpine grassland ecosystem on Tibetan Plateau [J]. Science in China series dearth sciences，2005，48：218 - 224.

[43] WANG G X，QIAN J，CHENG G D，et al. Soil organic carbon pool of grassland soils on the Qinghai - Tibetan Plateau and its global implication [J]. Science of the total environment，2002，291 (1/2/3)：207 - 217.

[44] 裴志永，周才平，欧阳华，等. 青藏高原高寒草原区域碳估测 [J]. 地理研究，2010，29 (1)：102 - 110.

[45] WANG X，PIAO S，CIAIS P，et al. Spring temperature change and its implication in the change of vegetation growth in North America from 1982 to 2006 [J]. Proceedings of the national academy of sciences，2011，108 (4)：1240 - 1245.

[46] CHANG X F，ZHU X X，WANG S P，et al. Temperature and moisture effects on soil respiration in alpine grasslands [J]. Soil science，2012，177 (9)：554 - 560.

[47] LIN X W，ZHANG Z H，WANG S P，et al. Response of ecosystem respiration to warming and grazing during the growing seasons in the alpine meadow on the Tibetan plateau [J]. Agricultural and forest meteorology，2011，151 (7)：792 - 802.

[48] 闫巍，张宪洲，石培礼，等. 青藏高原高寒草甸生态系统 CO_2 通量及其水分利用效率特征 [J]. 自然资源学报，2006 (5)：756 - 767.

[49] PENG S S，PIAO S L，WANG T，et al. Temperature sensitivity of soil respiration in different ecosystems in China [J]. Soil biology and biochemistry，2009，41 (5)：1008 - 1014.

[50] 周华坤，赵新全，温军，等. 黄河源区高寒草原的植被退化与土壤退化特征 [J]. 草业学报，2012 (21)：1 - 11.

[51] 周华坤，周立，赵新全，等. 青藏高原高寒草甸生态系统稳定性研究 [J]. 科学通报，2006 (1)：63 - 69.

第 3 章 青藏地区高寒草甸土壤可蚀性研究

长期以来，人们对各地的水土流失问题都很重视，但由于青藏高原有其特殊的地理位置和地质环境，水土流失问题也较特殊，加上青藏高原人口密度低，所以对高原的水土流失问题研究甚少。在降雨等其他条件相同的情况下，可蚀性高的土壤比可蚀性低的易遭侵蚀，土壤可蚀性的强弱，取决于土壤本身的理化特性，但土地利用方式会间接地影响土壤理化特性，从而导致土壤可蚀性发生一定的变化，高原上主要是现代冰缘地貌，以气候因素占主导地位，主要属高寒的亚大陆性气候，寒冷而干旱，气候多变，四季不明，全年冻结期长达 7～8 个月（每年 9 月至次年 4 月、5 月），高原上年降水量为 200～400mm，年蒸发量为 1300～2000mm。风向以西北、西风为主，大风多集中在 10 月至次年 4 月间。据高原上各气象站的统计资料，年平均气温为－6.9～－2℃，1 月份（有时 12 月份）气温最低，平均在－17.4℃～－14.5，年平均气温温差 22～28℃，极端温差不超过 50℃，一年内日平均温差 20℃，极端温差 35℃，气候环境条件恶劣。

由于土壤侵蚀影响因素的区域变化，不同地区的土壤侵蚀类型和方式也将表现出明显的地域分异。气候各因子是青藏高原发生侵蚀的主要外营力，也决定了土壤侵蚀发生的类型和分布。降水的时空分布决定了水蚀作用（表现为地表切割密度和深度）自东南向西北减弱，风力作用则逐渐加强；冻融作用则以羌塘高原为中心向周围逐渐减弱。藏南地区是西藏主要的农业区，土壤较发育，地面坡度大，坡面水土冲刷严重，泥石流发育。藏东川西地区降水量较多，年均降水量为 800mm 左右，天然植被覆盖较好，受流水作用强烈下切，滑坡、泥石流现象也较常见。湟水、黄河谷地年均降水量为 500mm 左右，为黄土所覆盖，水蚀作用很强，阶地发育。那曲和玉树一带年均温在 0℃左右，年均降水量为 500mm 左右，地面切割较浅，雨季主要受水蚀作用，而冬季同时受到冻融作用和大风作用。冈底斯念青唐古拉山以北，昆仑山以南，气候寒冷干旱，流水作用微弱，冻融作用强烈，冰缘地貌发育，同时冬季也受到大风作用。柴达木盆地温度较高，降水量极少，土壤侵蚀方式主要为风蚀。昆仑山和阿尔金山祁连山北翼降水稀少，主要受到高山融水作用及风沙作用。

3.1 青藏地区高寒草甸土壤侵蚀类型及现状

青藏高原是我国重要的生态屏障，对于维持气候稳定、碳收支平衡和水资源供应等方面有着重要作用，被称为“亚洲水塔”，是亚洲乃至北半球环境变化“调控器”。在全球气候变暖的大背景下，青藏高原的生态环境对气候变化的响应更为敏感和突出；在过去的几十年经历了显著的增温，冰川退缩、洪水频发，融水侵蚀加剧；按照目前的气候变化趋势，截至2050年，青藏高原南部和横断山脉是我国潜在土壤侵蚀量最高的地区。青藏高原地区地形、气候、植被、土壤类型等差异显著，土壤侵蚀类型丰富。仅西藏自治区，就有6种侵蚀区，其中还包括了冻融侵蚀、水力侵蚀、风力侵蚀、重力侵蚀等复合侵蚀类型。一些学者利用遥感和GIS、风洞模拟、径流小区监测等多种试验手段，对不同类型土壤侵蚀的发生原因和时空分布等方面进行了研究；一些学者在个别区域开展了土壤侵蚀的防治试验，并对其防治措施的效益进行了评价，这些研究成果为青藏高原土壤侵蚀研究提供了宝贵资料。但由于青藏高原自然环境条件的复杂性、特殊性，当前青藏高原各类土壤侵蚀的发生、分布、预测及其防治等仍需要进一步研究。为此，本书通过总结青藏高原地区冻融侵蚀、风力侵蚀、水力侵蚀、重力侵蚀和混合侵蚀5种主要侵蚀类型，对现状进行了分述，分析了各类型土壤侵蚀的影响因子，据此提出了目前青藏高原土壤侵蚀研究中存在的问题以及需要加强关注的几个方面，以期为青藏高原的相关研究提供参考。

3.1.1 冻融侵蚀

所谓冻融侵蚀是指在多年冻土地区，土体或岩石风化体中的水分反复冻融而使土体和风化体不断冻胀、破裂、消融、流变而发生蠕动、移动的现象。冻融作用是造成冻融侵蚀的主要原因，它与气候的日、年和多年变化有着密切的关系。高寒区海拔高，气温低，气温日、年较差大，冻融作用交替频繁，为冻融侵蚀的发生发展创造了条件。随着冻土区温度周期性地发生正负变化，冻土层中的水分相应地出现相变与迁移，致使岩石碎裂，松散沉积物扰动与再分选，冻土层发生变形，产生冻胀、融沉和流变等一系列的复杂过程。冻融侵蚀和冻融作用是两个不同的概念，冻融侵蚀是一种侵蚀现象，而冻融作用是造成这种现象的主要因素，存在冻融作用不一定会出现冻融侵蚀现象。在我国华北地区，冬季常会出现低于0℃的气温，在第二年春季气温回升过程中昼夜气温正负变化造成土壤机械破坏，如田间大土块经过冻融作用分裂成很多小土块，但春季转暖后这些土块并没有流失掉，而是停留在原地，这种现象就不能认为是冻融侵蚀。冻融侵蚀强调碎裂土体、岩石等在冻融作用下产生机械破坏或位移，并使土体、岩石不能恢复原状或回复原位，图3.1所示为青藏地区典型的冻融侵蚀。

图3.1 青藏地区典型冻融坑

冻融侵蚀是我国三大侵蚀类型之一，主要分布于青海、西藏、内蒙古、新疆、甘肃、四川、黑龙江等7个省、自治区，

据第二次全国土壤侵蚀普查结果，冻融侵蚀面积占总水土流失面积的35.6%，约126.89万km^2。青藏高原气候寒冷，一些区域全年冻结期可达7～8个月（9月至次年4月、5月份），年均气温−6.9～−2℃，是我国最主要的冻融侵蚀区域之一，冻融侵蚀面积占其国土面积的59%，冻融侵蚀产物成为黄河、长江等河流泥沙的主要来源之一。但相比水蚀和风蚀研究，冻融侵蚀在我国并没有得到足够的重视。目前，青藏高原冻融侵蚀研究主要集中在冻融侵蚀区域的界定和分布、冻融侵蚀分类分级评价和冻融侵蚀影响因素分析等方面。

在青藏高原，将主要侵蚀动力为冻融作用的区域称为冻融侵蚀区，该区的界定，重点在于确定其海拔下界。张建国和刘淑珍（2005）提出西藏地区冻融侵蚀区的海拔下界较冻土区海拔低200m（年均温度−2.5℃）左右，与冰缘区的海拔下界接近，并依据西藏地区气象站资料提出计算公式：

$$H=\left(66.3031-0.09197X_1-0.1438X_2+\frac{2.5}{0.005596}\right)-200$$

式中：H为西藏冻融侵蚀区下界海拔；X_1为纬度；X_2为经度。

依据该公式，确定冻融侵蚀为那曲、阿里、日喀则、拉萨、昌都等地区最主要的土壤侵蚀类型。该方法的提出为我国冻融侵蚀区域的界定和分布提供了参考，后续第一次全国水利普查、青藏高原地区冻融侵蚀分布区域的确定和冻融侵蚀强度的评价等研究均基于此公式进行。

目前没有统一的冻融侵蚀二级类型的划分方法。如：王向阳（2014）将西藏高原的冻融侵蚀分为寒冻剥蚀和热融滑塌两种类型；李代明（2001）将西藏冻融侵蚀分为冰川侵蚀和冻土侵蚀；钱登峰等（2014）将冻融侵蚀分为冰川侵蚀、融冰/雪径流侵蚀、冻融风蚀、冻融泻溜、冻融泥流、沟道冻融侵蚀等6种类型。目前无论是对冻融侵蚀的地面监测或遥感监测，均未对上述各冻融侵蚀子类型进行监测。地面监测内容包括寒冻剥蚀和热融滑塌观测两种：对寒冻剥蚀物进行定期收集得到坡面寒冻剥蚀量；利用基准桩的位移距离确定滑塌面积，测量土层厚度即可得到热融滑塌侵蚀量。而遥感监测主要依据海拔、坡向、植被类型、土地利用等指标，对冻融侵蚀强度进行分级，进而借助RS和GIS进行快速动态监测。因此，在冻融侵蚀的二级类型的划分方法不明确的情况下，难以对其进行监测，从而获得准确的冻融侵蚀量。冻融侵蚀分级评价方法主要分为两种：一是依据遥感影像中不同程度冻融侵蚀的特征，进行目视解译，提取对应特征的冻融侵蚀面积，从而做出评价；二是权重法，不同学者依据各自对冻融侵蚀的理解，选出影响冻融侵蚀的各类因子，并根据因子的重要性进行赋值，提出相应的评价模型。以往研究中冻融侵蚀的遥感解译标志尚无统一标准，研究结果之间不能直接进行横向对比。如欧阳琰等（2014），根据TM影像中冻融侵蚀的色调、分布范围和主要代表植物等解译标志将冻融侵蚀强度划分为轻（亮白色，分布于高寒缓坡和草原灌木等区域，代表植被为草甸和灌丛）、中（灰白色，分布于高山荒漠和冰川积雪覆盖等区域，代表植被为高山植被和草原）、重（青灰色，分布于紧靠冰川或常年积雪区域，代表植被为垫状植被）三个等级，并对雅鲁藏布江流域1990年、2000年和2010年3期的影像进行了目视解译，得出近20年雅江冻融侵蚀总面积下降约3.5%，主要原因是部分中度侵蚀区转化为轻度侵蚀区；赵晓丽等（1999）根据海拔高度、坡向和植被类型将冻融侵蚀强度分为微（5100～5500m，阳坡，草原）、轻（5100～5500m，阳坡，草甸）、中（5100～5500m，阴坡，草原和5500～6000m，阳坡，草原）、强（5100～5500m，阴坡，草甸和5500～6000m，阳坡，草甸）、极强（5100～6000m，阴坡）和剧烈（>6000m）等6个等级。权重法评价过程中，冻融侵蚀评价因子的选择对结果有较大影响，郭兵和姜琳（2017）提出了冻融侵蚀动力因子的概念，包括冻融期降雨侵蚀力和风场强度，利用这两个侵蚀动力因子和冻融期降水量，构建冻融侵蚀评价模型（评价精度达到92%），并对青藏高原的冻融侵蚀的强度进行了评价。Zhang等（2007）选取了植被、气温年较差、年降水量、坡度、坡向、土壤等6个因子作为冻融侵蚀分级评价指标，采用加权和的方法（对影响冻融侵蚀的各因子进行赋值，并使用层次分析法确定每个因子的权重，之后进行加权和计算）建立了西藏地区冻融侵蚀强度的分级评价模型，在GIS中运行上述模型，得出西藏地区冻融侵蚀面积为$6.64\times10^5 km^2$，强度侵蚀面积可占冻融侵蚀总面积的13.9%；不少学者也参考上述方法，对青海湖流域、“一江两河”地区以及整个青藏高原地区不同强度冻融侵蚀的空间变化和分布、区域冻融侵蚀主控因子等方面进行了研究。

在不同作用力下土壤侵蚀发生发展过程中所呈现的各种形式或形态，称为侵蚀类型。根据《土壤侵蚀分类分级标准》（SL 190—96）的分区依据，一级区划以发生学原则（主要侵蚀外营力），分为水力侵蚀、风力侵蚀、冻融侵蚀三大侵蚀类型区，冻融侵蚀又分为北方冻融土侵蚀区和青藏高原冰川侵蚀区，其中青藏高原被列为冰川侵蚀区。刘淑珍等认为冰川侵蚀与冻融侵蚀在营力和方式上都有本质区别，冰川侵蚀应单独划为一个类型。参照水利部标准并结合大多数研究者对冻融侵蚀的观点，把冰川侵蚀作为冻融侵蚀的一种进行研究。本书研究将高寒区冻融侵蚀分为冰川侵蚀、融冰/雪径流侵蚀、冻融风蚀、冻融泻溜、冻融泥流、沟道冻融侵蚀。

（1）冰川侵蚀。

冰川侵蚀是指冰川在自身重力作用下向下移动过程中对坡面或沟床造成的磨蚀和拔蚀作用。冰川是地球上最大的“天然固体水库”。青藏高原高寒区雪线以上多年的积雪因重力缘故被挤压成冰块，并在重力的作用下沿河床或山坡缓慢向下移动多数冰川厚达几十米，甚至上百米，重量非常大，具有巨大的机械动能，在运动过程中就像一台巨大的铲土机，破坏着山坡地表土壤。山谷中的冰川是一条长年存在以冰块组成的巨大河流，又称为冰河。冰川前进时切割山谷两旁的石头，将它们带往下游很远的地方。冰川融化时下部冰舌退缩，这些巨大的石头就被留在原来冰河的河道上或两旁山坡上。冰河流经的山谷会由原来的V形变成U形。

（2）融冰/雪径流侵蚀。

融冰/雪径流侵蚀是指表层解冻土壤在融冰/雪径流作用力下被破坏、搬运和沉积的过程。春夏季高寒区地表热量收支变化，收入大于支出，造成空气及土壤温度上升，雪线以下积雪和雪线以上部分冰川产生融水。土壤表层解冻土壤与下层未解冻土壤之间产生了一个不透水层，入渗水分遇到土壤隔水层不能继续下渗，造成表层解冻土壤呈饱和或过饱和状态，进而冰/雪融水在土壤表面汇集，产生股状水流，造成土壤侵蚀，严重时会导致冰川融雪型泥石流的发生，危及人们生命安全，损坏道路和工程设施。

（3）冻融风蚀。

冻融风蚀是指土壤在冻融作用下土体团聚结构遭破坏，在风力作用下被吹起及搬运的过程。青藏高原高寒区大部分地区干旱少雨，除西藏东南部降水量相对较多外，藏北和阿里等地区降水量稀少，最少的只有几十毫米，并且大风天气多。青藏高原高寒区反复的冻融作用使得表土变得松散，加之处于气候干燥、植被稀疏、冬春季多风的环境，在风力等作用下形成了强烈的风蚀作用区。

（4）冻融泻溜。

裸露陡坡上表层岩石由于冷热不均或内部水分热胀冷缩作用破裂成碎屑，并在自重作用下顺坡向下滚落的现象，称为冻融泻溜。岩石是热的不良导体，是由不同热膨胀系数矿物组成的集合体。高寒区白天光照强，造成岩石表面温度高、内外温差大，导致岩石开裂，在表层出现块状或层状的剥落物，并在重力作用下向下运动。此外，岩石内部水分在温度反复的正负变化之下会出现冻胀热缩过程，在这种膨胀力和收缩力作用下一样会使得岩石碎裂和滑落，从而产生侵蚀。

（5）冻融泥流。

冻融泥流是指冻融风化层和饱含水的松散土层解冻时，因具有塑性而发生沿斜坡蠕动的现象。冻融泥流是发生在10°～20°坡面上的一种重力侵蚀现象。解冻土壤和未解冻土壤之间隔水层的存在使入渗到解冻土壤的水分在重力作用下形成壤中流，导致土壤重量加大。当滑动面上未解冻土产生的摩擦力小于上面解冻土壤的下滑力时，土壤就沿着滑动面向下蠕动，并随着外部融水的加入，逐渐形成泥流向下流动。

（6）沟道冻融侵蚀。

沟道冻融侵蚀是指沟道内土壤由于冻融作用造成的沟坡滑泻、沟壁垮塌和沟岸裂隙及融滑现象。高寒区沟道主要位于小型集水面的出水口处以及大型坡面下坡位地势相对较低的位置，通常是由最初的细沟发展而来，由细沟发展为浅沟再切沟，最后形成有一定宽度和深度的沟道。在高寒区沟道发展过程中，起初水力侵蚀作用明显，沟道形成后冻融作用和水力作用都为沟道发展壮大提供了能量基础，尤其是冻融侵蚀，沟道内土壤等物质受到地面和沟道边坡两个方向表层土壤向深层传递的热量影响，导致土壤内部温度昼夜正负交替变化，产生热缩冷胀现象，使土壤和一些岩石风化物滑落或垮塌进入沟床，经沟道内冰雪融水流失掉。

由于环境恶劣、条件艰苦，所以目前对高寒区冻融侵蚀的研究较少，并且多数是宏观研究成果，相关机理性研究鲜有报道。受全球变暖和人类活动影响，高寒区冻融侵蚀对高原生态环境、人类生产生活、工程设施安全造成的影响日益凸显，因此加强对高寒区冻融侵蚀的研究十分必要。

3.1.2 风力侵蚀

风力侵蚀是青藏高原主要的侵蚀类型之一（图3.2），截至2014年，青藏高原沙化土地面积为34.04万km^2，占全国沙化总面积的19.78%（国家林业和草原局，2011），主要包括砾质沙漠化土地、沙质沙漠化土地和风蚀残丘3种类型，主要分布于高原西部和北部区域，其他区域的分布较零散。目前有关青藏高原风蚀研究集中于风蚀区分布与风蚀地貌、风蚀特征与风沙运移规律和风蚀影响因素等方面。

图3.2　青藏地区高寒草甸典型风力侵蚀

高原上属干旱、半干旱性气候，多大风，可大于17m/s，风蚀作用相当强烈。一些地区全年大风日数在150～200天。大多数地区大风主要出现在12月至次年4月，最大常达10级以上。草皮层经冻融作用剥离后，水土流失现象非常严重，加之冬春季节的大风，风蚀作用使秃斑裸地扩大和连接起来，最终使草地变为“黑土滩”。仅藏西地区宜牧的土地中已有16.8%出现不同程度的侵蚀现象，近40%的草地出现沙化。青藏公路沿线在地形比较低洼或相对平坦的地段，尤其是南北界岛状冻土区内，风蚀地貌比较发育。近年来由于气候干旱，加之生态平衡遭到破坏，导致公路沿线沙漠化现象加剧。现在正在发育的风沙地貌如西大滩运输站东边、红梁河及安多以南的红海东岸等地发育着新月形的沙丘、沙垄、沙岗等。据航片对比和现场测量，西大滩运输东站的沙丘运动速度可达3～8m/a，由西向东正威胁着青藏公路。

3.1.3 水力侵蚀

青藏高原地形多变，海拔高度从西藏东南部的几百米到西藏南部的8000m，存在大量陡坡；降水量在空间、时间上分布不均，加之分布的冰川、积雪在暖季容易融化，一方面提供了大量融水，另一方面产生较多裸露地表，因此青藏高原部分区域极易发生水力侵蚀。藏东地区、藏南地区和湟水谷地是青藏高原水蚀作用强烈的区域，如图3.3所示。其中：藏东地区年降水量较多，地表受到流失下切作用明显；藏南地区是西藏重要的农业区，坡耕地受到降水、径流的打击和冲刷作用明显，“一江三河”区域山坡中下部面蚀、沟蚀非常强烈，河谷山麓洪积扇切沟发育广泛；湟水谷地土壤为黄土，水土流失严重，输沙模数可达到2000t/(km^2·a)。其中水蚀的主要侵蚀方式为降水侵蚀，而融水侵蚀也是青藏高原最主要的水蚀类型之一，其营力主要为冰川积雪融化后形成的季节性径流。

3.1.4 重力侵蚀

重力侵蚀是土壤及其母质或者基岩，主要在重力作用下发生位移和堆积的过程，主要包括泻溜、崩塌、滑坡和泥石流等形式（图3.4）。青藏高原的崩塌、滑坡、泥石流等重力侵蚀趋于活跃，由此引发的灾害频率呈增加趋势，受到政府部门和众多学者

的关注。青藏高原主要重力侵蚀区域集中在林芝、昌都以及雅江一线，此处构造活动活跃、地势陡峭、水量充沛，有利于重力侵蚀的发生。青藏高原重力侵蚀的研究内容包括崩塌、滑坡和泥石流的分类及其表现特征和影响因素等方面。崩塌、滑坡和泥石流根据其物质组成、发生机理和分布区域等，被分为多种类型。

图 3.3 青藏地区典型水力侵蚀沟

图 3.4 青藏地区典型滑坡

西藏樟木扎美拉山崩塌源区的岩体风化强烈，裂隙发育广泛，发育了 4 处典型危岩体，根据危岩体岩石性质以及崩塌机理分析，崩塌可分为坠落式、倾倒式和滑移式；西藏林芝地区 2017 年 11 月 30 日由地震引起的崩塌类型多样，沿帕隆藏布江和雅鲁藏布江分布，根据物质来源可分为岩质崩塌、坡积崩塌、崩积崩塌、洪积物崩塌、冰崩泥石流崩塌、冰碛崩塌、滑坡堆积体崩塌，而根据发生机理可分为：震动-滚落型崩塌、拉裂-倾倒型崩塌、震动-滑移型崩塌和震动-坠落型崩塌。黄河上游干流区，由于特殊地貌和地质构造，滑坡灾害频发，根据滑坡体空间形态可以分为半圆状、葫芦状、梯形状、三角状、矩形状、舌状和长弧形状等 7 种滑坡类型，而根据滑坡体岩土类型可分为土质、岩质、碎块石、岩土质、碎块石土质和岩质碎块石等 6 种滑坡类型。帕隆藏布流域是西藏境内泥石流最活跃、类型也最全的区域，泥石流按照成因划分为冰川型泥石流、冰湖溃决型泥石流和降雨型泥石流，冰川型泥石流根据动力来源又可分为冰川融水泥石流和巨型冰雪崩滑泥石流，冰湖溃决型和降雨型泥石流的动力来源分别为溃决形成的洪水和暴雨。

3.1.5 混合侵蚀

混合侵蚀是指在水流冲力和重力共同作用下的一种特殊侵蚀类型，它的表现形式是泥石流（图 3.5）。我国部分学者认为泥石流是介于崩塌、滑坡等块体运动与水流之间的一系列连续过程，泥石流的形成过程是固液两相物质在山区坡地或沟道内相互作用的过程。另一部分学者认为泥石流是斜坡上的松散物质被暴雨或积雪、冰

图 3.5 青藏地区典型泥石流

川的强烈消融的水所饱和、在重力与水的作用下沿山坡或沟谷流动的特殊洪流。泥石流是一种含有大量泥沙和石块等固体物质，爆发突然、历时短、来势凶猛，具有强大破坏力的特殊洪流。泥沙石块体积超过25%，最大可达80%，容重在1.3t/m³以上，最高达2.3t/m³。高寒山区发育的泥石流一般集中分布于构造断裂带和高山峡谷带，有着独特的形成条件和发育规律：一是高寒山区往往地形起伏大、山势陡峻，高山深切峡谷大量分布；二是强烈的构造运动、物理风化作用形成大量松散物质；三是高山气候提供了特有降水条件，高寒山区具备了冰川融雪的水源基础。众多研究者就这3个方面分别展开研究：张永双等（2016）从青藏高原东部活动断裂层面，分析了泥石流发育所需的地形和物质基础条件；陈栋等（2004）从青藏高原东部降水层面分析了泥石流形成条件；白永健等（2014）以川西甘孜县泥石流为例，分析了处于多个气候变化带和鲜水河断裂带共同影响条件下，高寒山区泥石流的发育机理；魏小佳等（2015）对中巴公路某泥石流进行研究，得出其发育具有很强的高原性，夏季气温越高，泥石流也就越发育；尚彦军等（2001）得出了雅鲁藏布江北段泥石流主要受海洋性气候影响，具有低频、快速的特点；童立强等（2007）研究发现喜马拉雅山东南地区泥石流多发于坡度处于16°～30°的冰川和永久积雪区。由于高寒山区特有的自然地理地质条件、丰富多变的气候类型和冰川广泛分布的特点，研究人员还有许多独特的重要发现和研究成果。徐腾辉等（2015）研究发现南门关泥石流在高海拔寒区物源的积累依赖于冰川侵蚀、融雪径流侵蚀、冻融泻溜等。裴钻（2016）以天山公路、中巴公路等为研究对象，对高寒山区沟谷泥石流的启动机理及运动特征进行研究，并提出了一套适合高寒山区泥石流的计算公式。李永化等（2002）认为青藏高原东部泥石流活动的阶段性与周期性特征，同青藏高原的阶段性隆起和亚洲季风的建立有很大关系；高寒山区泥石流具有独特的分布规律、运动学和动力学特点。在我国高寒山区泥石流中，有相当大的部分属于冰川泥石流，其中海洋型冰川区泥石流最发育，亚大陆型冰川区泥石流次之，极大陆型冰川区泥石流最弱。与一般降雨型泥石流相比，高寒山区泥石流的水源条件有所不同：高山季节性积雪与冰川消融洪水成为主要水源，而持续高温天气过程则是重要促发因素。

3.2　青藏地区土壤侵蚀影响因素

3.2.1　冻融侵蚀影响因素

温度、坡度和坡向、植被和降水是影响冻融侵蚀的几个主要因素。

（1）温度。

冻融作用发生的前提条件是土壤温度周期性的变化，因此温度是影响冻融侵蚀的首要因素，它是反映冰雪冻结深度的主要指标。0℃上下土壤温度变化的频率和幅度被认为是冻融作用的强度，影响着土层的冻融过程，进而影响土壤结构的稳定性和抗蚀性；温差越大，冻融作用的强度越大，土层冻融的深度越大，发生冻融侵蚀的可能性也越大，持续时间越长，发生冻融侵蚀的程度就越大。另外，土壤中温度的变化影响土壤冻结和融化过程，进而影响到土壤的物理性质与土壤抗蚀稳定性。

(2) 降水。

降水（含降雨和降雪）是影响冻融侵蚀的另一主要因素。降水直接增加土体含水量，冻结时对土壤的破坏作用增加。同时，降雨和冰雪融水是冻融侵蚀产物移动的重要动力，增加了冻融侵蚀发生的可能性。降水可通过影响岩土中水分含量来间接影响冻融过程，岩土中的水分含量越大，在冻结过程中水分相变对岩土体的破坏作用越大，融化过程也会加快坡面径流对土壤的搬运。

(3) 地形。

坡度影响冻融侵蚀产物向坡下的多少和输移距离的远近；坡向的差异影响坡面接受太阳辐射量，因此通过影响冻融作用强度来影响冻融侵蚀过程。坡度影响着冻融侵蚀的数量和侵蚀位移的大小，坡度越大，冻融侵蚀产物被输送得越多越远。而且，坡度较大的地区在降水和重力的综合作用下，其冻融侵蚀度会大大增加。因此，坡度对冻融侵蚀也十分重要。坡向影响太阳辐射的总量和强度，阳坡和阴坡接受太阳辐射不同，造成坡向小气候和土壤理化性质存在差异，导致冻融侵蚀类型不同。

(4) 植被。

植被对冻融侵蚀的影响作用主要体现在以下三个方面：①植被的地上部分减轻了冻融侵蚀对地表的破坏作用；②植被的地下部分（如根系）增强对土体的固结作用，提高了土壤的稳定性，降低了冻融侵蚀对土壤的破坏作用；③植被可以减小地面温差，从而减少冻融侵蚀的程度。因此，植被是冻融侵蚀的重要影响因子之一。较高的植被盖度可以提高土壤稳定性，减小土壤温度变化，削弱冻融作用强度，进而减小冻融侵蚀强度。

3.2.2 风力侵蚀影响因素

风力是风蚀发生的源动力，风速越大，侵蚀力越强，风蚀侵蚀力与风速、高原季风、气温和降水等因素有关，青藏高原的风蚀侵蚀力在空间上从东南向西北逐渐增大，时间上部分区域的侵蚀力随时间变化呈下降趋势。青藏高原发生风蚀的原因主要有以下四个：

1) 青藏高原除东南部，其余大部分地区属于干旱、半干旱气候，降水稀少，表现出较强风蚀气候侵蚀力，且风季通常与干季同步，如林芝 8 级以上的大风年平均日数为 8.6d，且在春季地表最干旱的时候达到最大值，因此造成土地沙化。

2) 羌塘高原、雅鲁藏布江藏南谷地、柴达木盆地和青南高原等区域地表有大量的第四纪松散沉积物，如湖积物、洪积物、冰水沉积物等，为风蚀的发生提供了充足物质来源。

3) 该区域近年来年平均温度不断升高，冰川退缩，雪线上升，之后出现大量裸露地表，这些区域容易发生风蚀，有研究显示三江源地区现已因气候变暖成为青藏高原沙尘暴的起源地之一。

4) 部分区域下垫面近年来受到过度人为干扰，如采集药用植被、过度放牧和采沙挖金等活动破坏植被，地表裸露后发生风蚀。

3.2.3　水力侵蚀影响因素

（1）地质地貌。

青藏高原被称为世界屋脊，在印度洋板块和亚欧板块影响下，在抬升运动和流水作用下，形成众多高差达千米的峡谷，地势险陡，同时分布有众多地震带，地质活动对地壳表层性质及土壤侵蚀的发生有重要影响。青藏高原东北部两百万年以来，地层抬升和水流下切作用使河流两岸阶地存在数百米高差，河流的侵蚀速率增加近 10 倍。百万年来，雅鲁藏布江宽谷段相对于下游峡谷河段抬升较慢，宽谷段泥沙蓄积约 5180 亿 m^3，而下游因抬升速率快而形成峡谷。青藏高原在复杂的地质活动和外营力的作用下形成了多变的地貌环境，有学者将青藏高原的地貌分为低海拔丘陵、小起伏中山、大起伏高山等 16 种地貌形态。地貌通过坡度、坡长或者坡度坡长的不同组合以及坡向来影响土壤侵蚀，研究表明，拉萨河流域的水蚀强度在坡度为 15°～25°的区域最大，其次是 25°～35°的区域。

（2）降水和融水。

降雨的年内分布会对土壤侵蚀产生影响，青藏高原地区水土流失集中在 6—9 月，该时间段输沙量占全年 90%左右，其中 7—8 月输沙量占 65%左右。R（降雨侵蚀力）为 USLE/RUSLE 中反映区域降雨侵蚀能力强弱的一个重要指标。三江源地区的降雨侵蚀力，在 1961—2012 年不断增大，原因是该地区降雨次数和降雨量增多。辜世贤等（2011）基于月平均和年平均降雨量资料，结合前人在西藏自治区的研究，比较了多种计算 R 的模型，指出在西藏东部区域，降雨侵蚀力的计算可使用基于年降雨量的指数函数模型，具有较高精度。降水形态也影响着水土流失，相同降水量时，降雪融水较降水和雨夹雪产流量增加 2.1～3.5 倍；但相比降雨条件，可减少约 45.4%～80.3%的产沙量。不同于降水，融水是冰川积雪融化后的季节性径流，受温度影响较大，是青藏高原的一种特殊的水蚀营力。Ban 等（2017）通过室内模拟试验，对冻土融化后的坡面与未冻结坡面的土壤侵蚀过程差异性进行了对比研究，结果表明融化后的坡面其最大含沙量要高于未冻结坡面，且含沙量受融化深度的影响较大。同时，青藏高原广泛存在冻融作用，冻融作用使土壤中的水分不断发生相变，水分体积不断改变导致土体收缩膨胀，破坏土壤团聚体，引起土壤可蚀性增大，二者共同决定区域融水侵蚀强度。

（3）植被。

三江源地区植被盖度高于 60%以上且完整草皮层的高寒草甸，具有良好的水土保持功能，而植被破坏后，将出现严重水蚀，速率可达 8.0t/(hm^2/a)。长江和黄河源地区，高覆盖度植被能有效降低由降水径流产生的泥沙量，而低覆盖度植被区域的土壤，土壤水分因土壤温度提升较大而以较快的速度流失，同时带走更多的土壤，造成严重水土流失。雅江中游地区的土壤侵蚀强度最重要的影响因素为林草盖度，其中拉萨河流域植被盖度大于 60%的区域，中度以上的侵蚀面积占比仅为 28.3%。也有人开始关注植被多样性与土壤侵蚀的关系，Hou 等（2016）在三江源地区利用 137Cs 示踪法研究发现植被盖度随着物种多样性的增大而减小，土壤侵蚀随之增大。青藏高原幅员辽阔，气候、地形和土壤等多变，植被分布有明显的地带性规律以及植被的垂直地带性规律，但目前少有人关注到其对土壤侵蚀的影响。

（4）土壤。

青藏高原有关土壤性质对土壤侵蚀影响方面的研究很少，主要是利用不同的经验模型计算不同区域的土壤可蚀性及其分布。刘斌涛等（2014）使用 EPIC 中土壤可蚀性（K）值的计算公式，结合收集的1255个土壤剖面的颗粒组成和有机质等资料，采用美国制土壤粒径分级制度，计算得到青藏高原平均 K 值为0.23，高可蚀性土壤分布在柴达木盆地、藏东低海拔河谷和羌塘高原地区，同时具有明显垂直分带规律，垂直方向上1000～2000m海拔高度的土壤具有较高可蚀性。王小丹等（2004）采用与上述相同的方法，收集了西藏自治区的土壤普查数据，将其土壤粒径制从国际制转换为美国制，计算了西藏自治区各土种的可蚀性（K 值范围为0.2693～0.4959），利用 GIS 得到西藏自治区可蚀性分布图，其中，藏西北地区的土壤可蚀性较低，藏东南地区的土壤可蚀性较高。梁博等（2018）利用 EPIC 模型计算了喜马拉雅山南麓（墨脱县）4种林地下山地黄棕壤、山地黄壤、新成土、漂灰暗棕壤的 K 值，其大小分别为0.19、0.28、0.34、0.25，发现可蚀性与土壤有机质呈正相关，其原因是该区域的地质历史年轻，土壤的风化程度低，粉砂粒占主体地位，并且砾石含量高，而土壤有机质主要存在于黏粉粒中，受粉砂粒的影响，有机质对黏粉粒的胶结能力降低，从而土壤团聚体的破坏率增高，因此土壤的抗蚀性表现出随土壤有机质的增高而降低。辜世贤等（2011）对比了3种计算土壤可蚀性的公式，确定 RUSLE 中 K 的计算方法适用于藏东矮西沟的可蚀性计算，流域平均 K 值为0.005，不同土壤 K 值大小顺序为：灰褐土（0.86×10^{-2}）＞高山草甸土（0.43×10^{-2}）＞棕壤（6.24×10^{-7}）＞暗棕壤（7.20×10^{-7}）。上述利用 EPIC 模型计算所得结果之间相差不大，但与最后一个由 RUSLE 模型中 K 值计算方法所得结果差2～5个量级，说明土壤可蚀性计算方法对计算结果影响很大。后续应进行部分实地研究，对不同计算方法进行校准和比对，选择或者修正适合青藏高原的计算方式进行区域性土壤可蚀性研究。

（5）人类活动。

随着青藏高原人口密度的增大，人们在农牧业生产过程中，开垦、过度放牧和砍伐等活动造成森林和草被退化、消失，引起土壤侵蚀加剧。西藏自治区现有耕地60%～70%的坡度大于6°，易产生水土流失。环青海湖地区，油菜收获后，农田裸露期长达半年以上，每年该区域产生大量泥沙随径流进入青海湖。工程建设也是促进土壤侵蚀的一个重要方面，在施工过程中地表植被和土层受到破坏，地表容易发生侵蚀，如青藏公路建设过程中产生大量裸坡，其坡面抗蚀力极差，易在降雨作用下形成剧烈水土流失。不过人类活动对土壤侵蚀也有抑制作用，退耕还林（草）工程、水土保持综合治理工程等工作，均减轻了土壤侵蚀。

3.2.4　重力侵蚀影响因素

青藏高原的崩塌、滑坡和泥石流等重力侵蚀活动有群发性和链生性的特点，其发生原因有很多共同之处，包括构造活动、地形地貌、气候和人类活动等。构造活动形成断裂带，从中会产生众多破碎的岩体，为崩塌、滑坡和泥石流的形成提供了地形和物质条件，如西藏樟木扎美拉山崩塌物质主要来源为陡崖顶部的破碎岩体，易贡特大山体滑坡的物质来源主要为花岗岩、板岩和大理岩被强烈风化后形成的石块和沙土构成。抬升运动和水流下切作用形成陡峭的地形地貌，岩土体容易失稳，容易发生崩塌和滑坡；坡向也影响着重力侵蚀的发生，阳坡寒冻风化强烈，植被稀疏，土层薄，形成的松散固体物质相对较多，加之冰雪融水，发生的崩塌、滑坡和泥石流，相比阴坡规模大、数量多。气候变暖引起的大量融水，为泥石流的产生提供了动力条件，帕隆藏布河河谷发育的冰雪融水泥石流沟和雨水泥石流沟多达 124 条；西藏易贡 2000 年 4 月 9 日发生的特大滑坡，是由于气温转暖发生雪崩，使上亿立方米滑坡体饱和失衡导致滑坡；在前期高温作用下，2007 年 9 月 4 日西藏波密县松绕天摩沟源区冰川发生“冰崩”，冰川下部不断有水流涌出，因此产生的泥石流在沟口处形成体积约 4.41 万 m^3 的扇形堆积体，冰川型泥石流、冰湖溃决型泥石流和冰雪融水泥石流等重力侵蚀的发生，均与区域冻融作用和融水径流密切相关。发生滑坡和泥石流的可能性也与前期降雨、雨型和雨强密切相关。人类的工程建设活动的重力侵蚀发生的影响因素之一，2017 年 11 月 18 日发生的林芝地震，道路两侧崩塌点有 148 处，占该次地震出现崩塌点总数的 71%；西藏樟木稳定的古滑坡在人类工程扰动（包括工程切坡、随意排水、新增建筑和重车碾压等）下，产生大量变形体和浅层滑坡。可见，重力侵蚀是青藏高原比较严重的一类自然灾害，目前的研究侧重对重力侵蚀的分类、表现特征及其原因，但在重力侵蚀的预测方面多有不足。重力侵蚀类型以及诱发因素多样，在后续研究中，应分区域、分类型对重力侵蚀进行实地观测，探明重力侵蚀的发生机制，发展适合各区域的重力侵蚀预报模型，进而对重力侵蚀进行有效防治，保障生态和人民生命财产安全。

3.2.5　混合侵蚀的影响因素

（1）地形。

青藏高原地区泥石流中大部分是山坡型泥石流，这种泥石流的特点是沟道短，比降大，加之山坡松散覆盖厚，一旦有适当的降水汇流，就会在已形成的坡面冲沟中冲蚀沟底和岸壁而形成泥石流。该地区地质构造复杂，断裂褶皱发育、新构造运动强烈和地震烈度高，岩体破裂严重，稳定性差、急易风化、剥蚀，沟道内有大量固体碎屑物质。泥石流的物源主要来自山坡风化层、坡积物、河流阶地、老泥石流堆积，由于物源物质结构疏松，特别是缺少黏土物质的胶质，对水流冲刷的抵抗和对小粒物质的保护作用降低，因而物源的抗冲蚀能力差，易被水流冲蚀搬运而形成泥石流。

（2）降雨。

大量的降雨入渗、浸润软化岩土体，降低斜坡的稳定性。雨期初期，降水量显著增大的时段是泥石流高发期，年降水量在 700mm 以上的地区均可发生地质灾害，特别是泥石流灾害，川西高原均具备这一基本条件。青藏高原区域干、雨季分明，干季（11 月至次年 4 月）降水量稀少，仅占年总量的 10%左右，光照干燥，夜间温度低，白天气温较高，昼夜温差大，风速较大，造成地表土层疏松，岩层风化加速，雨季（5—10 月）多阴雨，降水量占全年总量的 90%左右，季降水量多在 1000mm 以上，最大降水量达 1600mm 以上，为泥石流形成提供了充足的水分条件。

（3）人类活动。

近几年来，政府加大了投资力度以多渠道开发该区资源，城镇、水利水电工程和交通等基础设施建设得到了空前发展。这些人类工程活动对植被造成了严重破坏，使表层土壤流失、岩层裸露，风化作用加剧，水利水电工程和道路建设形成的大量土石、砂料、矿渣等固体堆积物增加了地质环境容量，部分区域超过了地质环境承载力，致使地质环境恶化，为崩塌、滑坡和泥石流等地质灾害的发生提供了更为丰富的物质来源和广阔的临空面，激发了各种地质灾害。

3.3 高寒草甸区土壤可蚀性关键因子

土壤侵蚀是全球性的生态环境问题之一，土壤侵蚀不仅引起土壤质量不断下降、土地退化、耕地资源流失等问题，还会引起水体环境恶化，河道淤积甚至泥石流、洪涝灾害等一系列问题。导致土壤侵蚀的因素有降雨、土壤、地形地貌、植被等，其中土壤自身的抗侵蚀能力是重要因子之一，国际上通常用土壤可蚀性 K 值来衡量。土壤可蚀性 K 值大小表示土壤是否易受侵蚀破坏的性能，是控制土壤承受降雨和径流分离及输移等过程的综合效应。因此，土壤可蚀性一直作为水土保持学科和土壤学科的重要研究内容之一。国外从 20 世纪 30 年代便开始研究土壤可蚀性问题，并于 60 年代由 Wischmeier 等提出了具有实用价值的土壤可蚀性评价指标。土壤可蚀性代表土壤对降雨和径流侵蚀力的反应。土壤侵蚀是引起土壤退化的自然现象，使得土壤表面远离自然物理力。土壤侵蚀是所有土地表面的自然发生过程，它具有严重的环境问题，通过降低有效根系深度、养分含量和根系区域的水分不平衡、降低土壤生产力，并增加洪水的可能性。

Wischmeier（1971）提出了 5 个主要影响土壤可蚀性因子的土壤理化性质参数，建立了利用常规土壤普查资料计算土壤可蚀性因子 K 值的关系模型。我国学者张宪奎等（1992）、张爱国等（2003）、刘宝元等（1999）、张科利等（2007）也对土壤可蚀性因子进行了相关探讨。尽管关于土壤可蚀性估算的研究很多，但常用的方法有 Wischmeier 等（1971）提出的方法、EPIC 模型方法和 Shirazi 等（1984）提出的方法。在大尺度土壤可蚀性估算与分析方面，梁音等（1999）利用第二次土壤普查数据计算我国东部丘陵区的土壤可蚀性并制作了该区域的 K 值的空间分布图；王小丹等（2004）计算了西藏自治区主要土壤类型的土壤可蚀性 K 值，并分析了土壤可蚀性的空间分布特征；刘吉峰等（2006）计算并分析了青海湖流域土壤可蚀性 K 值的分布特征；岑奕等（2011）等利用第二次土壤普查数据，计算了华中地区主要土壤的土壤可蚀性 K 值；吴昌广等（2010）分析了三峡库区土壤可蚀性 K 值的计算方法，指出国外计算 K 值的经验公式不能照搬，可以采用几何平均粒径进行修正。这些研究都采用了我国第二次土壤普查的数据成果，对我国土壤可蚀性研究与应用具有重要的指导意义。青藏高原土壤侵蚀不仅会对该区域脆弱的生态环境造成破坏，还会对我国大江大河的水沙环境造成严重影响，威胁我国的水安全和水电工程安全。因此，研究青藏高原土壤侵蚀的重要因素-土壤可蚀性对于青藏高原水土保持和生态环境保育具有重要意义。

土壤可蚀性反映土壤表面颗粒受径流搬运的难易程度，是定量研究土壤可蚀性的基础，可以通过 K 值进行量化。对于不同的研究区域、土壤母质、气候等条件，国内外学者在此基础上对土壤可蚀性的获取方法进行了大量的研究。国内外研究学者们根据不同的研究区域和目的，对 K 值的研究大致分为径流小区实测法、经验模型法（诺谟公式、EPIC 模型和 Shirazi 公式）、WEPP 模型这几种方法。目前，对于土壤可蚀性因子 K 的定量估算主要是径流小区实测法与经验模型法。

3.3.1　土壤可蚀性因子影响因素分析

王彬（2013）、高丽倩（2012）等对土壤可蚀性变化进行了系统深入的研究，并将影响土壤可蚀性的指标概括为土壤质地、结构类、力学和团聚体类，以及有机质、全氮等主要关键因子，其中土壤容重、土壤含水量、机械组成、水稳性团聚体含量、土壤硬度、土壤抗剪强度、有机质含量以及全氮等是土壤理化性质的主要反映，与土壤侵蚀有显著相关性。我国学者认为当土壤质地相同时，土壤容重反映了土壤孔隙的变化，从而影响土壤的入渗性能，前期土壤含水率会通过影响土壤的渗透能力，进而影响地表的产流产沙过程；同时，含水量会影响土壤颗粒间的分子抗剪强度，改变侵蚀过程中土壤的分离特性。土壤的有机质含量变化会影响土壤中水稳性团聚体的数量，对土壤结构有显著影响。张孝存等（2013）研究表明，土壤有机质、全氮含量会影响土壤的侵蚀速率，而增加有机质和全氮含量有利于减少水土流失。在土壤侵蚀过程中，土壤颗粒被不断分散、搬运使土壤侵蚀过程由片蚀发展为细沟侵蚀，继续下切深层土壤，加剧水土流失。目前的研究成果得出，土壤可蚀性与土壤的理化性质有显著相关性，但是研究标准的不统一以及尚未形成系统的研究导致学者对于这两者之间的关系认识不够全面，因此需要具体深入地研究两者内在性质的关联，并统一度量标准，做到准确地侵蚀预报。

3.3.2　高寒草甸区（青藏）土壤理化特性分析

3.3.2.1　试验方法

研究区域地处青藏高原中部腹地，海拔 4200～5300m，地势绵延起伏，四周由唐古拉山、昆仑山、巴颜喀拉山和阿尼玛卿山脉构成新地形框架，被称为“世界第三极”。属于典型高寒半干旱气候，常年气温低于 0℃，空气稀薄，太阳辐射强且水热同期。受水热条件的影响，青藏高原主要植被类型为高寒草原和草甸，其中高寒草原的植被覆盖度较小、植物多样性也相对较少，主要为高寒干草原，草原占草地面积约 23.22%；高寒草甸面积分布广，物种丰富度较高，主要的草地亚类有高寒典型草甸草地、高寒沼泽草甸、高寒草原化草甸，草甸占草地面积约 76.77%。研究区土壤厚度不大且质地较粗，土粒松散黏度较低，养分贫瘠肥力不高，土地沙化严重，是水土流失的重灾区。

于 2021 年 6 月进行野外样品采集，在青藏高原中部沿海拔梯度选取具有植被代表性的采样点，分别选取典型样点 30 个。图 3.6 表示了各样点的位置。在每个样地使用环刀采集深度在 0～10cm 的原状表层土壤，每个采样点设置 3 组重复，并使用土样袋收集土壤 1kg 左右，用于容重、孔隙度、含水量等土壤孔隙特征的测定及土壤机械组成、土壤有机质等其他土壤理化性质的测定。

采取的土壤样品经风干后在室内进行土壤理化性质的分析，磨土过筛，去除杂质，保留过 20 目的土样一部分和过 100 目的土样一部分。其中土壤有机质含量的测定需用到

图 3.6 现场勘测及采样点示意图

过 100 目土筛的土样，采用的测定方法是重铬酸钾外加热法；土壤机械组成的测定需用到过 20 目土筛的土样，采用吸管法测定。土壤的容重以及土壤的总孔隙度采用环刀法测定。

（1）重铬酸钾外加热法-土壤有机质。

土壤有机质包括各种动植物残体以及微生物及其生命活动的各种有机产物，它在土壤中的累积、移动和分解的过程是土壤形成作用中最主要的特征。土壤有机质不仅能为作物提供所需的各种营养元素，同时对土壤结构的形成和改善土壤物理性状有决定作用，因此是一项基础分析项目。土壤有机质的分析采用测定有机碳再乘以一定换算系数而求得。土样用重铬酸钾加热消煮，使有机质中的碳氧化成二氧化碳，而重铬酸离子被还原成三价铬离子，剩余的重铬酸钾用硫酸亚铁铵标准溶液滴定，然后根据有机碳被氧化前后重铬酸离子量的变化，就可算得有机碳和有机质的含量。

计算公式如下：

$$W_{c.o}=\frac{\frac{0.8000\times5.00}{V_0}\times(V_0-V)\times0.003\times1.1}{m\times k}\times1000$$

$$W_{o.m}=W_{c.o}\times1.724$$

式中：$W_{c.o}$ 为有机碳含量，g/kg；$W_{o.m}$ 为有机质含量，g/kg；0.8000 为重铬酸钾标准溶液浓度，mol/L；5.00 为重铬酸钾标准溶液体积，mL；V_0 为空白试验消耗硫酸亚铁铵标准溶液体积，mL；V 为土样试验消耗硫酸亚铁铵标准溶液体积，mL；0.003 为 1/4 碳原子的毫摩尔质量，g/mmol；1.1 为氧化校正系数；1.724 为有机碳换算成有机质系数；m 为风干土样质量，g；K 为风干土样换算成烘干土样的水分换算系数。

（2）吸管法-机械组成。

本次测定按美国制测定小于 0.05 和小于 0.002mm 的粒级的含量。小于 0.05mm 的吸取深度按 25cm 计算；小于 0.002mm 的吸取深度按 7cm 计算。

粉粒含量计算：

$$\text{粉粒}(\%)=\frac{\text{悬液中小于 0.05mm 粒级烘干重量(g)}-\text{悬液中小于 0.002mm 粒级烘干重量(g)}}{\text{样品烘干重(g)}}\times\frac{1000}{25}\times 100\%$$

黏粒含量计算：

$$\text{黏粒}(\%)=\frac{\text{悬液中小于 0.002mm 粒级烘干重(g)}-\text{空白试验的烘干重(g)}}{\text{样品烘干重(g)}}\times\frac{1000}{25}\times 100\%$$

砂粒含量计算：

$$\text{砂粒}(\%)=1-\text{粉粒}(\%)-\text{黏粒}(\%)$$

（3）土壤可蚀性 K 值。

土壤可蚀性 K 值一般是针对水力侵蚀而言的。虽然其量值会受到其他侵蚀营力（风力、冻融）的影响，但就区域尺度而言，其空间分布规律相对稳定。因此，在其他营力对 K 值的影响作用难以确定的前提下，采用通用的土壤可蚀性计算模型是可行。土壤可蚀性估算模型较多，其中 EPIC 模型在我国应用较多。在第一次全国水利普查水土保持专项普查全国土壤可蚀性因子计算分析中也选用了该模型（国务院第一次全国水利普查领导小组办公室，2011）。因此，选用 EPIC 模型中给出的土壤可蚀性 K 值估算模型，其计算公式为

$$K=\left\{0.2+0.3\times\exp\left[-0.0256\times S_a\times\left(1-\frac{S_i}{100}\right)\right]\right\}\times\left(\frac{S_i}{C_l+S_i}\right)^{0.3}\times\left[\frac{1-0.25C}{C+\exp(3.72-2.95C)}\right]\times\left[\frac{1-0.7S_n}{S_n+\exp(-5.51+22.9S_n)}\right]$$

$$S_n=1-\frac{S_a}{100}$$

式中：S_a 为砂粒含量，%；S_i 为粉砂含量，%；C_l 为黏粒含量，%；C 为有机碳含量，%。

3.3.2.2　土壤理化特性分析

（1）土壤有机质。

青藏地区土壤有机质含量分布见表 3.1，取样点 8 最高可达 100.50g/kg，位于当雄-那曲附近的湿地草甸，由于长期积水，发生季节性过湿现象，湿寒环境下生长的大嵩草、藏嵩草等植被死亡后的残体在低温和通气不良的情况难以得到充分的分解，在土层上部逐渐积累形成较厚的泥炭层，所以湿地土壤的有机质明显要高于其他亚类土壤；取样点 29 和取样点 30 都是位于格尔木市附近的荒漠土和风沙土，其中取样点 30 有机质含量最低 1.64g/kg，格尔木市以南是十分贫瘠及绵长的戈壁滩，土壤含沙量较高，养分贫瘠肥力不

表 3.1 各取样点土壤有机质含量

取样点	有机质含量/(g/kg)	取样点	有机质含量/(g/kg)	取样点	有机质含量/(g/kg)
1	42.72	11	81.63	21	10.45
2	23.36	12	11.89	22	4.51
3	46.10	13	5.86	23	3.28
4	15.28	14	9.96	24	12.82
5	34.68	15	44.76	25	9.22
6	36.95	16	20.90	26	5.95
7	32.21	17	11.64	27	7.63
8	100.50	18	11.75	28	13.77
9	65.57	19	11.04	29	3.11
10	47.94	20	25.73	30	1.64

表 3.2 各取样点机械组成情况

取样点	粉粒/%	黏粒/%	沙粒/%	取样点	粉粒/%	黏粒/%	砂粒/%
1	39.87	11.42	48.70	16	23.78	18.11	58.10
2	22.44	8.00	69.56	17	4.11	10.77	85.12
3	28.97	7.38	63.65	18	7.83	6.01	86.16
4	34.91	10.19	54.90	19	15.08	19.34	65.58
5	34.28	14.30	51.42	20	18.01	11.72	70.27
6	20.14	6.00	73.86	21	6.00	9.00	85.00
7	6.62	8.01	85.37	22	11.20	3.58	85.23
8	21.51	9.37	69.12	23	2.27	14.91	82.82
9	17.66	9.55	72.79	24	25.31	15.11	59.58
10	16.31	10.32	73.37	25	11.70	9.66	78.63
11	32.20	22.58	45.22	26	5.23	2.56	92.21
12	8.30	5.21	86.49	27	26.88	8.43	64.69
13	8.22	4.29	87.49	28	25.71	10.99	63.31
14	1.62	9.31	89.07	29	11.55	7.45	81.01
15	20.96	10.86	68.18	30	6.17	6.33	87.50

高，土地沙化严重，施工容易造成大量的水土流失。取样点 22、点 23 位于唐古拉山口附近，海拔高，天气严寒，生物化学作用微弱，土壤粗颗粒含量较高，土壤有机质含量低。

(2) 机械组成。

表 3.2 为各取样点机械组成的情况，可以明显地发现项目区土壤普遍砂粒含量较高，粉粒和黏粒含量较低。区域范围内土壤粒径差异较大，取样点 1～点 5 位于羊八井-当雄附近，是较为典型的高寒草甸土，土壤颜色较深，为暗棕色至黑棕色，多为屑粒状结构，

成土母质多为花岗岩、页岩、片麻岩等坡积物或冰碛物等，有机质含量相对较高，取样点 15～点 20 为安多-唐古拉山口，该地区海拔高达 5000m，大部分的土壤为冻土层，土壤水分常年结冰，天气极不稳定，山体虽然有植被覆盖，但是在低温环境下，土壤风化作用较低，土层厚度较薄，且砾石含量丰富，粗骨质物质较多；取样点 25～点 30 为唐古拉山镇-格尔木地区，土壤砂粒含量高达 80%，主要与该地区的气候环境有关。格尔木南侧属于盆地高原，地形地貌从盆地南端到中心依次为高山、戈壁、风蚀丘陵，气候炎热干燥，降雨量少，风化作用强烈，土壤组成主要为卵砾石及粗颗粒物质组成的风沙土和荒漠土，土壤的主要肥力特征为蓄水力弱、养分含量少，保肥能力差、土壤温度变化快，昼夜温差大。

(3) 土壤容重及总孔隙度。

各取样点土壤基本理化性质土壤容重和孔隙度见表 3.3，土壤容重及孔隙度的分布状况和前文所说的趋势大致相同，土壤容重介于 1.03～1.66kg/m³，土壤差异较大，孔隙度介于 30%～50%。在高海拔的唐古拉山口以及格尔木市以南的戈壁滩，土壤容重较高，总孔隙度含量较低，结构性较差，保水功能较弱。

表 3.3　　各取样点土壤容重及总孔隙度情况

取样点	容重/(kg/m³)	总孔隙度/%	取样点	容重/(kg/m³)	总孔隙度/%
1	1.03	0.61	16	1.40	0.47
2	1.53	0.42	17	1.54	0.42
3	1.22	0.54	18	1.37	0.48
4	1.38	0.48	19	1.33	0.50
5	1.28	0.52	20	1.35	0.49
6	1.52	0.42	21	1.30	0.51
7	1.55	0.41	22	1.44	0.46
8	1.35	0.49	23	1.35	0.49
9	1.23	0.53	24	1.40	0.47
10	1.42	0.46	25	1.55	0.41
11	1.19	0.55	26	1.55	0.42
12	1.49	0.44	27	1.66	0.37
13	1.64	0.38	28	1.40	0.47
14	1.56	0.41	29	1.55	0.42
15	1.03	0.61	30	1.63	0.38

3.3.3　高寒草甸区（青藏）土壤可蚀性分析

结合 3.3.2 所述方法，通过计算土壤的机械组成以及土壤有机质的含量算出土壤的可蚀性 K 值见表 3.4。该地区土壤可蚀性 K 值差异较大，各取样点间差值较大，最大值为 0.7851，最小值为 0.2322。土壤可蚀性 K 值越大，说明土壤更容易被侵蚀，总的来说，青藏地区部分土壤极易受到侵蚀。

表 3.4　各取样点土壤可蚀性 K 值

取样点	K 值	取样点	K 值	取样点	K 值
1	0.6784	11	0.6113	21	0.2901
2	0.5498	12	0.3067	22	0.3618
3	0.5631	13	0.3047	23	0.2322
4	0.7851	14	0.1739	24	0.6835
5	0.6323	15	0.4808	25	0.4411
6	0.4562	16	0.6024	26	0.2491
7	0.2329	17	0.2540	27	0.7149
8	0.4828	18	0.3038	28	0.6791
9	0.4329	19	0.5524	29	0.4173
10	0.4174	20	0.4837	30	0.2783

作为土壤对侵蚀作用的敏感程度的体现，土壤可蚀性因土壤结构、胶结物质等影响而发生变化。为揭示土壤可蚀性的影响因素，对土壤可蚀性和土壤主要理化性质进行相关性分析。由表 3.5 可知，土壤可蚀性 K 值与黏粒、粉粒呈极显著正相关关系；与砂粒呈极显著负相关关系；这可能因为，研究区地质历史年轻，土壤砾石含量高。土壤可蚀性 K 值与物理指标亦存在相关性，其中与容重呈显著负相关，这说明土壤基本物理指标在一定程度上能反应土壤抗侵蚀能力。但可能受到砾石含量的影响，并不能说明愈紧实的土壤，其抗侵蚀能力越强。而石砾含量高的土壤其土粒间的胶结力低，土粒与水的亲和力大，其抗蚀性就低。

表 3.5　土壤可蚀性与理化性质之间的相关性分析

	平均值	标准差	K 值	有机质	容重	黏粒	粉粒	砂粒
K 值	0.455	0.170	1					
有机质	25.095	24.397	0.274	1				
容重	1.408	0.163	−0.381*	0.554**	1			
黏粒	0.100	0.046	0.458*	0.298	0.465**	1		
粉粒	0.172	0.107	0.934**	0.477**	0.535**	0.414*	1	
砂粒	0.728	0.133	0.911**	0.487**	0.592**	0.680**	0.949**	1

** $p<0.01$：在 0.01 水平（双侧）上显著相关；* $p<0.05$：在 0.05 水平（双侧）上显著相关。

土壤可蚀性 K 值的研究有助于对青藏土壤侵蚀特点的宏观判断和定量分析，具有重要的理论和实践意义。首先，把土壤可蚀性分布图与土壤侵蚀现状图结合起来，可以判断出高、中、低可蚀性土壤的侵蚀现状，以便采取科学的治理和防治对策；其次，可以利用土壤可蚀性 K 值，结合坡度等级、地形能量等因子，判断某一区域的侵蚀危害性。此外，在预测预报土壤侵蚀量时，K 值也是一个必不可少的因子。

参 考 文 献

[1] 姚檀栋，陈发虎，崔鹏，等. 从青藏高原到第三极和泛第三极 [J]. 中国科学院院刊，2017，32 (9)：924-931.

[2] 牛富俊，程国栋，赖远明，等. 青藏高原多年冻土区热融滑塌型斜坡失稳研究 [J]. 岩土工程学报，2004，26 (3)：402-406.

[3] LIU X D，CHEN B D. Climatic warming in the Tibetan Plateau during recent decades [J]. International Journal of Climatology，2000，20 (14)：1729-1742.

[4] 冯君园，蔡强国，李朝霞，等. 高海拔寒区融水侵蚀研究进展 [J]. 水土保持研究，2015，22 (3)：331-335.

[5] 滕洪芬. 基于多源信息的潜在土壤侵蚀估算与数字制图研究 [D]. 杭州：浙江大学，2017.

[6] 刘淑珍，张建国，辜世贤. 西藏自治区土壤侵蚀类型研究 [J]. 山地学报，2006，24 (5)：592-596.

[7] 张建国，文安邦，柴宗新，等. 西藏自治区土壤侵蚀特点及现状 [J]. 山地学报，2003，21 (S1)：148-152.

[8] 赵健，李蓉. 雅鲁藏布江流域土壤侵蚀区域特征初步研究 [J]. 长江科学院院报，2008，25 (3)：42-45.

[9] 徐宪立，张科利，庞玲，等. 青藏公路路堤边坡产流产沙规律及影响因素分析 [J]. 地理科学，2006，26 (2)：2211-2216.

[10] 唐克丽. 中国水土保持 [M]. 北京：科学出版社，2004：110.

[11] 李述训，南卓铜，赵林. 冻融作用对系统与环境间能量交换的影响 [J]. 冰川冻土，2002，24 (2)：109-115.

[12] 景国臣. 冻融侵蚀的类型及其特征研究 [J]. 中国水土保持，2003 (10)：17-18.

[13] 董瑞琨，许兆义，杨成永. 青藏高原冻融侵蚀动力特征研究 [J]. 水土保持学报，2000，14 (4)：12-16，42.

[14] 董瑞琨. 青藏高原冻融侵蚀特征研究 [D]. 北京：北京交通大学，2001.

[15] 张建国，刘淑珍. 界定西藏冻融侵蚀区分布的一种新方法 [J]. 地理与地理信息科学，2005，21 (2)：32-34，47.

[16] 李智广，刘淑珍，张建国，等. 我国冻融侵蚀的调查方法 [J]. 中国水土保持科学，2012，10 (4)：1-5.

[17] 王莉雁，肖燚，江凌，等. 青藏高原冻融侵蚀敏感性评价与分析 [J]. 冰川冻土，2017，39 (1)：61-69.

[18] 王向阳. 西藏高原冻融侵蚀观测探索 [J]. 中国水土保持，2014 (11)：51-53.

[19] 李代明. 西藏水土流失分布成因、危害及治理难度初步分析 [J]. 西藏科技，2001 (1)：21-24.

[20] 钱登峰，庄晓晖，张博. 高寒区冻融侵蚀类型及驱动力分析 [J]. 中国水土保持，2014 (6)：16-17，69.

[21] 赵晓丽，张增祥，王长有，等. 基于 RS 和 GIS 的西藏中部地区土壤侵蚀动态监测 [J]. 土壤侵蚀与水土保持学报，1999，13 (2)：40-50.

[22] 欧阳琰，沈渭寿，杨凯，等. 近20a雅鲁藏布江流域冻融侵蚀演变趋势 [J]. 山地学报，2014，32 (4)：417 - 422.

[23] 郭兵，姜琳. 基于多源地空耦合数据的青藏高原冻融侵蚀强度评价 [J]. 水土保持通报，2017，37 (4)：12 - 19.

[24] 张娟，沙占江，宋昌斌，等. 布哈河流域冻融侵蚀研究 [J]. 地球环境学报，2011，2 (6)：680 - 684.

[25] 张鹏，格桑卓玛，范建容，等. 西藏"一江两河"地区土壤侵蚀现状及分布特征 [J]. 水土保持研究，2017，24 (1)：49 - 53，2.

[26] 刘淑珍，吴华，张建国，等. 寒冷环境土壤侵蚀类型 [J]. 山地学报，2008，26 (3)：326 - 330.

[27] 国家林业和草原局. 中国荒漠化和沙化状况公报 [S]. 2011.

[28] 李庆，张春来，周娜，等. 青藏高原沙漠化土地空间分布及区划 [J]. 中国沙漠，2018，38 (4)：690 - 700.

[29] 刘淑珍，张建国，辜世贤. 西藏自治区土壤侵蚀类型研究 [J]. 山地学报，2006，24 (5)：592 - 596.

[30] 袁晓伟，张世丰. 浅析青海省水土流失的成因及防护措施 [J]. 青海大学学报（自然科学版），2004，22 (5)：32 - 35.

[31] 罗利芳，张科利，孔亚平，等. 青藏高原地区水土流失时空分异特征 [J]. 水土保持学报，2004，18 (1)：58 - 62.

[32] 崔鹏，贾洋，苏凤环，等. 青藏高原自然灾害发育现状与未来关注的科学问题 [J]. 中国科学院院刊，2017，32 (9)：985 - 992.

[33] 马艳鲜，余忠水. 西藏泥石流、滑坡时空分布特征及其与降水条件的分析 [J]. 高原山地气象研究，2009，29 (1)：55 - 58.

[34] 李鑫，李秀珍，何思明，等. 西藏樟木扎美拉山危岩特征与稳定性评价 [J]. 四川地质学报，2018，38 (2)：310 - 316.

[35] 何玉花，张东水，李燕婷，等. 基于GoogleEarth影像的黄河上游干流地区滑坡特征分析 [J]. 测绘与空间地理信息，2017，40 (7)：91 - 94.

[36] 何易平，胡凯衡，韦方强，等. 川藏公路帕隆藏布流域段泥石流活动特征 [J]. 水土保持学报，2001，15 (3)：76 - 80.

[37] 张永双，郭长宝，姚鑫，等. 青藏高原东缘活动断裂地质灾害效应研究 [J]. 地球学报，2016，37 (3)：277 - 286.

[38] 陈栋，郁淑华，江玉华. 青藏高原东部泥石流滑坡的雷达监测研究 [J]. 高原气象，2004，(S1)：130 - 133.

[39] 白永健，铁永波，高政，等. 甘孜县四通达沟泥石流的形成特性 [J]. 水土保持通报，2014，34 (3)：323 - 328.

[40] 魏小佳，裴向军，蒙明辉. 中巴公路奥依塔克-布伦口段高寒山区泥石流特征 [J]. 水土保持通报，2015，35 (3)：354 - 358.

[41] 徐腾辉，冯文凯，魏昌利，等. 高寒高海拔山区南门关沟泥石流成因机制分析 [J]. 水利与建筑工程学报，2015，13 (5)：90 - 96.

[42] 裴钻. 高寒山区散粒体斜坡形成演化过程及灾变机理研究 [D]. 成都：成都理工大学，2016.

[43] 李永化，赵军，崔之久，等. 青藏高原东缘和邻区晚新生代泥石流活动规律及其成因 [J]. 地理研究，2002 (5)：561 - 568.

[44] 李鸿琏，蔡祥兴. 中国冰川泥石流的一些特征 [J]. 水土保持通报. 1989，(6)：1 - 9.

[45] 邓晓峰. 天山北坡奎屯河源的融雪泥石流 [C]. 第四届全国泥石流学术讨论会论文集. 兰州：甘肃文化出版社，1994，139.

[46] 高荣，钟海玲，董文杰，等. 青藏高原积雪和季节冻融层的突变特征及其对中国降水的影响 [J]. 冰川冻土，2010，32 (3)：469-474.

[47] 史展，陶和平，刘淑珍，等. 基于 GIS 的三江源区冻融侵蚀评价与分析 [J]. 农业工程学报，2012，28 (19)：214-219.

[48] 张建国，刘淑珍，杨思全. 西藏冻融侵蚀分级评价 [J]. 地理学报，2006，61 (9)：911-918.

[49] 李辉霞，刘淑珍，钟祥浩，等. 基于 GIS 的西藏自治区冻融侵蚀敏感性评价 [J]. 中国水土保持，2005 (7)：44-46.

[50] 张娟，沙占江，王静慧，等. 基于遥感和 GIS 的青海湖流域冻融侵蚀研究 [J]. 冰川冻土，2012，34 (2)：375-381.

[51] 李智广，刘淑珍，张建国，等. 我国冻融侵蚀调查方法 [J]. 中国水土保持科学，2012，10 (4)：1-5.

[52] 张立新，赵少杰，蒋玲梅. 冻融交替季节黑河上游代表性地物类型的微波辐射时序特征 [J]. 冰川冻土，2009，31 (2)：198-206.

[53] 吴成永，陈克龙，曹广超，等. 近 30 年来青海省风蚀气候侵蚀力时空差异及驱动力分析 [J]. 地理研究，2018，37 (4)：717-730.

[54] ZHANG C L，LI Q，SHEN Y P，et al. Monitoring of aeolian desertification on the Qinghai-Tibet Plateau from the 1970s to 2015 using Landsat images [J]. Science of the Total Environment，2018，619/620：1648-1659.

[55] 靳鹤龄，董光荣，李森. 雅鲁藏布江中游下段土地沙漠化成因、趋势及防治对策 [J]. 中国沙漠，1997，17 (3)：255-260.

[56] 李俊杰，李勇，王仰麟，等. 三江源区东西样带土壤侵蚀的 137Cs 和 210Pbex 示踪研究 [J]. 环境科学研究，2009，22 (12)：1452-1459.

[57] 鹿化煜，王先彦，Vandenberghe Jef. 青藏高原东北部地貌演化与隆升 [J]. 自然杂志，2014，36 (3)：176-181.

[58] 王兆印，余国安，王旭昭，等. 青藏高原抬升对雅鲁藏布江泥沙运动和地貌演变的影响 [J]. 泥沙研究，2014 (2)：1-7.

[59] 曹伟超，陶和平，孔博，等. 青藏高原地貌形态总体特征的 GIS 识别分析 [J]. 水土保持通报，2011，31 (4)：163-167，247.

[60] 吴发启，张洪江. 土壤侵蚀学 [M]. 北京：科学出版社，2012.

[61] 辜世贤，王小丹，刘淑珍. 西藏高原东部横断山区降雨侵蚀力初步研究 [J]. 水土保持研究，2011，18 (3)：28-31.

[62] BAN Y Y，LEI T W，Chen C，et al. Meltwater erosion process of frozen soil as affected by thawed depth under concentrated flow in high altitude and cold regions [J]. Earth Surface Processes and Landforms，2017，42 (13)：2139-2146.

[63] 李元寿. 青藏高原典型多年冻土区高寒草甸覆盖变化对水循环影响的试验研究 [D]. 兰州：中国科学院寒区旱区环境与工程研究所，2007.

[64] 孙世洲. 青海省柴达木盆地及其周围山地植被 [J]. 植物生态学与地植物学学报，1989，13 (3)：236-249.

[65] 刘斌涛，陶和平，史展，等. 青藏高原土壤可蚀性 K 值的空间分布特征 [J]. 水土保持通报，2014，34 (4)：11-16.

[66] 王小丹，钟祥浩，王建平. 西藏高原土壤可蚀性及其空间分布规律初步研究 [J]. 干旱区地理，2004，27 (3)：343-346.

[67] 梁博，聂晓刚，万丹，等. 喜马拉雅山脉南麓典型林地对土壤理化性质及可蚀性 *K* 值影响 [J]. 土壤学报，2018，55 (6)：1377-1388.

[68] 贺鹏，童立强，郭兆成，等. GIS支持下基于层次分析法的西藏札达地区滑坡灾害易发性评价研究［J］. 科学技术与工程，2016，16（25）：193-200.

[69] 万海斌. 西藏易贡特大山体滑坡及其减灾措施［J］. 水科学进展，2000，11（3）：321-324.

[70] 蒋忠信. 西藏帕隆藏布河谷崩塌滑坡、泥石流的分布规律［J］. 地理研究，2002，21（4）：494-503.

[71] 邓明枫，陈宁生，丁海涛，等. 2007年西藏东南部群发性泥石流的水热条件及其形成机制［J］. 自然灾害学报，2013，22（4）：128-134.

[72] 张科利，蔡永明，刘宝元，等. 黄土高原地区土壤可蚀性及其应用研究［J］. 生态学报，2001，21（10）：1687-1695.

[73] 张科利，彭文英，杨红丽. 中国土壤可蚀性值及其估算［J］. 土壤学报，2007，44（1）：7-13.

[74] 吴昌广，曾毅，周志翔，等. 三峡库区土壤可蚀性 K 值研究［J］. 中国水土保持科学，2010，8（3）：8-12.

[75] 梁音，史学正. 长江以南东部丘陵山区土壤可蚀性 K 值研究［J］. 水土保持研究，1999，6（2）：47-52.

[76] 阮伏水，吴雄海. 关于土壤可蚀性指标的讨论［J］. 水土保持通报，1996，16（6）：68-72.

[77] 张向炎，于东升，史学正，等. 中国亚热带地区土壤可蚀性的季节性变化研究［J］. 水土保持学报，2009，23（1）：42-44.

[78] 张文太，于东升，史学正，等. 中国亚热带土壤可蚀性 K 值预测的不确定性研究［J］. 土壤学报，2009，46（2）：185-191.

[79] Tamlin C，Wischmeier W H. Soi-erodibility evaluations for soil on the runoff and erosion stations [J]. Soil Science Society of American Proceeding，1963，27（5）：590-592.

[80] Wischmeier W H，Johnson C B，Cross B V. A soil erodibility monograph for farmland and construction sites [J]. Journal of Soil and Water Conservation，1971，26（3）：189-93.

[81] 张宪奎，许靖华，卢秀琴，等. 黑龙江省土壤流失方程的研究［J］. 水土保持通报，1992，14（2）：1-9.

[82] 张爱国，陕永杰，景小元. 中国水蚀区土壤可蚀性指数诺模图的制作与查用［J］. 山地学报，2003，21（5）：615-619.

[83] 刘宝元，张科利，焦菊英. 土壤可蚀性及其在侵蚀预报中的应用［J］. 自然资源学报，1999，14（4）：345-350.

[84] United States Department of Agriculture. EPIC Erosion/Productivity Impact Calculator（1）：Model. Document：Technical Bulletin Number 1768 [M]. Washington D C：USDA-ARS，1990.

[85] Shirazi M A，Boerama L. A unifying quantitative analysis of soil texture [J]. 1984，48（1）：142-147.

[86] 刘吉峰，李世杰，秦宁生，等. 青海湖流域土壤可蚀性 K 值研究［J］. 干旱区地理，2006，29（6）：321-326.

[87] 岑奕，丁文峰，张平仓. 华中地区土壤可蚀性因子研究［J］. 长江科学院院报，2011，28（10）：65-68.

[88] 郑度. 青藏高原形成环境与发展［M］. 石家庄：河北科学技术出版社，2003.

[89] 王根绪，李元寿，王一博. 青藏高原河源区地表过程与环境变化［M］. 北京：科学出版社，2010.

[90] 王彬. 土壤可蚀性动态变化机制与土壤可蚀性估算模型［D］. 西北农林科技大学，2013.

[91] 高丽倩. 生物结皮对土壤可蚀性的影响及机理［D］. 中国科学院研究生院（教育部水土保持与生态环境研究中心），2012.

[92] 张孝存，郑粉莉，安娟，等. 典型黑土区坡耕地土壤侵蚀对土壤有机质和氮的影响 [J]. 干旱地区农业研究，2013，31 (4)：182-186.

[93] 宋阳，刘连友，严平，等. 土壤可蚀性研究述评 [J]. 干旱区地理，2006 (1)：124-131.

[94] 国务院第一次全国水利普查领导小组办公室. 第一次全国水利普查培训教材之六：水土保持情况普查 [M]. 北京：中国水利水电出版社，2011.

第4章 高寒草甸区工程建设生态环境保护研究现状

党的十八大以来，以习近平同志为核心的党中央高度重视青藏高原生态环境保护工作。2021年7月，习近平总书记到西藏考察时强调："要坚持保护优先，坚持山水林田湖草沙冰一体化保护和系统治理，加强重要江河流域生态环境保护和修复，统筹水资源合理开发利用和保护，守护好这里的生灵草木、万水千山。"。

2013年，中央提出"山水林田湖草是生命共同体"的理念。2020年，又提出统筹推进山水林田湖草沙综合治理、系统治理、源头治理，把"沙"作为一个自然要素融入生命共同体。2021年，又把"冰"作为一个新的自然要素融入生命共同体理念，这充分考虑了青藏高原的特殊性，是对生命共同体理念内涵的丰富和拓展。

就特殊性来说，首先，青藏高原是世界屋脊，是"三江之源"，对我国水资源安全极为重要，对中华民族生存和发展极为重要。保护青藏高原的生态，就是保护中华民族的永续生存。其次，青藏高原是高寒生物自然种质资源宝库，是世界高海拔地区生物、物种、基因、遗传多样性最集中的地区，是北半球气候的敏感区和启动区，也是全球生态系统的调节器和稳定器。保护好青藏高原的生态，就是保护全球生态系统。再次，青藏高原拥有特殊的地缘政治地位，青藏高原的生态保护、经济发展和社会稳定，事关民族团结和国防安全。保护好青藏高原生态环境，不只是一个区域、一段时间的事，而是利在千秋、泽被天下的大事。青藏高原的生态保护，不仅仅是环境问题，也是经济问题、民生问题、民族问题、安全问题。

就难点来说，青藏高原的生态系统极其脆弱，生态系统结构和功能比较简单，抗干扰能力和自我修复能力极差。人为或者自然的扰动（如气候变化）对其往往具有不可逆的破坏性作用。同时，青藏高原的整体经济水平与全国相比还较低，经济发展的压力较大，民众生态保护的意识需要进一步增强。青藏高原自然生态系统敏感脆弱，部分地区还存在不合理的人类开发活动，伴随全球气候变化的加剧，青藏高原受损生态系统的恢复难度仍然较大。一是青藏高原超过70%的草地面临不同程度的退化威胁，且高寒草甸、高寒草原生态系统的自我修复能力差，存在边治理边退化、二次退化、鼠虫害反弹等现象。二是森林生态系统质量不高，青藏高原多年来建设的人工林普遍存在林分结构简单、树种组成单一、林木密度大、株间竞争激烈等问题。三是湿地冰川退化风险加剧。受气候变化影响，冰川雪山消融减退趋势明显增加，冻土层解冻加速，江河源头储存水源功能减弱。四是水土流失和土地荒漠化沙化危害较大。

为了进一步明确高寒草甸区工程建设生态保护现状本书采用 CiteSpace5.8.R1 和 VOSviewer 对其进行研究，从而把握该领域的发展历程、当下热点及未来的发展方向。

4.1　高寒草甸区环境

高寒草甸又称为高山草甸。在寒冷的环境条件下，发育在高原和高山的一种草地类型。其植被组成主要是冷中生的多年生草本植物，常伴生中生的多年生杂类草。植物种类繁多，莎草科、禾本科以及杂类草都很丰富。密丛性短根茎蒿草属，为重要的组成植物。群落结构简单，层次不明显，生长密集，植株低矮，有时形成平坦的植毡。草类如蒿草、羊茅、发草、剪股颖、珠芽蓼、马先蒿、堇菜、毛茛属、黄芪属、问荆等，小灌木如柳丛、仙女木、乌饭树等，下层常有密实的藓类，形成植被的茎层。高寒草甸主要分布在青藏高原的东北部，四川北部。在西北和西南部亦有分布。高山草甸草层低，草质良好，为良好的夏季牧场，适于牛、羊等畜群放牧。

高寒草甸是分布海拔最高的草地生态系统，我国高寒草甸集中分布在青藏高原及周边高山地区。滇西北位于青藏高原最南端，该区域海拔 3200m 以上的山区有大量的高寒草甸分布，这些高寒草甸不仅具有防风固沙、保持水土、涵养水源等生态功能，也是滇西北地区社会经济发展的重要物质基础。高寒草甸生态系统具有内在的脆弱性，在气候变化、过度放牧、旅游踩踏等因素的影响下，滇西北的高寒草甸出现了逐步退化的趋势，如何快速识别、提取滇西北高寒草甸，即提出一种在区域尺度上定量评估高寒草甸分布的方法，对滇西北高寒草甸的动态变化监测、合理利用具有重要意义。遥感影像具有观测范围广、观测时间序列长、观测周期短等特点，为在区域尺度上提取高寒草甸提供了新的手段，特别是光学遥感影像已经广泛应用于高寒草甸的监测和保护管理。

4.2　高寒草甸区应用现状

《草原资源与生态监测技术规程》（NY/T 1233—2006）规定了草原资源与生态监测的内容和方法，适用于全国各级行政区域草原资源与生态监测。本标准由中华人民共和国农业农村部提出，由全国畜牧兽医总站和内蒙古草原勘察设计院起草。《高原高寒地区草皮移植回铺施工工法》适用于高原高寒草原、高寒草甸区的多年生草皮移植，也适用于在高原高寒地区进行活动，因外力原因造成地表植被被破坏而需要进行植被原貌恢复和在进行基础建设中需要对实物进行防护、环境绿化等的工程。对《青藏铁路机械铺轨施工工法》适用于铁路高原、高寒、大坡道特殊条件下机械铺轨及整道施工。主要的工法特点是对铺轨机进行高原适应性改造；合理选用各参数，现场测量轨温，计算最合适的轨缝预留值；铺轨过后及时复紧接头螺栓和组织上碴整道。《开发建设项目水土保持技术规范》（GB 50433—2008）中规定川西山地草甸区应控制施工范围，保护表土和草皮，并及时恢复植被；工程措施应有防治冻害的要求。生态工程费用效益评价是对生态工程实施有效性及合理性的评估。《草甸草原地区奶牛划区轮牧技术标准》(2007)、《草甸草原合理利用技术规范》(2015) 等。

4.2.1 高寒区草甸移植回铺应用

《高原高寒地区草皮移植回铺施工工法》适用于高原高寒草原、高寒草甸区的多年生草甸移植，也适用于在高原高寒地区进行活动。主要的工法特点是植被恢复快，环境破坏少；变废为宝，降低造价；操作方法简单易学，工艺流程清晰，质量容易控制。

1. 草甸剥离及存放

①选取草甸：掘取草甸前，必须明确所草甸主要的建种群，掌握其生物特性，选取生长旺盛，成活率高的草类，同时，应避免有害、有毒的植物；②选取草甸移植时机：根据当地多年生草地植物贮藏营养物质动态的变化情况，选择一个挖取草甸的最佳时期——即草地植物贮藏的营养物质含量相对较高的时期（每年的5—8月之间，青藏铁路沿线高寒区草地植物从发芽生长到结实一般只有5个月左右，每年4月至9月中旬，其余时间草地植物都处于冬季休眠和春季逐渐苏醒时期，此时草地植物贮藏营养物质处于最低时期，不宜挖掘）；③掘取草皮：草甸掘取前，根据施工范围。用白灰放样出草皮切割的范围和块度大小，草皮块度的大小一般为0.4m×0.4m（以人工能搬运、能回铺为准），以便保证草皮切割的规则性和完整性。切割草皮时，应根据根系深入地下的深度，确定所取草皮的厚度（一般为20～30cm），保证所取草皮的厚度大于根系埋入地下的深度，从而保证根系的完好性。草皮切割后，用挖掘机按照切割尺寸掘松，并配合人工搬运草皮；④假植：草甸剥离后，应及时在工期内回铺，如果施工条件不允许，可暂时置放在施工处两侧的空地上；⑤养护：根据草皮的成活和生长情况，定时进行浇水和施肥养护。开始时，每天浇水次数不少于2次，水温控制在10～20℃之间为宜；考虑到高原地区以游牧业为主，施肥以商品复合有机肥或动物的粪便为宜。

2. 草甸回铺

①基底处理：草甸回铺前，应根据草甸的平均厚度和施工面的平整度，采取打桩放线的方式，平整出草甸回铺的基底面。然后，在基底面上铺一层0.2～0.3m厚有机土层（有机土为草皮的生长土层，可在掘取草皮时，挖除一层腐殖土，随草皮现场堆放）；②草甸回铺：选取成活的草甸，应轻取轻装轻放，不能随意切割草皮，草甸回铺时，顶面要求平顺，草甸块与块间的缝隙用有机土填塞，在有坡度的地方，严格按从下至上的顺序进行，边铺边用竹签将草皮进行固定；③草甸回铺后的养护：根据实际环境条件和草地植物生长发育的季节需要，及时进行施肥和浇水养护；根据植物生存土壤的pH值、氮、磷、钾及有关微量元素的含量、肥料作用、植物生长状况和生长的养分需要等因素确定肥料种类及施肥量；草甸回铺完成后，应不得在刚回铺的草甸上放牧或进行其他活动，拟采用刺铁丝隔离栅栏防护，使其自然恢复；后续养护期间，对回铺草甸区跟踪监测，根据植物生长是否发生病虫害，拟定后期防止方案，必要时可喷施农药，农药种类一般根据病虫害种类选取或普通的防病虫农药；对于未成活的草甸，应检测原因，并及时清除和进行后续的补植处理。

4.2.2　高寒草甸区生态补植应用

《高原地区草籽播种施工工法》适用于多年冻土、海拔较高的气候复杂的、生态脆弱的高寒地区。其工艺原理是对草籽播种后，进行施肥、覆盖、浇水等措施，保证草籽成活率，增加高原绿化面积，达到对施工破坏的高原生态环境恢复的目的。草籽在播种前需进行浸泡，并掺加生根剂，提高草籽的发芽率；草籽播种后，用底膜进行覆盖，保持其湿度及温度；在草籽发芽后，进行施肥，并及时浇水，保证了草籽的成活率。

（1）场地的平整。①对于取、弃土场，采用挖掘机对坡面进行理顺，平顺后的坡度不大于 30°；②对于施工时所建的临时施工营房用地，首先将修建临时营房时填筑的填料进行清理、远运后，再由推土机、平地机对施工营房用地进行平整；③对于路基边坡，设计有骨架、网格等防护措施的边坡，首先将骨架、网格内的路基填料进行清理，清理厚度不得小于 15cm。设计无防护设施的边坡，在挖掘机对边坡刷完后，再采用人工对边坡清理平顺，按设计路基坡度进行控制。

（2）腐殖土的铺洒及施肥。①腐殖土的选取不宜采用砂性土质，选择土质较肥沃的黑色土质为宜；②腐殖土的粒径不应过大，对于颗粒较大的用人工破碎打细，土壤粒径不宜超过 10mm；③在路基边坡、取弃土场、施工营房的腐殖土铺洒后，用人工进行平整，充分保证腐殖土的厚度，不应小于 20cm。

4.3　高寒草甸区生态环境研究现状

青藏高原是全球高寒草地的集中分布区和最大分布区，也是高寒生物资源的重要基因库，位列全球生物多样性保护的 34 个热点地区之一。高寒草地生物多样性不仅为青藏高原地区的农牧民提供了牧业生产和文化传承等生态服务功能，同时为中下游地区提供了水源涵养、水土保持、气候调节等多种生态服务功能。高寒草地生物多样性的状况不仅影响着高原地区的人类福祉，而且影响着周边乃至我国中东部的生态安全。然而近年来，在气候变化、人类活动等因素的影响下，青藏高原地区的高寒草地大面积发生退化，严重威胁了高寒草地生物多样性的维持，从而影响了高寒草地生态服务功能的正常发挥。阐明青藏高原高寒草地生物多样性的维持和保育机制，对改善青藏高原高寒草地的生态服务功能，促进青藏高原地区生态、经济、社会的可持续发展，维护青藏高原及其中下游地区的生态安全具有极其重要的实际作用和战略意义。因此，开展青藏高原高寒草地生物多样性保护方面的基础研究，探寻高寒草地生态服务功能和牧业生产水平的保障机制，已成为青藏高原高寒草地生态环境保护的必由之路。近年来对于高寒草甸区的研究逐渐增多，包括其土壤理化性质的研究、土壤水分特征的研究、表层土壤有机碳、全氮、全磷等基础性的研究；以及高寒草甸区动植物对于极端环境胁迫的生理生态反应等，研究手段和思路已从传统的野外观测和控制实验向利用分子生物学进行机理探索、大尺度的模型模拟和多学科交叉研究发展。

4.3.1 研究方法

文献计量分析，是利用文献计量学原理对相关文献进行分析的一种文献分析方法，通过采用数学、统计学等计量方法，研究文献的分布结构、数量关系、变化规律；其分析对象除了以篇、册、本为单元进行计量外，还包括对文献内部的相关信息进行计量分析，如标题、主题词、关键词、词频、共词、共引、共现、引文信息、同被引、引文耦合、著者、合作者、出版者、日期、语言、机构、国家等，可用于分析学科发展动态、学科研究概况以及学科发展趋势。当前，研究人员已经开发出一些用来绘制科学知识图谱的文献计量分析软件，如在国内已被广泛应用于科学研究活动的 CiteSpace、社会网络分析软件 Pajeck、文献分析软件 Histcite 等。CiteSpace 是由美国德雷克塞尔大学陈超美博士应用 Java 语言开发的一款信息可视化软件。其通过一系列可视化图谱的绘制来形成对学科演化潜在动力机制的分析和学科发展前沿的探测。科学知识图谱是以知识域（knowledge domain）为对象，显示科学知识的发展进程与结构关系的一种图像。它具有“图”和“谱”的双重性质与特征：既是可视化的知识图形，又是序列化的知识谱系，显示了知识单元或知识群之间网络、结构、互动、交叉、演化或衍生等诸多隐含的复杂关系，而这些复杂的知识关系正孕育着新的知识的产生。由于这种多元、分时、动态的引文分析可视化技术所绘制的 CiteSpace 知识图谱，能够将一个知识领域来龙去脉的演进历程集中展现在一幅引文网络图谱上，并把图谱上作为知识基础的引文节点文献和共引聚类所表征的研究前沿自动标识出来，因此我们将 CiteSpace 知识图谱的这两大基本特征概括为：“一图谱春秋，一览无余；一图胜万言，一目了然”。VOSviewer 是由荷兰莱顿大学的 Nees Jan van Eck 和 Ludo Waltman 开发的用于绘制科学知识图谱的文献计量分析软件。二者绘制图谱的信息量大，视觉效果好，可以从不同的侧面提供科研视角。如：Citespace 的时区视图展示了科学研究的全景及演化进程，突变检测用于发现科学研究的前沿；Vosviewer 以颜色冷暖表示各个 Cluster 的重要性高低，以密度视图表示科学研究的重点与热点等。

4.3.2 数据来源

利用 Excel 表格对检索出来的文献的发表年份、载文期刊及支持基金进行统计，并做相应的图表进行分析，了解高寒草甸区工程建设生态环境的基本情况。数据样本选取自 CNKI 数据库和 Web of Science，在专业检索中以检索式（SU＝‘高寒草甸区’ orSU＝‘青藏高原’ andSU＝‘生态环境’）进行检索，只选择中文学术期刊及学位论文，时间跨度为 1981 年至今，检索时间为 2021 年 11 月 24 日，共检索到 1242 条结果。再次进行人工筛选，剔除会议、通知、新闻以及与研究主题不相关的文献，最终得到 1219 篇与高寒草甸区工程建设生态环境保护现状相关的样本文献。Citespace 是以知识域为对象，显示科学进程和发展结构的图像，可以绘制多种图谱且可视化效果好，信息量大，能够反映一定阶段某领域的研究热点和发展趋势。通过 Citespace（版本为 5.6.R5 - 64bit）将 CNKI 里面导出的 Refwork 进行格式转化，时间跨度选择 1981—2021 年，时间切片为 5 年，选择标准为 Top50，修剪方式为“pathfinder”“修剪切片网络（pruning sliced networks)”“修剪合并网络（pruning themerged network）”，绘制出生产建设项目土壤资源保护的研究作者、合作机构、关键词共现等知识图谱，并以时间切片为5年绘制时区图，以便更好地分析该领域发展历程、研究热点变化及研究发展趋势。

4.4 高寒草甸区工程建设生态环境保护现状文献统计分析

4.4.1 文献产出时间分布

文献发文量的变化能够从一定程度上反应某个学科领域的研究水平和发展程度，是衡量该领域研究进展的重要指标。有关高寒草甸区工程建设生态环境的发文量从1981年至今整体呈上升趋势，如图4.1所示。其趋势大致可以分为三个阶段。

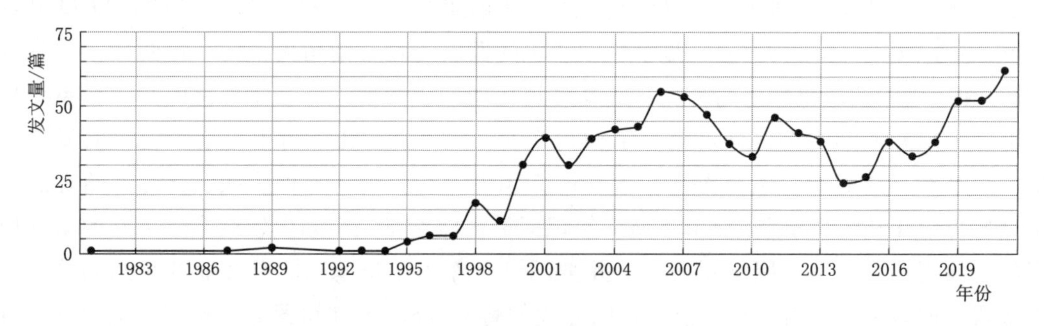

图4.1 高寒草甸区工程建设生态环境中文研究文献发文量

（1）1995年以前。

关于高寒草甸区工程建设生态环境的发文量为0～5篇，受当时生态意识淡薄、理论知识不足且技术手段受限的影响，这一时期关于高寒草甸区工程建设生态环境的研究相对匮乏。最早是陈志明关于从青藏高原隆起探讨西藏湖泊生态环境变迁，他谈到约从中二叠纪晚期开始，古地中海从青藏地区自北向南逐步撤出，至始新世中期，由于喜马拉雅运动，西藏地区全部露出海面并隆起成陆。但是，直到第四纪的中更新世，大高原面貌才基本形成。从而，整个自然地理环境，在短暂的地质时期内，从昔日低海拔的热带、亚热带气候，发展至今“世界屋脊”的高寒大陆性气候，经历了举世瞩目的变化。

（2）1995—2006年。

中国高寒草甸区工程建设生态环境的研究整体呈波动上升的趋势，一度从2000年的年发文量4篇跃升至2006年的55篇。其中不乏王根绪等对于江河源区40年来气候变化特征及其生态环境的效应等高被引文献，其研究结果表明1960—2001年以来江河源区气候变化的总趋势是气温升高，降水量增加，但降水量的增加主要体现在春季降水和近15年来冬季降水的明显增加上，对植被生长起重要作用的夏季降水量却呈明显减少趋势；江河源区20世纪80年代10年平均气温比50年代高0.12～0.9℃，大部分地区高于0.3℃，属于青藏高原高温区或升温幅度最大的地区之一，平均升温0.44℃，明显比全国平均升温0.2℃要高出一倍。在这种背景下，与植被生长关系密切的4月、5月和 9 月气温呈现持续下降态势。江河源区脆弱的生态环境体系对气候的这种变化响应强烈，冰川退缩、多年冻土消融加剧，导致大范围高寒草甸与草原植被退化。

（3）2006—2021 年。

发文量呈波动的“V”字形，2014 年发文量跌至 24 篇，其后又一路上升至 52 篇。在环境问题日益严峻的近十年，以及中央政策指引下，国内研究者对于该领域的研究热情及重视程度也非常之高，最新的关于高寒草甸区工程建设生态环境的文章是来自于中国科学院西北生态环境资源研究院冰冻圈科学国家实验室的杨建平等人对于“美丽冰冻圈”的研究，结果表明，在青藏高原高寒区，冰冻圈生态环境决定了畜牧业经济的脆弱性，冰冻圈灾害负向影响畜牧业经济，是一种冰冻圈生态支撑＋灾害影响型区域发展模式；在冰冻圈旅游经济区，直接依托冰雪资源发展冰雪旅游业，是一种基于冰冻圈资源的旅游经济驱动型区域发展模式。

4.4.2　高引文献统计

文献被引用是业界专家对其的一种共同肯定，也是其影响力评价的重要且客观的指标，通过对高影响力论文的分析，可快速地找到领域经典的文献。由表 4.1 可知由傅伯杰、刘国华、陈利顶等人对我国进行了一个生态区划，将我国划分为 3 个生态大区、13 个生态地区和 57 个生态区。被引量高达 740 次。王根绪等通过江河源区分布的 5 个气象台站有关气温与降水的多年数据，分析了近 40 年来江河源区的气候变化特征，被引量达 230 次。

表 4.1　　高引文献前十篇

序号	题　目	年份	被引量
1	中国生态区划方案	2001	740
2	40 年来江河源区的气候变化特征及其生态效应	2001	230
3	青藏高原冻土及水热过程与寒区生态环境的关系	2003	214
4	青藏高原生态环境问题研究	1999	175
5	青藏高原退化高寒草地生态系统恢复和可持续发展探讨	2007	172
6	青藏高原高寒区生态脆弱性评价	2011	169
7	中国生态环境胁迫过程区划研究	2001	166
8	黄河源区生态环境变化与成因分析	2000	162
9	青海三江源地区近 50 年来的气温变化	2011	148
10	高寒蒿草草甸退化生态系统植物群落结构特征及物种多样性分析	2001	146

被引第三的是吴青柏等对于青藏高原冻土及水热过程与寒区生态环境关系的研究，他们从青藏高原冻土及水热过程出发，利用青藏高原活动层监测数据，讨论了冻土水热过程与植被生长环境的关系，比较了季节冻土区与多年冻土区水热过程的差异及与植被的关系，同时讨论了不同草地生态冻融过程的变化。结果表明，冻土及水热过程与寒区生态环境有着密切的关系，冻土及水热过程不仅控制着地表状态的变化，影响着植被的发育程度，同时两者之间也存在着强烈的相互作用的关系。一旦地表条件被破坏，干扰

了冻土水热过程与地表植被生长间的平衡关系，将引起生态环境的退化，出现荒漠化，甚至沙漠化，被引量达214次。

排在第四的是牛亚菲对于青藏高原生态环境现状和面临的严重问题的论述，从人口、资源和环境角度阐述造成高原严重生态环境问题的自然和社会根源。分析解决高原生态环境问题所面临的巨大的自然和社会经济障碍，给出重新认识和评价高原资源优势的新视点，并提出适合于高原自然和社会经济环境的优先产业。被引量达175次；武高林等人对于青藏高原退化高寒草地生态系统恢复和可持续发展探讨中谈到，近年来，青藏高原草地生态环境安全引起人们的高度重视，但是其生态环境仍处于不断恶化的状态。

说明这些文献在高寒草甸区工程建设生态环境保护现状领域内具有一定的影响力和权威性。分析高引文献可知：①这些高引文献发表时间都比较早，集中在2000年左右；②高被引文献主题基本集中在高寒草甸区工程建设生态环境变化的成因以及区划，针对如何进行保护的方法措施研究较少；③两个长期的定位试验也是通过时间的积累来分析高寒草甸区工程建设生态环境变化的成因。

4.4.3　期刊、学科分布

虽然载文期刊无法反映论文水平的高低，但是统计一定时期内该领域的载文期刊及载文量，可以让学者了解该领域在该段时间内的研究趋势。从图4.2载文期刊分布来看，对于高寒草甸区工程建设生态环境保护现状的相关文献分布较为分散，载文量最高的五个期刊分别是《兰州大学学报》《西藏日报》《西北农林科技大学学报（自然科学版）》《冰川冻土》和《青海日报》，《兰州大学学报》《西北农林科技大学学报》和《冰川冻土》都是核心期刊，载文前二十的期刊中核心期刊也比较多，英文期刊载文最高的期刊前五分别是 *Remote Sensing*、*Plos One*、*Agriculture Ecosystems Environment*、*Journal of Mountain Science*、*Catena*（图4.3）。这一定程度上体现了关于该领域研究的重要性。

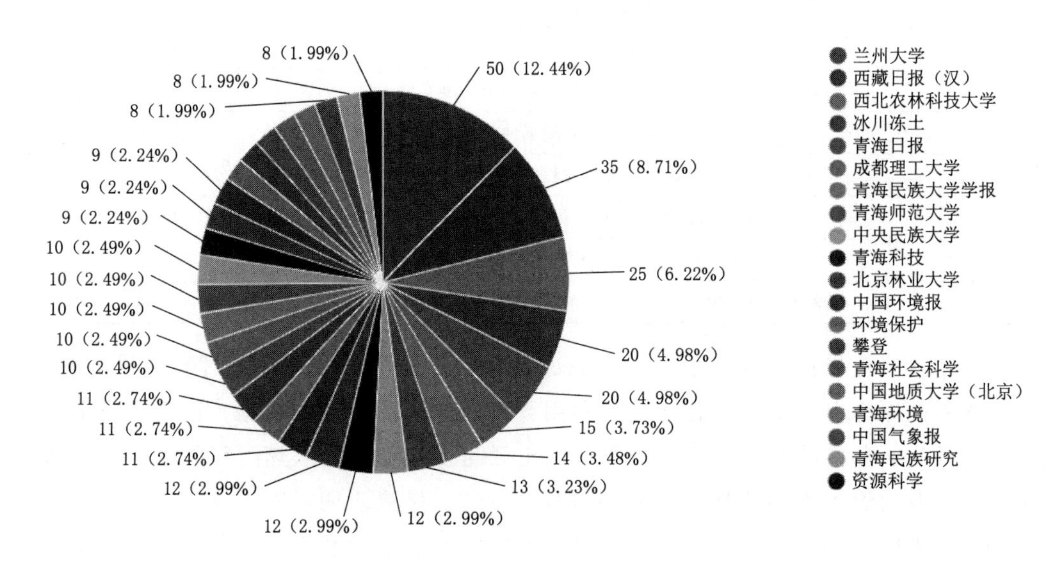

图4.2　文献的期刊分布

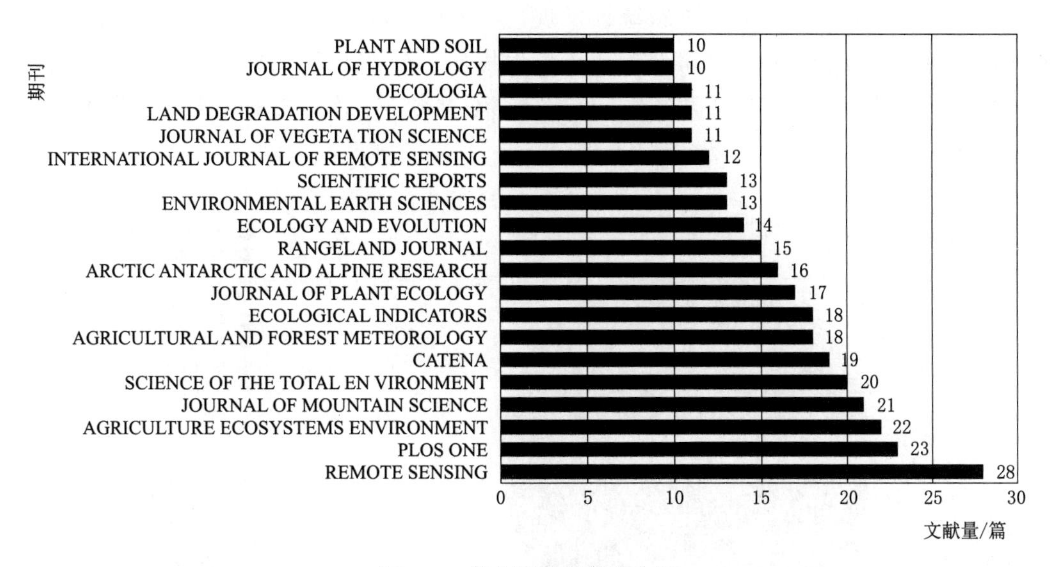

图 4.3 英文研究文献发文量

《兰州大学学报》发表的文章中，被引率最高的是王启基等人的对于三江源区资源与生态环境现状及可持续发展。文中指出三江源区植被类型以高寒草甸、高寒灌丛草甸和高寒草原为主。植物区系特征为：植物种类较少，以温带科属为主，特有种、属种稀少。该区主要生态环境问题是：经营管理水平落后，超载过牧，鼠害猖獗，草地退化、沙化严重；水土流失严重，生态环境恶化；物种减少，生物多样性丢失。针对上述问题，通过加强天然草地资源的保护、优化家庭牧场生态结构及生产模式，建立稳产、高产的人工草地，逐步实现半舍饲和集约化生产。建立健全草地资源监测、预报和综合评价指标体系，开展不同生态类型退化草地植被恢复与重建技术体系研究与示范，实现三江源地区生态环境与社会经济的可持续发展。

《西北农林科技大学学报（自然科学版）》发表的相关文章中，被引率最高的是冯永忠等人对于江河源区地域界定的研究，他们通过当时的各种文献资料、遥感资料，结合实地考察，确定江河源区主要包括江源地区和河源地区，江源地区主要指长江源区和澜沧江源区，其流域面积约为 19.4578 万 km^2；河源地区主要指黄河源区，其流域面积为 12.3612 万 km^2（不包括甘川大转弯）；江河源区流域面积在青海省境内为 31.8190 万 km^2。

而《冰川冻土》发表的相关文献被引率最高的几篇文章分别是有 40 年来江河源区的气候变化特征及其生态环境效应、青藏高原冻土及水热过程与寒区生态环境的关系、黄河源区生态环境变化与成因分析、近 40 年来江河源区生态环境变化的气候特征分析和青藏高原高寒区草地生态环境系统退化研究，这些文章都是被引前二十的文章，被引量分别是 230、214、162、143 和 123 次。可见《冰川冻土》对于该领域的高被引文献发表得最多，多年汇集了该领域的研究历程。

进一步对文献的学科分布进行统计发现，对于该领域的文献研究最多的学科前五分别是环境科学与资源利用、经济体制改革、生物学、农业经济、畜牧与动物医学，其中环境科学与资源利用发布的文献多达 674 篇，占总文献 36.28%之多，其他的学科较为分散（图 4.4）。

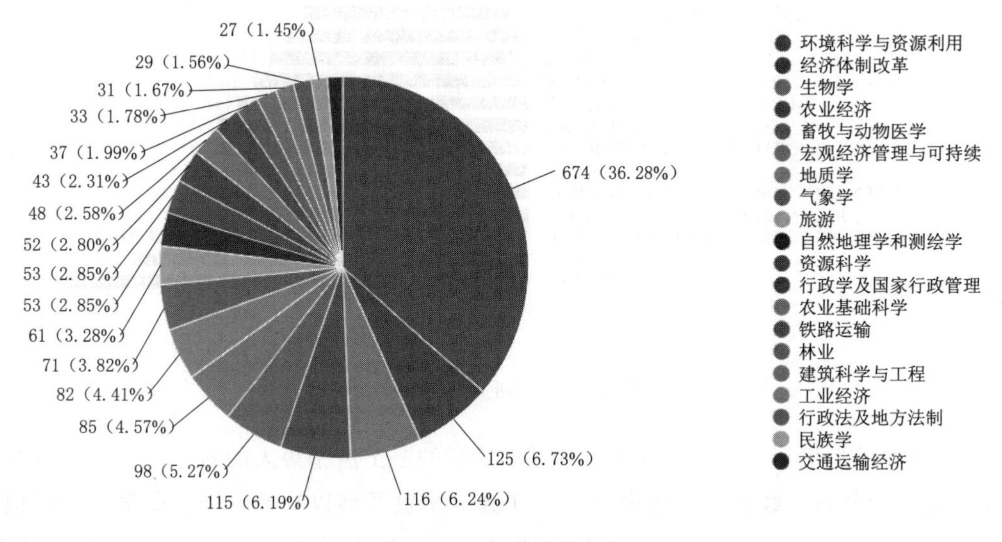

图 4.4　文献的学科分布

傅伯杰在 2000 年的时候在对中国西部生态区划及其区域发展对策的研究中，在分析我国西部自然生态环境特点的基础上，运用生态学原理和方法，对我国西部进行生态区域划分。共将我国西部划分为 7 个一级区、22 个二级区。并在二级区的基础上，对每一个生态区的特点、发展和保护对策进行了论述。张海峰等研究青海省产业结构变化及其生态环境效应的研究中提到，青海省是青藏高原的重要组成部分，是我国乃至全球生态环境十分脆弱和敏感的地区之一，并对周边地区的生态环境产生着极其深刻的影响，在国家生态安全战略中具有特殊重要的地位。因此对该区域产业结构变化及其生态环境效应研究具有重要意义。分析了青海省产业结构发展变化轨迹以及不同产业发展对生态环境的影响，利用不同产业的生态环境影响指数计算了 1980 年以来该省产业结构的变化及其生态环境效应，认为 1980 年以来，青海省产业结构发生了较大变动，经历了两次明显的产业转型；1980 年以来产业结构生态环境影响属于中等，出现两次大的波动，存在降低后又反弹现象，特别是 2000 年以来上升幅度很大，创历史新高；产业转型任务相当艰巨，需实施基于生态环境保护的长效产业政策。

有关生物学的或者是分子层面的相关研究对于该领域亦起到非常重要的推动作用。徐赟等为揭示青藏铁路对高寒草甸区植被物种组成和种间关联的影响进行的试验研究发现，总体上，工程迹地次生群落物种组成近 10 年内仍以耐旱耐贫瘠植物为主，处于演替过程中一个较稳定的阶段，短期或者较长时间内难以恢复至顶级高寒草甸群落。说明人类活动对于高寒草甸区的影响是非常大的。

4.4.4 研究机构分布

分析可知（图 4.5），对于高寒草甸区工程建设生态环境保护现状的相关文献研究最多的高校是兰州大学，产出的文章有 89 篇之多，其次是青海师范大学与中国科学院地理科学与资源研究所，两个机构分别产出 41 篇。分析得兰州大学近年所出文章基本是与别的机构一起合作取得的，合作较多的有中国科学院地理科学与资源研究所、中国科学院西北生态环境资源研究院冰冻圈科学国家重点实验室青藏高原冰冻圈观测研究站、中国科学院青藏高原研究所国家青藏高原科学数据中心等，最新的相关研究是兰州大学的张富荣和中国科学院地理科学与资源研究所杨振山等人 2020 年发表在生态环境学报上的中国生态脆弱区的差异及绿色发展途径分析，文中谈到受全球气候变化和人类活动的影响，生态脆弱区生态系统持续退化，迫切需要展开生态恢复工程等应对措施，促进人与自然和谐共生、经济发展与生态环境保护协调统一。以往的研究，更倾向于对某一类型生态脆弱区或某一生态脆弱行政区域进行研究。该文章旨在从更宏观的角度，基于统计年鉴结果和相关研究报道，梳理和分析主要退化问题和区域绿色发展的需求。在阅读大量国内外相关文献的基础上，选择以中国 21 个涉及生态脆弱的行政区域为研究对象，对其生态环境状况、环境污染治理投资和生态修复的效率进行综合调查分析，然后将 21 个行政区域划分为北方林草农牧交错区、西南石漠化区、西北混合交错区、南方红壤区和青藏高原复合侵蚀区，通过研究 5 个典型区域的生态脆弱差异和绿色发展情况，明确生态环境脆弱地区绿色发展的合适路径。结果表明，由于水资源的空间分布不均、土地利用规划不协调、地质地形差异大、植被稀疏等原因，造成不同地区的生态脆弱差异性明显，主要表现为南方水蚀和水土流失严重、北方土地沙化和草地退化严重。生态系统的退化阻碍了生态脆弱区实现绿色发展，一方面，植被覆盖率低限制了生态系统抵抗外界干扰的能力；另一方面，投资能力弱使得环境治理的实施力度大大降低。因此，必须结合不同

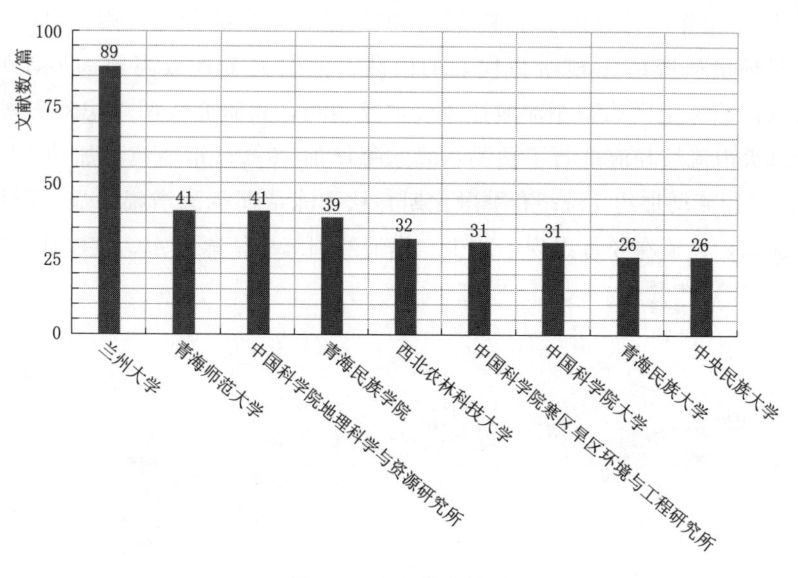

图 4.5　发文单位统计

行政区域的生态脆弱情况，提出合适的绿色发展途径。

对于该领域研究最多的基本上都是高校以及中科院的各大院所，包括中科院的地理科学与资源研究所、寒区旱区环境与工程研究所、西北高原生物研究所、西北生态环境资源研究所、水利部成都山地灾害与环境研究所及青藏高原研究所。从基金分布上来看国家自然科学基金占比最多，其支撑下发表的文献达136篇，其次是国家社会科学基金和国家重点基础研究发展规划，发文数量分别是46篇和28篇。

表4.2　　各基金支持文献量

序号	基金名称	发文量/篇	序号	基金名称	发文量/篇
1	国家自然科学基金	136	6	国土资源大调查	18
2	国家社会科学基金	46	7	国家科技攻关计划	13
3	国家重点基础研究发展规划	28	8	国家重点研发计划	12
4	中国科学院知识创新工程项目	24	9	青海省科技攻关计划	9
5	国家科技支撑计划	23	10	中国科学院“百人计划”	8

4.5　图谱分析

4.5.1　作者合作网络特征分析

对作者合作网络进行分析，能够获知领域的代表学者和核心研究力量（图4.6，彩图请扫描本章后二维码）。经统计，1219篇文献共来自1926位作者。由于作者之间合作关系较少，所以本书应用VOSviewer对发文量超过1篇的1926位作者的合作网络进行叠加可视化，其中只有55位之间相互有联系。如图4.6所示，研究相关课题的作者会分成相同的颜色，这55位作者共分成7个聚类。如图所示，蓝色部分是以中国科学院水利部成都山地灾害与环境研究所王根绪为代表的团队，他们关于青藏高原的最新研究是基于LSTM的青藏高原冻土区典型小流域径流模拟及预测，其研究表明考虑到未来气候变化，通过模型对风火山流域径流进行了预测：降水每增加10%，年径流增加约12%；气温每升高0.5℃，年径流增加约1%；春季融化期、秋季冻结期径流增幅明显，而由于蒸发加剧、活动层加深，径流在8月出现了减少。模型经训练后依靠降水、气温作为输入能较好

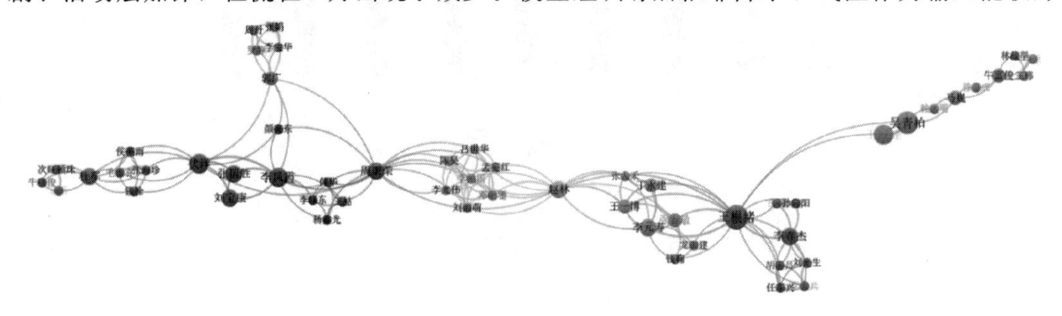

图4.6　作者聚类视图

地模拟、预测青藏高原冻土区小流域径流，为缺少土壤温度、水分等观测数据的冻土小流域径流研究提供了一种简单有效并具有一定物理意义的方法。

图 4.6 中绿色部分是以中国科学院西北生态环境研究院的吴青柏为代表的团队，其团队最新研究了在工程领域，水合物开采及天然气运输过程中普遍存在管道堵塞等问题。以北极规划输气管道工程为依托，建立埋地管道与冻土热交换相互作用数值计算模型，探究了埋地管道在连续多年冻土区、非连续多年冻土区和季节冻土区内，按照不同操作温度（5℃、−1℃和−5℃）运行情况下管道周围冻土温度演化过程。图 4.6 中浅蓝色部分是以中国气象科学研究院李元寿为代表的团队，其团队最新的研究是模拟增温对高寒沙区生物土壤结皮-土壤系统呼吸的影响，以人工植被恢复区的苔藓和藻类结皮为研究对象，采用开顶式被动增温装置（OTC）进行模拟增温，观测增温条件下苔藓和藻类结皮-土壤系统呼吸速率的日动态和生长季动态，探讨增温对其 CO_2 释放量和温度敏感性的影响。研究结果显示，增温未改变苔藓和藻类结皮-土壤系统呼吸速率的日动态和生长季动态特征，均呈“单峰”曲线，日动态峰值出现在 13：00 左右，生长季动态峰值出现在 8 月左右；增温改变了生物土壤结皮-系统呼吸速率的日动态峰值。相对干旱年份（2017），适度增温增加了两类生物土壤结皮-生长季累积 CO_2 释放量，过高幅度增温，两类生物土壤结皮-土壤系统 CO_2 释放量的增加程度降低；相对湿润年份（2018），增温幅度越高，两类生物土壤结皮-土壤系统 CO_2 释放量增加程度越大。两种类型生物土壤结皮-土壤系统呼吸速率与温度间的关系均可用指数函数较好地描述，相对干旱年份，增温幅度越高，苔藓和藻类结皮土壤呼吸的温度敏感性越小，变化范围分别为 1.47～1.61 和 1.60～1.95；相对湿润年份，增温幅度越高，温度敏感性越大，变化范围分别为 1.44～1.68 和 1.44～1.76。该研究表明，全球气候变暖很大程度地增强了高寒生态系统中生物土壤结皮-土壤系统的呼吸作用，因此在准确评估高寒生态系统碳循环过程时，应充分考虑气候变暖对该区广泛分布的生物土壤结皮所产生的影响。Wenbin Ma（2001b）等使用相关性网络分析，证明了在这些草原上通常观察到的氨氧化古菌（AOA）、硝基螺旋体，硝酸盐还原剂和 NirK - Denitrifiers 之间的强耦合（其中大多数响应 N/P 可用性，并且已知受到低氧可用性的青睐）；在 AOB 和硝酸杆菌（已知受到高氧和高 N 水平的青睐）之间，控制 PNR 的变化。不同微生物群组反应之间的观测（去）耦合可能对施肥青藏高寒草甸的氮循环和氮素损失产生重大影响。Yujie Niu 等试验证明高寒牧场开裂阶段是牧场退化过程中最关键的转折点，牧场管理者应更加关注裂缝现象，防止严重退化。

图 4.6 中红色部分以青海省气象局周秉荣为代表的团队，最新的关于高寒草甸植物群落生长发育特征与气候因子的关系研究发现结果表明：①青藏高原高寒草甸总体呈年均气温和平均地温上升、年降水量下降的“暖干化”趋势，牧草盖度高度增大，产量减少，整体观测水平下的牧草物候期推迟；②牧草的高度、盖度及产量对不同气候因子的响应程度不同，牧草高度与盖度对温度因子的变化更敏感，牧草产量对水分因子的变化更敏感，平均地温和相对湿度越高，牧草高度越高，产量越多；③不同牧草的物候期受不同气象因子的影响，变化趋势也不相同，从整体水平上看，牧草物候期对温度因子更敏感，

温度越高，物候期越提前。

叠加视图加入了时间因素，通过颜色的渐变能够直观地反映各学者近年来的活跃情况，图 4.7（彩图请扫描本章后二维码）中，节点大小代表发文量，节点颜色代表时间分布（论文发表的平均年度），连线代表合作关系。通过颜色可以分辨出近几年在该领域比较活跃的作者有来自中国科学院大学的刘雨萌，来自中国科学院西北生态环境资源研究院的吕世华，他们团队最近的成果较多，例如青藏高原地-气水热交换特征及影响研究综述，黄河源积雪期土壤温湿及冻融特征分析与模拟，以及青藏高原中部冻融强度变化及其与气温的关系。作者之间合作相对较少，有待加强。

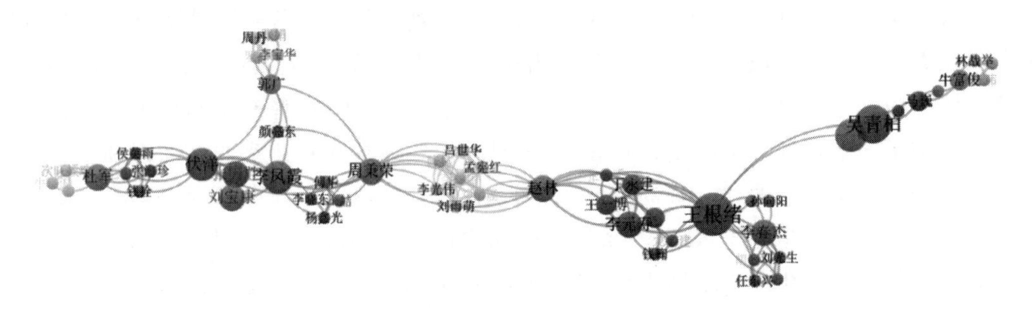

图 4.7　叠加时间的作者视图

4.5.2　CiteSpace 时区图分析

关键词包括了一个文章中比较核心的内容，涵盖了文章研究的主题和方向，可以反映本领域的研究热点、趋势变化等信息。将 1219 篇文献数据导入 CiteSpace，NodeTypes 选择“Keywords”，将相似关键词进行归类合并，生成高寒草甸区工程建设生态环境保护现状关键词聚类图谱（图 4.8）。图中有关键词节点 204 个，330 次链接，密度为 0.0159，节点越大证明该关键词频率越高，连线越多表明关键词之间联系比较强。$Q=0.6852$，$S=0.7553$，说明该聚类结果是合理的。按照词频的排序结果，统计前 10 个频率最多的关键词和中心性最高的关键词。

由图可以看出，大约从 1990 年开始了关于青藏高原的研究，1996 年关于生态环境的研究提上日程，王绍令在对青藏高原东部冻土环境变化的初步探讨中提到，青藏高原东部是大片连续多年冻土、岛状冻土和深季节冻土的过渡和交错地带。属高寒、干旱及半干旱气候，受西北冷空气袭击，多大风，极易引起风蚀和沙化，生态环境脆弱。目前由于不合理地利用草场资源，破坏了草场的生态平衡，造成大面积草场退化及沙化，致使多年冻土呈区域性退化状态，由此而引起一系列自然灾害，对畜牧业造成严重损失。草场退化十分严重近数十年来，高原东部地区（95°E 以东）随着生产发展和人口急剧增长，掠夺式利用草场资源，使草地生态环境失调。随着冻土环境和生态平衡的破坏，严重影响和制约着本区畜牧业的稳定发展。

1998 年开始对三江源地区进行研究，王维岳在长江源区的生态建设与保护中提到，长江源区，地处世界海拔最高的青藏高原腹地。由于自然因素和近代人为不合理社会经

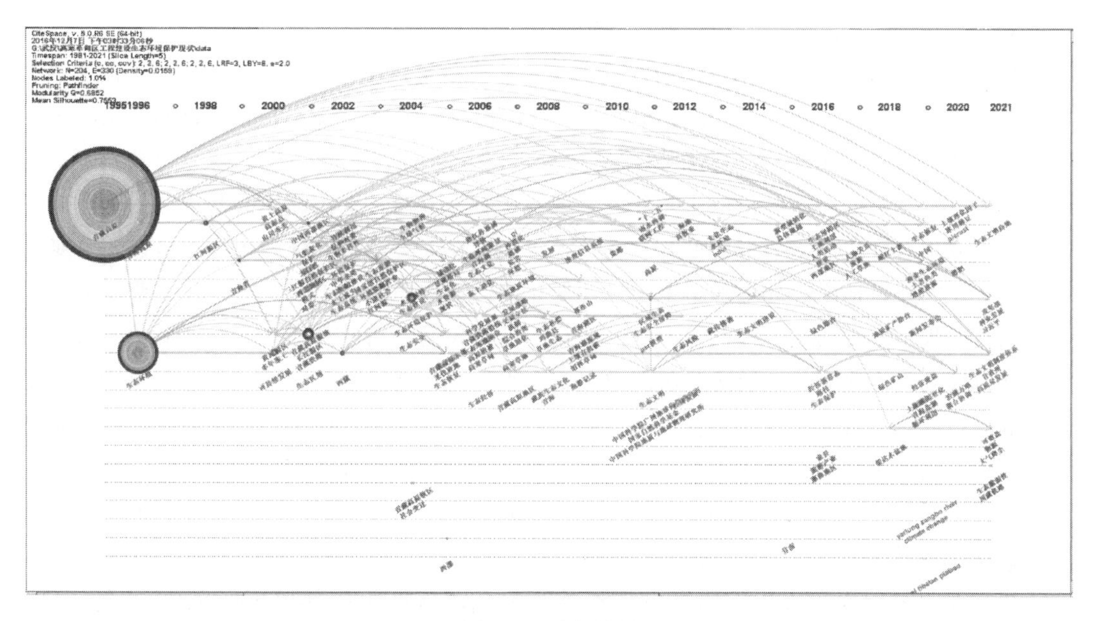

图 4.8 时间线图

济活动的影响，致使区内部分植被遭受破坏，禽兽减少，鼠虫猖獗，生态失调，导致草原退化，土地沙化、石化，水土流失等一系列生态环境问题。既严重影响当地牧民的生产生活，制约青海省的经济发展，又加剧了长江下游洪水灾害。为了建设和保护好长江源区的生态环境，促其生态系统向良性循环转化，必须提高认识，依法保护生态环境，综合治理，加大投入，加强水土保持和草原“四配套”建设及野生动物保护等工作，方可做到水、土、生物、矿产等资源永续利用，社会经济持续发展。

2000 年左右，国家呼吁可持续发展，研究范围扩展到了青藏高原腹地，并且开始了初步的生态区划。刘庆在青藏高原东部（川西）生态脆弱带恢复与重建研究进展中，简要介绍了恢复生态学的研究进展和青藏高原东部川西地区农牧生态脆弱带的生态环境概况；将该区生态脆弱带划分为 4 个类型，包括林草交错带、农牧交错带、农林交错带和小流域农林牧交错带；总结了川西农牧生态系统恢复生态学的研究成果，并在此基础上提出了该区存在的关键问题和进一步需要研究的主要内容；最后，对川西农牧交错带的农牧业生产力恢复与重建对策进行了探讨。

2004 年水土保持开始映入学者眼帘，生态环境安全日益重要。罗利芳等在青藏高原地区水土流失时空分异特征中描述青藏高原的自然地理环境十分独特却也非常脆弱，水土流失的潜在危害性大。在全球变化和西部大开发的背景下，研究青藏高原水土流失规律具有重要意义。从自然地理条件出发，总结了青藏高原水土流失具有侵蚀类型多样、区域分异明显、人为作用较弱但潜在危害性大等特点。通过分析青藏高原河流泥沙资料，对土壤侵蚀强度的区域分异和水土流失的年内变化进行了初步研究。可以看出区内输沙模数的区域差异较大，输沙模数的大小主要决定于降雨条件和地表覆盖（包括地表物质组成和植被覆盖)。输沙模数的分布也一定程度上反映了土壤侵蚀强度的区域差异。青藏高原地区水土流失在一年中较为集中，7 月、8 月输沙量占全年的 65%左右，6—9 月输沙量占全年的 90%左右。由于夏季冰雪融水作用，径流泥沙可比降雨提前到达峰值。

2005 年开始对高寒草甸、高原植被进行分析以及新的遥感技术开始运用到研究中，王一博等关于青藏高原高寒区草地生态环境系统退化研究分析，青藏高原高寒地区的草地生态环境是高原生态环境的重要组成部分。近几十年来，在人类活动的强烈干扰和自然环境变化的影响下，高寒草地生态环境严重退化。在退化草地选取典型样地，调查研究了草地退化后土壤水文过程、土壤结构、植被状况等的变化。结果表明：高原高寒地区草场退化以后，土壤水文过程都发生改变，植被退化越严重土壤含水量变化越强烈、土壤入渗过程越快。退化草地的植被群落演替变化明显，优势种群退化严重，植物个体出现了小型化现象。水土流失日趋严重，土壤贫瘠化、沙化、荒漠化增强，鼠虫害等自然灾害频繁。

2009 年左右，新的地理信息系统广泛运用到研究中来，赵静在基于 RS 和 GIS 技术三江源生态环境演变及驱动力分析中谈到，青藏三江源是生态环境脆弱的典型地区，近几十年来受自然因素和人为因素的共同影响，三江源地区生态环境不断恶化，严重影响了中、下游地区经济和社会的可持续发展。通过 RS 和 GIS 技术分析三江源生态环境变迁状况，为合理保护三江源生态环境提供参考。为了解三江源生态环境退化与恢复状况，探讨三江源生态环境演化区域特征及变化规律。以多源遥感数据及统计监测数据为数据源，借助 RS 和 GIS 技术提取三江源生态环境变化要素，从地形、土地利用/土地覆盖、气候、水文和植被等自然环境要素以及人类活动影响两个方面分析研究区生态环境变迁。利用时空序列分析方法重点探讨研究区气候、水资源和植被覆盖的时空变化规律，利用景观格局分析法探讨研究区土地利用/覆盖方式变化，并对研究区蒸发量进行遥感定量化提取与分析。最后，以县级行政区为基础分析单元，探讨三江源生态环境综合演化趋势及环境变迁驱动力因素，并分析地形和蒸发量与其他生态环境要素间的相互关系。

2014 年大推生态文明建设，对于高寒草甸区的研究也更深一层，从宏观尺度转变为微观尺度。田林卫等对于高寒草甸区不同生境土壤呼吸变化规律及其与水热因子的关系的研究，采用野外定位观测的方法，于 2012 年 6—9 月在青海省海北地区分析了围栏封育地（对照)、放牧地、鼠丘和蚁塔地 4 种不同生境下土壤呼吸的变化规律及其与水热因子的关系。结果表明：①各处理的土壤呼吸均表现出明显的季节动态，其变化程度大小依次表现为对照＜鼠丘＜放牧地＜蚁塔；②不同时期各处理下土壤呼吸表现为：除 6 月初、7 月底外，鼠丘处理与封育和放牧处理差异不显著（$P>0.05$)；蚁塔地与其他 3 个处理间差异均显著（$P<0.05$)；除 7 月底外，放牧处理与对照间差异均不显著；③土壤呼吸与土壤温度均呈正相关，且均存在较好的指数关系，其中对照处理的相关性最好，相关系数为 0.851；封育地、放牧地、鼠丘、蚁塔的土壤呼吸 Q10 值依次为 2.39、4.66、2.03、2.29；④处理的土壤含水量与土壤呼吸速率回归关系均不明显。

2016 年针对生态屏障区的土地利用及人类活动进行分析，牟雪洁等在关于青藏高原生态屏障区近 10 年生态系统结构变化研究中，以 2000 年、2005 年和 2010 年 3 期生态系

统类型数据为基础，采用生态系统转移矩阵、动态度等统计分析方法，研究青藏高原生态屏障区近10年的生态系统结构变化及驱动因素分析。研究结果表明：①近10年屏障区内生态系统结构较为稳定，以草地生态系统为主，约占研究区总面积的69%；②生态用地与非生态用地均有增加或减少，其中湿地增加2660.9km²，草地减少1377.5km²，城镇面积增加224.6km²，农田面积减少163.4km²，荒漠减少1388.5km²；③受人类活动影响较大的城镇、农田类型变化速率明显高于湿地等生态用地，2000—2010年城镇面积以2.88%的年平均增长率迅速增加，农田面积以0.64%的年均速率持续减少，而湿地年均增长率仅为0.44%；④生态系统类型整体转移量较小，仅为整个研究区的0.5%，其中草地→湿地、荒漠→湿地的转移量最大，两个转移方向的总转移比例达到69%；⑤自然因素和人为因素是生态系统结构变化的共同驱动因素，其中气候变化是引起湿地面积增加的主要自然因素，人口与GDP的急速增长导致城镇不断扩张，其深层次原因是工矿业的发展，载畜量增加是引起草地退化的主要原因，但生态保护工程对草地生态系统恢复具有积极作用。

4.5.3 高频关键词分析

按照词频的排序结果，统计前10个频率最多的关键词和中心性最高的关键词（表4.3），中介中心性（centrality）是体现节点在网络中重要性的指标，具有高中介中心性的节点通常是链接两个不同领域的关键枢纽，也称其为转折点，除去“青藏高原”等地名词，出现频率最高的是“生态环境”“可持续发展”“生态环境保护”“气候变化”等，中心性较高的关键词与高频词基本一致，中心性强的多了一个“生态安全屏障”。

表4.3　1981—2021生产建设项目土壤保护前10个高频关键词

序号	关键词	词频	关键词	中心性
1	青藏高原	417	青藏高原	0.53
2	生态环境	187	生态环境	0.32
3	可持续发展	53	生态环境保护	0.25
4	青藏铁路	48	青藏铁路	0.2
5	西藏	41	气候变化	0.2
6	生态环境保护	41	青海省	0.17
7	青海省	40	三江源区	0.15
8	气候变化	39	生态安全屏障	0.15
9	藏族	29	环境保护	0.14
10	江河源区	26	西藏	0.13

生态文明建设的目标是实现人与自然全面和谐，建设和谐社会必须先有一个稳定和平衡的生态环境，没有平衡的生态环境，社会的政治、经济和文化就不能生存和发展，和谐的人际关系的也会成无本之木、无源之水。关于生态环境的研究最新的被引数最多的是于伯华等对于青藏高原高寒区生态脆弱性评价，发表年份是2011年，被引量达到

170 次，在分析青藏高原高寒生态系统形成机制的基础上，构筑了 3 个层次、10 个指标的脆弱性评价指标体系，系统评估了青藏高原生态脆弱性及其区域差异。研究结果表明：青藏高原中、重度以上脆弱区的面积较大，占区域总面积的 74.79%。微度、轻度脆弱区主要分布在雅鲁藏布江大拐弯处、藏东南海拔 3000m 以下的山地、祁连山南坡的西北段和昆仑山北坡、塔里木盆地南缘地带。重度和极度脆弱区集中分布的趋势明显，占全区面积的 49.46%，主要分布在黄河源区、柴达木盆地和阿里高原往东 32°N 附近的带状区域（78°E～92°E）。研究结果有助于全面掌握青藏高原生态系统的脆弱程度及其空间分异特征，对识别高寒区关键脆弱环境因子、提高生态环境治理的针对性有重要意义。物种组成取决于几个地形、土壤和田地管理因素。因此，为了保护和恢复物种丰富的干草草甸，有必要保持较低的土壤磷含量水平，并防止在陡坡和边缘地区放弃地块，因为这些地块拥有最高水平的植物多样性。C. T. Wang 等发现在正演替系列中，植物官能团的组成逐渐变得复杂，植物物种丰富度逐渐增强，各植物官能团组成的变化也反映了植物群落结构的恢复程度。Hui Zhang 等拟合不同物种丰度模型并结合性状特异性方法时，发现生态位抢占可能是沿演替梯度的物种均匀度的决定机制。综合考虑所有结果，可以得出结论，这种生态位分化和空间尺度效应可能有助于解释亚高寒草甸群落物种丰富度的保持。

还有就是关于青海三江源地区近 50 年来的气温变化，作者是来自中国科学院地理科学与资源研究所的易湘生等人，他们利用青海三江源地区 12 个气象站 1961—2010 年月气温资料及滑动平均、线性倾向估计、样条函数插值、Mann - Kendal 检验等方法对气温变化的分析结果表明：①青海三江源地区及 3 个源区年、四季平均气温出现多次冷暖波动过程，但在统计意义上均呈显著增温趋势，2001 年以后增温明显。其中，春、夏、秋季和全年平均气温从 20 世纪 90 年代以后增温显著，而冬季在进入 21 世纪后增温极为显著。除春季外，青海三江源地区及 3 个源区年、四季气温标准值逐渐增加，并以冬季气温标准值增加最为显著；②青海三江源地区年平均气温倾向率为 0.36℃/10a，澜沧江源区与黄河源区增温幅度相同（0.37℃/10a），而长江源区增温幅度相对较小（0.34℃/10a），整个青海三江源地区显著增温区域出现在玉树南部及囊谦北部，并且冬季和秋季增温幅度要大于春季和夏季；③青海三江源地区、澜沧江源区和长江源区的年、夏、秋、冬季以及黄河源区夏、秋季平均气温均发生了突变。其中，年、夏季平均气温突变主要发生 20 世纪 90 年代中后期，秋季平均气温主要在 90 年代前期，而冬季平均气温主要发生 21 世纪初；④全球气候变暖背景下，青藏高原不同地区海拔高度和下垫面的差异是导致青海三江源地区增温幅度较大的主要原因。

4.5.4　VOS viewer 关键词聚类分析

关键词反映文章的主题，是文章的核心，对关键词的分析，有助于了解该领域的研究热点。VOSviewer 的标签视图对热点词进行了聚类分析，研究类型相近的关键词可以成为一个聚类，以同样的颜色标识，在 VOSviewer 软件里选择聚类的最小词数为 25，得到了 8 个聚类（图 4.9，彩图请扫描本章后二维码）。

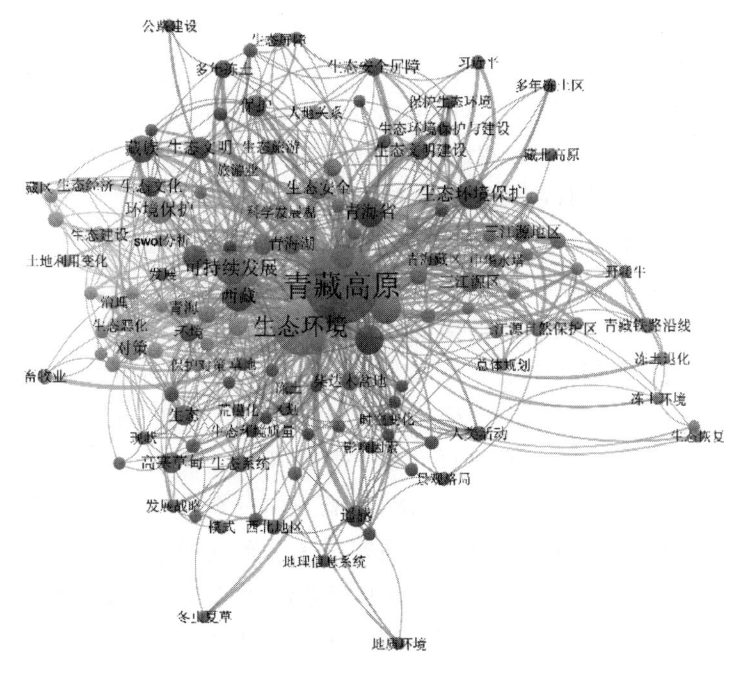

图 4.9　关键词聚类

聚类 1（图 4.9 中绿色）主要是以三江源地区为研究对象进行的研究，以及围绕冻土进行研究。马俊杰等研究青藏高原多年冻土区活动层水热特性的研究进展中谈到，青藏高原多年冻土作为我国冰冻圈的重要组成部分，其水热状况是影响寒区生态环境、陆气间水热交换、气候变化以及地面路基建设等的重要因素。为增进对青藏高原多年冻土区活动层水热特性的认识，对影响活动层水热特性的主要因素以及主要研究方法做进一步梳理，并指出了当前研究中的不足。研究认为，气象条件、植被覆盖度、土壤性质、积雪等是影响多年冻土区活动层水热过程的主要因素，目前针对活动层水热特性的研究主要通过对站点实测资料分析和模型模拟等方式展开。未来工作的重点应放在改进适合于高寒山区的陆面模式以及增强水热动态过程与气候系统的相互作用上。

聚类 2（图 4.9 中红色）主要通过地理信息系统、遥感等技术研究景观格局的时空变化，以及人类活动对于青藏高原地区生态环境的变化。曾永年等通过野外调查与室内分析，建立了黄河源区沙漠化土地分类分级系统。在此基础上，通过遥感数据处理与参数反演，建立了沙漠化遥感监测指数模型，并利用 1986—2000 年 Landsat - TM/ETM＋遥感数据，对近 15 年来黄河源区土地沙漠化过程进行了定量分析与评价。研究结果表明，黄河源区沙漠化土地面积达 3519.97km^2，其中以轻度沙漠化土地为主。沙漠化土地集中分布在玛多宽谷盆地南缘与黑河宽谷盆地北缘之间，沿西北—东南走向的低山丘陵展布，分布于河谷，湖滨、古河道及山麓洪积扇等地形面上，呈斑块状、片状和带状分布。1986—1990 年黄河源区沙漠化土地年增长率为 21.87％，沙漠化土地的变化表现为沙漠化土地快速蔓延。1990—2000 年沙漠化土地年扩展率为 2.73％，虽然沙漠化扩展速率降低，但在进一步扩展的同时，主要表现为沙漠化程度的进一步加重。总之，20世纪80年代末期以来，黄河源区沙漠化过程呈现为正在发展和强烈发展的态势。但在不同时段上沙漠化发展呈现出不同的特征，80年代末沙漠化土地增长率高，沙漠化过程表现为沙漠化土地的迅速蔓延；进入90年代沙漠化土地增长相对减缓，但中度沙漠化土地则保持直线增长的趋势，呈现出以沙漠化程度的加重为主的发展趋势。

聚类3（图4.9中紫色），主要研究高寒草甸区的环境现状、生态系统的保护模式等，中央民族大学生命与环境科学学院的卢慧等人利用IlluminaMiseq高通量测序技术，结合分子生态网络，对青藏高原高寒沼泽化草甸和高寒草甸的土壤原核生物的群落组成特征进行了分析。结果共检测到23145个OTUs，可分为2个古细菌类群和33个已知的细菌类群；其中变形菌门、酸杆菌门、放线菌门和拟杆菌门为土壤的优势菌群，相对丰度累计超过79%；高寒草甸原核生物的多样性高于高寒沼泽化草甸，两种草甸类型原核生物群落特征具有显著差异性（$P<0.001$）。分子生态网络分析表明，高寒草甸网络具有较长的平均路径距离和较高的模块性，使其比高寒沼泽化草甸网络更能抵抗外界环境变化，在应对气候变化时具有更高的稳定性；典范对应分析（CCA）和分子生态网络的分析结果均表明，土壤pH值是影响土壤原核生物群落特征的主要影响因子。综上所述，土壤微生物群落的组成变化对于评估其对全球气候变化的响应具有重要的指示作用，土壤原核生物群落特征在不同的高寒草甸土壤中具有显著差异，了解其变化规律和影响因子，能为高寒草甸生态系统的适应性管理和应对气候变化提供理论依据。

聚类4（图4.9中棕色）主要围绕生态环境的保护建设开展研究；聚类5（图4.9中黄色）偏向于研究藏区的生态建设、生态经济、环境保护的对策；聚类6（图4.9中淡蓝色）着重于研究畜牧业、旅游业的发展下对于生态环境的破坏情况；聚类7（图4.9中蓝色）研究的是藏区的生态安全屏障等；聚类8（图4.9中橙色）主要围绕青海湖的生态安全进行研究。这所有的努力，都是为了加快构建新发展格局，从资源现状出发，基于生态保护成效及现存问题，提出生态保护对策，旨在更好推进高寒草甸区高质量发展。

为了追寻近期的热点，通过VOSviewer的独特的Overlay visualization来对高寒草甸区工程建设生态环境保护现下的研究热点进行分析。颜色越趋于黄色说明关于该话题的研究处于当下的热点，而颜色越趋于深蓝色，说明关于该热点的研究越早开始。

由图4.10（彩图请扫描本章后二维码）可知，关于青藏高原生态环境的研究开始较早，王维岳在1996年发表了关于青海湖流域生态环境问题及保护的文章中谈到，青海湖流域地处青藏高原祁连山东南，高寒干旱，四面环山，植被良好，历来是青海省的优良天然牧场。但是，长期以来，由于受自然因素和近代人为不合理的社会经济活动的影响，致使本来就很脆弱的流域生态环境不断恶化，风沙侵蚀加剧，水质污染，湖水下降，草原退化。土地沙化，生产力下降，著名鸟岛，名存实亡。直接制约着青海国民经济的发展。而要保护和改善其生态环境，发展当地农牧业生产，使群众富裕起来，必须依法治林治草；用生态工程原理，因地制宜种草种树，育林育草；加强管理，合理利用草原，

恢复植被，减轻风蚀。

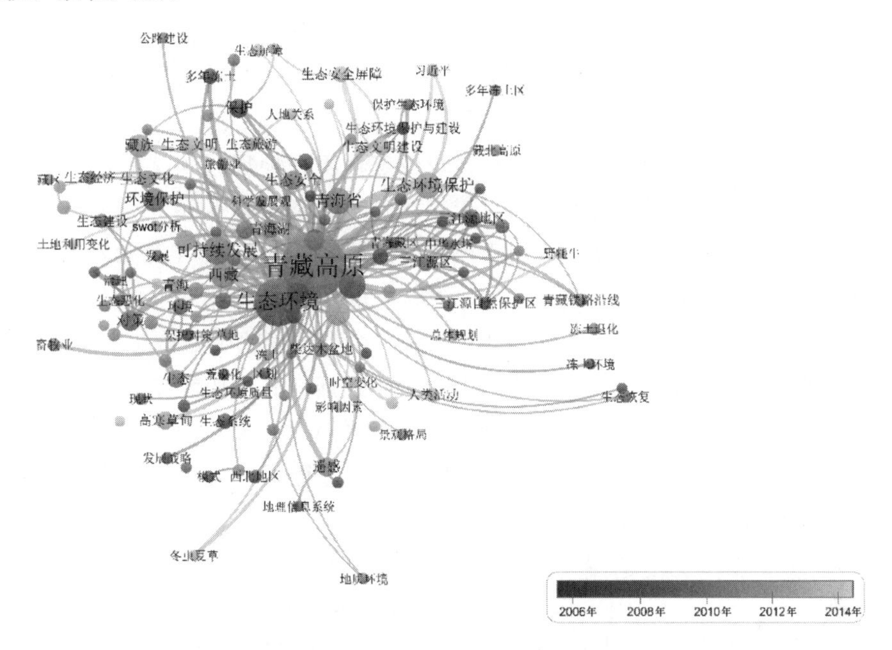

图 4.10　CiteSpace 标签视图

而有关于青藏高原高寒草甸区的生态文明、生态安全屏障、人类活动等研究基本开始于 2014 年。牟雪洁等从生态保护与管理的角度出发，综合分析了青藏高原生态屏障区近十年生态系统结构、服务功能、生态胁迫等生态环境变化特征，并提出生态保护对策与建议。结果表明，2000—2010 年屏障区生态系统结构稳定，其中城镇和湿地面积增加明显；生态系统服务功能整体上升，其中屏障区北部区域改善明显；生态胁迫以人口、GDP、载畜量等人类胁迫为主，自然胁迫整体较低；未来应继续加强基本草原保护，实施生态修复工程，不断提高屏障区的重要生态功能。

2016 年分析了近 10 年青藏高原生态屏障区生态系统结构变化研究，研究结果表明：①近 10 年屏障区内生态系统结构较为稳定，以草地生态系统为主，约占研究区总面积的 69%；②生态用地与非生态用地均有增加或减少，其中湿地增加 2660.9km^2，草地减少 1377.5km^2，城镇面积增加 224.6km^2，农田面积减少 163.4km^2，荒漠减少 1388.5km^2；③受人类活动影响较大的城镇、农田类型变化速率明显高于湿地等生态用地，2000—2010 年城镇面积以 2.88%的年平均增长率迅速增加，农田面积以 0.64%的年均速率持续减少，而湿地年均增长率仅为 0.44%；④生态系统类型整体转移量较小，仅为整个研究区的 0.5%，其中草地→湿地、荒漠→湿地的转移量最大，两个转移方向的总转移比例达到 69%；⑤自然因素和人为因素是生态系统结构变化的共同驱动因素，其中气候变化是引起湿地面积增加的主要自然因素，人口与 GDP 的急速增长导致城镇不断扩张，其深层次原因是工矿业的发展，载畜量增加是引起草地退化的主要原因，但生态保护工程对草地生态系统恢复具有积极作用。

4.5.5　突现词的分析

文献的爆发性（burstness）常通过突发性探测值来表示，高突发性值的关键词的出现表示某时期的学者发现了新的研究领域和研究视角，进而评判该关键词处于一定时期的研究前沿，是评判最活跃的研究领域的指标。

从图 4.11 可知，对于高寒草甸区工程建设生态环境保护现状领域的研究有关于青藏高原从 1981 年便开始，热度居高不下；对于三江源的研究基本从 20 世纪末开始的，热点研究持续到 2012 年；遥感技术最初运用于该领域的研究是从 2007 年开始，前些年新兴的一种技术 NDVI（归一化植被指数）于 2013 年成为该领域的突现词，多次运用于高寒草甸区生态环境现状的研究。宫照等在 2020 年根据《生态环境状况评价技术规范》，结合青藏高原生态屏障区的实际情况，基于 MODISNDVI 数据，利用像元二分模型估算了青藏高原生态屏障区 2017 年和 2018 年的植被覆盖度，掌握了生态屏障区植被覆盖度的空间分布情况，获取了分县植被覆盖指数，并定量和定性地进行了变化分析，最后对青藏高原生态屏障区生态环境的保护提出了一些意见与建议。

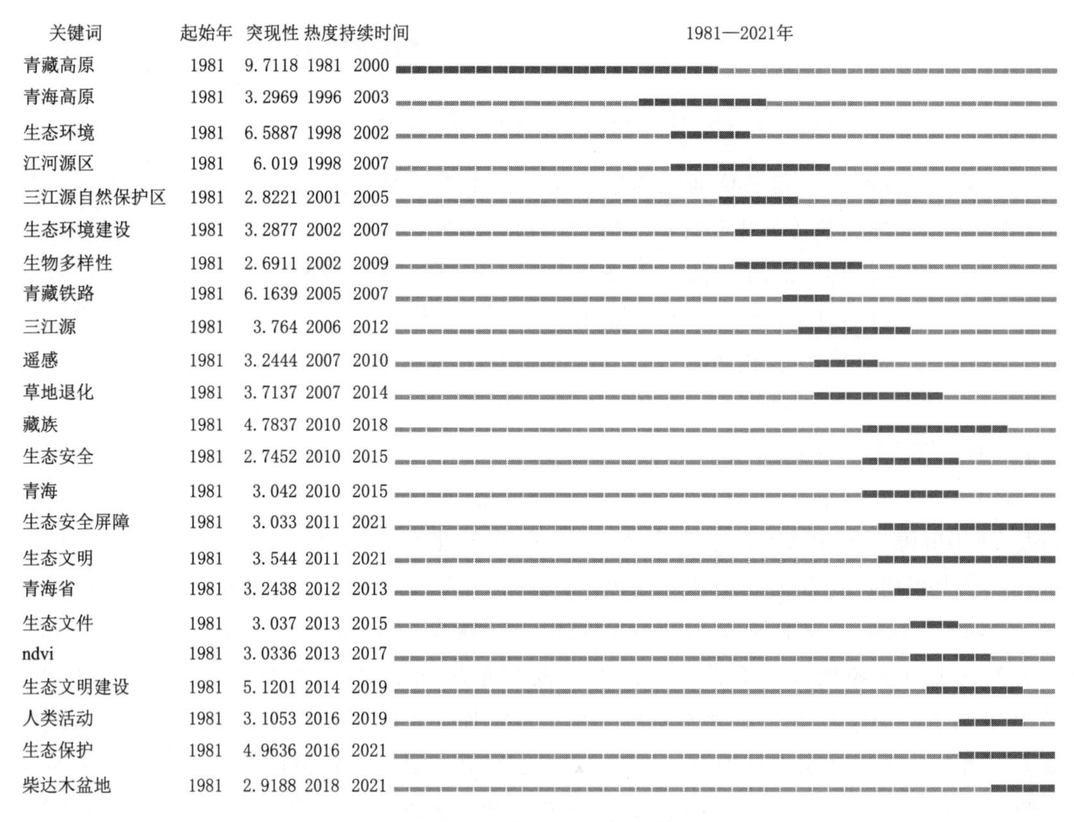

图 4.11　CiteSpace 突现词

关于生态文明、生态安全屏障等概念于 2011 年提出，并且热点一直持续至今。刘飞等针对生态风险源、脆弱性以及风险管理能力选取 30 个评估指标，利用生态风险评估优化模型，综合评估了青藏高原的生态风险，并得出如下结论：青藏高原生态风险总体处于较低水平，以低和极低生态风险为主，共占研究区面积的55.84%；极高风险主要分布在北部高山和极高山地区，中等风险主要分布在高原北部以及高原的西部和西南部地区，中、高生态风险在空间分布上形成一个“C”字形结构；青藏高原生态风险整体受自然主导因子控制，人为对生态环境的影响不容忽视，协调和降低青藏高原人类活动区域人类对生态环境的影响，是今后规避生态风险的重要途径。

有关生态保护的呼吁从2016年开始相关研究也是没有中断。青藏高原特殊的地理位置和自然生态环境，决定了它不仅是我国重要的生态安全屏障，也对北半球、亚洲乃至全球的气候变化有着重要影响。对于其的研究全面阐述了青藏高原生态文明高地建设的科学内涵，纵观青藏高原生态文明建设现状，从青藏高原生态环境问题成因、文化背景等方面展开分析，深入剖析青藏高原生态文明建设所面临的问题，并有针对性地探讨了青藏高原生态文明建设的优化策略，为进一步开展青藏高原生态文明高地建设工作提供支撑。

4.6 结　论

以CNKI收录的1981—2021年的1219篇高寒草甸区工程建设生态环境保护现状相关文献为研究对象，借助VOSviewer和CiteSpace两款软件，系统回顾了国内关于该领域的研究成果。基本可以得到以下结果：

(1) 有关高寒草甸区工程建设生态环境的发文量从1981年至今整体呈上升趋势，其趋势大致可以分为三个阶段：①1995年以前关于高寒草甸区工程建设生态环境的发文量在0～5篇之间；②1995—2006年中国高寒草甸区工程建设生态环境的研究整体呈波动上升的趋势；③2002—2021年间发文量呈波动的“V”字形。

(2) 关于该领域高被引文献前三篇分别是：①《中国生态区划方案》傅伯杰等于2001年发表；②《40a来江河源区的气候变化特征及其生态效应》王根绪等于2001年发表；③《40a来江河源区的气候变化特征及其生态效应》吴青柏等于2003年发表。分析高引文献可知：①这些高引文献发表时间都比较早，集中在2000年左右；②高被引文献主题基本集中在高寒草甸区工程建设生态环境变化的成因以及区划，针对如何进行保护的方法措施研究较少。

(3) 从载文期刊分布来看，对于高寒草甸区工程建设生态环境保护现状的相关文献分布较为分散，载文量最高的五个期刊分别是《兰州大学学报（自然科学版）》《西藏日报》《西北农林科技大学学报（自然科学版）》《冰川冻土》和《青海日报》，《兰州大学学报（自然科学版）》《西北农林科技大学学报（自然科学版）》和《冰川冻土》都是核心期刊，载文前二十的期刊中核心期刊也比较多，这一定程度上体现了关于该领域研究的重要性。

(4) 进一步对文献的学科分布进行统计发现，对于该领域的文献研究最多的学科前五分别是环境科学与资源利用、经济体制改革、生物学、农业经济、畜牧与动物医学，其中环境科学与资源利用发布的文献多达674篇，占总文献36.28%，其他的学科较为分散。

(5) 对于研究机构的分布可知，对于高寒草甸区工程建设生态环境保护现状的相关文献研究最多的高校是兰州大学，产出的文章有 89 篇之多，其次是青海师范大学与中国科学院地理科学与资源研究所，两个机构分别产出 41 篇。从基金分布上来看国家自然科学基金占比最多，其支撑下发表的文献达 136 篇，其次是国家社会科学基金和国家重点基础研究发展规划，发文数量分别是 46 篇和 28 篇。

（6）经统计，1219 篇文献共来自 1926 位作者。其中只有 55 位之间相互有联系。研究相关课题的作者会分成相同的颜色，这 55 位作者共分成 7 个聚类。分别是以中国科学院水利部成都山地灾害与环境研究所王根绪为代表的团队，以中国科学院西北生态环境研究院的吴青柏为代表的团队，以中国气象科学研究院李元寿为代表的团队等。

（7）统计发现，大约从 1990 年开始了关于青藏高原的研究；1996 年关于青藏高原生态环境的研究提上日程；大约 2000 年的时候呼吁可持续发展，并且研究范围也到了青藏高原腹地，并且开始了初步的生态区划；2004 年的时候水土保持开始映入学者眼帘，生态环境安全日益重要；2005 年开始对高寒草甸、高原植被进行分析以及新的遥感技术开始运用到研究中；2014 年大推生态文明建设，对于高寒草甸区的研究也更深一层，从宏观尺度转变为微观尺度。

（8）按照词频的排序结果，统计前 10 个频率最多的关键词和中心性最高的关键词，除去“青藏高原”等地名词，出现频率最高的是“生态环境”“可持续发展”“生态环境保护”中心性较高的关键词与高频词基本一致，中心性强的多了一个“生态安全屏障”。

（9）VOSviewer 的标签视图对热点词进行了聚类分析，共得到 8 个聚类，聚类 1（图 4.9 中绿色）主要是以三江源地区为研究对象进行的研究；聚类 2（图 4.9 中红色）主要通过地理信息系统、遥感等技术研究景观格局的时空变化，以及人类活动对于青藏高原地区生态环境的变化；聚类 3（图 4.9 中紫色），主要研究高寒草甸区的环境现状、生态系统的保护模式等；聚类 4（图 4.9 中棕色）主要围绕生态环境的保护建设开展研究；聚类 5（图 4.9 中黄色）偏向于研究藏区的生态建设、生态经济、环境保护的对策；聚类 6（图 4.9 中淡蓝色）着重于研究畜牧业、旅游业的发展下对于生态环境的破坏情况；聚类 7（图 4.9 中蓝色）研究的是藏区的生态安全屏障等；聚类 8（图 4.9 中橙色）主要围绕青海湖的生态安全进行研究。这所有的努力，都是为了加快构建新发展格局，从资源现状出发，基于生态保护成效及现存问题，提出生态保护对策，旨在更好推进高寒草甸区高质量发展。

（10）通过对突现词的分析可得，关于生态文明、生态安全屏障等概念基本于 2011 年提出，并且热点一直持续至今；有关生态保护的呼吁从 2016 年开始相关研究也是没有中断；从 2018 年开始有关柴达木盆地的研究开始映入研究者的眼帘，或许未来会是一个研究热点。

彩图

参 考 文 献

[1] 杨建平，哈琳，康韵婕，等．“美丽冰冻圈”融入区域发展的途径与模式［J］．地理学报，2021，76（10）：2379-2390．

[2] 陈志明．从青藏高原隆起探讨西藏湖泊生态环境的变迁［J］．海洋与湖沼，1981，(5)：402-411．

[3] 陈悦，陈超美，刘则渊，等．CiteSpace知识图谱的方法论功能［J］．科学研究，2015，33（2）：242-253．

[4] 冯永忠，杨改河，杨世琦，等．江河源区地域界定研究［J］．西北农林科技大学学报（自然科学版），2004，(1)：11-14．

[5] 吴青柏，沈永平，施斌．青藏高原冻土及水热过程与寒区生态环境的关系［J］．冰川冻土，2003，(3)：250-255．

[6] 杨思洛，程爱娟．图情档期刊论文的零被引现象分析［J］．情报学报，2015，34（3）：247-256．

[7] 王启基，来德珍，景增春，等．三江源区资源与生态环境现状及可持续发展［J］．兰州大学学报，2005，(4)：50-55．

[8] 王根绪，李琪，程国栋，等．40a来江河源区的气候变化特征及其生态环境效应［J］．冰川冻土，2001，(4)：346-352．

[9] 高凯．文献计量分析软件VOSviewer的应用研究［J］．科技情报开发与经济，2015，25（12）：95-98．

[10] 宋秀芳，迟培娟．Vosviewer与Citespace应用比较研究［J］．情报科学，2016，34（7）：108-12，46．

[11] 蔡林彤，方雪薇，吕世华，等．青藏高原中部冻融强度变化及其与气温的关系［J］．高原气象，2021，40（2）：244-256．

[12] 黄克威，王根绪，宋春林，等．基于LSTM的青藏高原冻土区典型小流域径流模拟及预测［J］．冰川冻土，2021，43（4）：1144-1156．

[13] 常思静，杨蕊琪，章高森，等．青藏高原土壤中一株原油降解菌的作用机制探究［J］．冰川冻土，2018，40（5）：1037-1046．

[14] 傅伯杰，刘国华，孟庆华．中国西部生态区划及其区域发展对策［J］．干旱区地理，2000，(4)：289-297．

[15] 刘亚丽，王俊峰，吴青柏．多年冻土区线性工程的生态环境影响研究现状与展望［J］．冰川冻土，2018，40（4）：728-737．

[16] 徐赟，罗久富，周金星，等．青藏铁路沿线高寒草甸区次生群落特征及种间关联性［J］．草业科学，2020，37（1）：41-51．

[17] 杨振山，张富荣，王洪．中国生态脆弱区的差异及绿色发展途径分析［J］．生态环境学报，2020，29（6）：1071-1077．

[18] 杨晓渊，马丽，张中华，等．高寒草甸植物群落生长发育特征与气候因子的关系［J］．生态学报，2021，41（9）：3689-3700．

[19] 张海峰，白永平，王保宏，等．青海省产业结构变化及其生态环境效应［J］．经济地理，2008，(5)：748-751．

[20] 赵河聚，岳艳鹏，贾晓红，等．模拟增温对高寒沙区生物土壤结皮-土壤系统呼吸的影响［J］．植物生态学报，2020，44（9）：916-925．

[21] MA W B，JIANG S J，ASSEMIEN F，QIN M S，MA B B，XIE Z，LIU Y J，FENG H Y，DU G Z，MA X J，LE ROUX X. Response of microbial functional groups involved in soil N cycle to N，P and NPfertilization in Tibetan alpine meadows［J］．Soil Biology & Biochemistry，2016，101：

195-206.

[22] NIU Y J, ZHU H M, YANG S W, MA S J, ZHOU J W, CHU B, HUA R, HUA L M. Overgrazing leads to soil cracking that later triggers the severe degradation of alpine meadows on the Tibetan Plateau [J]. Land Degradation & Development, 2019, 30 (10): 1243-1257.

[23] 罗利芳，张科利，孔亚平，等. 青藏高原地区水土流失时空分异特征 [J]. 水土保持学报，2004，(1)：58-62.

[24] 牟雪洁，赵昕奕，饶胜，等. 青藏高原生态屏障区近10年生态系统结构变化研究 [J]. 北京大学学报（自然科学版），2016，52（2）：279-286.

[25] 王维岳. 长江源区的生态建设与保护 [J]. 水土保持通报，1998，(S1)：62-6，75.

[26] 王一博，王根绪，沈永平，等. 青藏高原高寒区草地生态环境系统退化研究 [J]. 冰川冻土，2005，(5)：633-640.

[27] 赵静. 基于RS和GIS技术三江源生态环境演变及驱动力分析 [D]. 长春：吉林大学，2009.

[28] 刘庆. 青藏高原东部（川西）生态脆弱带恢复与重建研究进展 [J]. 资源科学，1999，（5）：83-88.

[29] 曾永年，冯兆东. 黄河源区土地沙漠化时空变化遥感分析 [J]. 地理学报，2007，(5)：529-536.

[30] 宫照，栗敏光，阎凤霞. 青藏高原生态屏障区植被覆盖度监测 [J]. 地理空间信息，2020，18（5）：111-4，8.

[31] 刘飞，刘峰贵，周强，等. 青藏高原生态风险及区域分异 [J]. 自然资源学报，2021，36（12）：3232-3246.

[32] 卢慧，赵珩，盛玉钰，等. 基于高通量测序的两种高寒草甸土壤原核生物群落特征研究 [J]. 生态学报，2018，38（22）：8080-8087.

[33] 马俊杰，李韧，刘宏超，等. 青藏高原多年冻土区活动层水热特性研究进展 [J]. 冰川冻土，2020，42（1）：195-204.

[34] 牟雪洁，赵昕奕，饶胜，等. 青藏高原生态屏障区近10年生态系统结构变化研究 [J]. 北京大学学报（自然科学版），2016，52（2）：279-286.

[35] 牟雪洁，饶胜. 青藏高原生态屏障区近十年生态环境变化及生态保护对策研究 [J]. 环境科学与管理，2015，40（8）：160-164.

[36] 王维岳. 青海湖流域生态环境问题及保护 [J]. 水土保持通报，1996（6）：59-64.

[37] MARINI L, SCOTTON M, KLIMEK S, ISSELSTEIN J, PECILE A. Effects of local factors on plant species richness and composition of Alpine meadows [J]. Agriculture Ecosystems & Environment, 2007, 119 (3-4): 281-288.

[38] WANG C T, LONG R J, WANG Q L, JING Z C, SHI J J. Changes in plant diversity, biomass and soil C, In alpine meadows at different degradation stages in the headwater region of three rivers, China. [J]. Land Degradation & Development, 2009, 20 (2): 187-198.

[39] ZHANG H, JOHN R, PENG Z C, YUAN J L, CHU C J, DU G Z, ZHOU S R. The Relationship between Species Richness and Evenness in Plant Communities along a Successional Gradient: A Study from Sub-Alpine Meadows of the Eastern Qinghai-Tibetan Plateau, China [J]. Plos One, 2012, 7 (11).

[40] 易湘生，尹衍雨，李国胜，等. 青海三江源地区近50年来的气温变化 [J]. 地理学报，2011，66（11）：1451-1465.

[41] 于伯华，吕昌河. 青藏高原高寒区生态脆弱性评价 [J]. 地理研究，2011，30（12）：2289-2295.

[42] 田林卫，周华坤，刘泽华，等. 高寒草甸区不同生境土壤呼吸变化规律及其与水热因子的关系 [J]. 草业科学，2014，31（7）：1233-1240.

第5章 高寒草甸防护需求分析（以管道项目为例）

高寒草甸是指以寒冷中生多年生草本植物为优势而形成的植物群落，主要分布在林线以上、高山冰雪带以下的高山带草地，耐寒的多年生植物形成的一类特殊的植被类型。青藏高原的高寒草甸面积有 $70\times10^4km^2$，约占青藏高原可利用草场的50%，高寒草甸地带面积达 $26.9\times10^4km^2$，占高原区域总面积的10.7%。且东北、内蒙古、新疆、云南、四川和青藏高原地区均为我国的重要能源通道，施工建设不可避免会对原生态环境造成巨大扰动，高寒草甸植被大量破坏，导致管道施工区植被水源涵养能力下降，水土保持功能降低等一系列生态环境问题，严重影响区域生态景观与社会的可持续发展。因此开展青藏高原高寒草甸立体防护及阻断技术研究不仅对管道项目施工过程生态修复提供技术支撑，对于国内能源通道及高寒草甸区的开发建设都有重要的借鉴意义。

高寒草甸立体防护及阻断技术研究成果能够为后续管道建设乃至雅鲁藏布江水电开发、川藏铁路、滇藏铁路及新藏铁路等高原项目的开发建设提供科学高效的参考。因此，开展高寒草甸立体防护及阻断技术关键技术研究对于高寒区开发建设中的生态保护诉求至关重要，形成的技术成果能够显著降低高寒区开发建设项目施工工艺方法不良所造成的行政处罚风险和反复施工治理所造成的额外成本，推广性强，具备广阔的市场前景。

5.1 高寒草甸区工程建设环境问题分析

《国家中长期科学和技术发展规划纲要（2006—2020年）》中明确将“生态脆弱区域生态系统功能的恢复重建”确定为优先支持的主题。《全国水土保持科技发展规划纲要（2012—2020）》中，将“开发建设严重扰动区植被快速营造模式与技术、不同类型区生态自我恢复的生物学基础与促进恢复技术”列为关键技术。党的十八大以来，党中央高度重视生态文明建设，把生态文明建设放在突出地位，融入经济建设、政治建设、文化建设、社会建设各方面和全过程，努力建设美丽中国。在国家宏观战略层面，以及行业发展需求方面，均凸显解决或改善管道工程扰动区生态环境问题已迫在眉睫。青藏高原地区是我国的生态安全屏障、战略资源储备基地、中华民族特色文化保护地，其具有极高的生态文化战略保护价值。

长输管道施工具有点多面长、施工扰动强度大、土石方开挖量大、临时用地比例高等特点，作为一种大型线性工程，其工程建设势必会对原地形地貌造成扰动及原地表植被的破坏形成大量的分散挖填方，增大水土流失的风险。同时由于管道工程的特殊性，水土流失还可能造成管道裸露甚至悬空，威胁管道运行安全。长输管道工程施工时，需要经过洒扫作业带、建设施工便道，管沟开挖、管道敷设、管沟填埋、恢复地貌，建设工艺站场、阀室等过程，随后投产。长输管线工程对穿越区域生态环境的影响包括：对土地利用状态的影响，对土壤理化性质的影响，对典型生态区植被的影响，对珍稀动植物的影响，对农业生产的影响等。

青藏管道线路长，沿线除格尔木至南山口位于柴达木盆地南部边缘外，其余地段均位于青藏高原。线路不可避免地穿越了 21 个环境敏感点，长度达 550.6km，沿线穿越了包括高寒草原植被带、高山灌丛、高山嵩草草甸植被带等植被带。根据水利部批复的《青藏输油管道扩建工程水土保持方案》，工程全线挖填方 872.69 万 m^3，剥离草甸达 59.85 万 m^3，管道施工开挖的土石方很难回填到原位，挤占了原生草甸的生存空间，同时由于土石方回填可能会改变地表微地貌，增大地表粗糙程度，加上青藏高原地区风力强劲，可能造成严重的土壤风蚀状况，严重的可能造成空气灰尘污染，影响人们正常生活，造成草甸恢复困难，进而直接对管道安全产生影响，后续管道维护阶段成本增加。根据区域内青藏铁路、青藏公路的工作经验，对于草甸剥离后未采取人工干预恢复的情况下，施工区域植被 20～30 年仍然得不到有效恢复，并引发了一系列土地沙化的生态破坏的现象。所以长线管道施工对当地草甸如不进行必要的保护，会造成区域生态环境退化，并由此引起水土流失，管道暴露，直接威胁管道安全，增加后期管线维护成本，造成了财力、物力、人力的损失（图 5.1）。

图 5.1　水土流失造成的管线暴露

5.2　高寒草甸“生态工程建设”战略分析

落实青藏地区生态工程、绿色工程建设，对切实维护青藏地区生态环境安全有着重要意义。在思路上，应当以习近平新时代中国特色社会主义思想为指导，深入学习贯彻

习近平生态文明思想，认真践行新发展理念，坚持生态优先、科学利用，创新发展思路，完善政策措施，增强支撑保障能力，加强高寒草甸草原生态工程建设，减少草原生态系统人为扰动，为建设美丽西藏提供坚实基础。在原则上，要坚持生态优先、兼顾生产的原则，按照先生态后生产的原则保证高寒草原资源可持续利用，从根本上防止工程建设引起的水土流失、改善生态环境，着力发挥高寒草甸生态系统的功能；要坚持自然修复为主、人工辅助的原则，尊重自然和科学规律，充分发挥高寒草甸生态系统的自我修复能力，强化正向干预，提升高寒草甸草原地区生态工程建设质量，同时辅助人工技术手段加快高寒草原后续生态恢复和发展；要坚持围绕核心、区域分异的原则，结合不同地区实际情况，优先考虑经济畜牧草甸草原区，为整体推进青藏高寒草原生态工程建设探索积极的方法途径；要坚持国家引导、社会参与的原则。在国家政策引导支持的同时，积极引入社会资本进行投资建设，按照谁投入、谁受益的原则，建立更加完善和灵活的高寒草甸资源开发利用机制，形成科学合理的保护开发体系；要坚持科技引领、综合治理的原则，根据不同地区草甸扰动程度、环境条件，遵循生态学基本原理方法进行生态工程建设，开发并推广科学先进的适用技术，发挥科技支撑作用，强化科学治理措施，提高高寒草甸草原生态保护与建设成效。

与此同时，还应在实际工作中重点把握好以下两个方面的关系：一方面，要切实明确生态工程建设的首要原则，即必须遵循和坚持“生态优先”的基本方针，牢固树立保护为先、预防为主、制度管控和底线思维，按照国家生态文明体制改革总体方案的要求，逐步构建“权属明确、保护有序、评价科学、利用合理、监管到位”的高寒草甸生态文明工程建设体系；另一方面，要切实明确生态工程建设的主要方向，不能单纯地“画地为牢”，搞一刀切，应坚持因地制宜、区域分异、综合考虑、逐步提升的原则深入推进高寒草甸草原生态建设项目工作，既要保证高寒草原的生态价值，还要保障高寒草甸草原的人文价值。

5.3 管道工程草甸剥离保护技术现状

随着经济高速发展，人类对能源的大量利用使得石油天然气等资源成为当今社会迫切需求的能源。地区石油天然气开发技术不断进步，加上当今社会倡导的低碳经济，使得石油天然气的利用与日俱增，长输管线成为能源输送的重要手段。

管道的施工方式是大开挖建设过程，工程带来大量的人为干扰，对生态环境的干扰有直接影响和间接影响。管道建设通过占用土地、破坏植被、开挖管沟、污染环境等方式直接影响生态环境。工程建设改变周边土地利用，导致景观破碎化，并且产生生态环境累积效应，从而间接强化了对生态系统的影响。目前关于管道施工对沿线生态环境影响的研究主要集中在以下几个方面：石油管道运输过程对周围水环境的影响，潜在的突发情况及防治对策；天然气石油管道建设对生态环境的影响及防范措施；管道工程水土流失特点及水土流失量预测方法等；管道工程对作业带土壤及周围农田地区土壤养分含量的影响等。管道的建设过程会影响周边野生动物的栖息、活动等，可能会引起动物暂时的迁移。管道工程穿越脆弱沙地生态系统的保护及恢复对策，包括植被恢复筛选、分段施工作业、生物措施等。对于穿越地形复杂，山势险峻的山区管道工程生态保护，创新采用“七统一”的方法进行生态水保过程控制，保护沿线环境质量。关于城市管道工程建设土地开挖恢复，提出生态水土理论，采用生物砖排水沟技术进行水系疏导及生态复绿，开挖边坡则采用爬山虎植被措施恢复。

对于草甸保护的研究主要集中在三个方面：一是高寒草甸的生态学效应，即草甸是如何影响区域植物群落、土壤环境、动物特性的，相关研究指明草甸保护的根本必须站在区域生态保护的角度上，尽力减少扰动是最切实际的防止高寒草甸退化的方法；二是关于高寒草甸生境研究，相关研究表明，氮素含量、降雨梯度、放牧模式等对高寒草甸区的肥力、微生物及物种多样性都有明显影响；三是高寒草甸的生态恢复研究，多年生草本被剥离出后与土壤的物质能量交换被阻断，依靠其根系的根茎、蘖节等储存的营养物质暂时维持其生命活动，进行草甸恢复可以考虑增温、添加氮磷、增水等方式增加植被根系生物量促进植被恢复，但值得注意的是，植被恢复是一个缓慢的、持续性的过程，需要人工及时管护处理。在海北站、甘肃玛曲县和三江源高寒草甸地区进行的许多研究和植被调查表明，对高寒草甸天然草地进行的施肥、围栏封育、控制放牧、增温、增水、刈割等许多认为控制措施表明，不同干扰类型和程度对高寒草甸植物群落的物种多样性、土壤肥力及微生物、生态系统功能等方面产生了影响，通过影响物种多样性进而影响功能多样性和功能冗余来影响整个生态系统的生产力水平和群落稳定性。

对高寒草甸的生态学效应、高寒草甸生境研究和高寒草甸的生态恢复研究诸多，但对高寒原生草甸防护及其抗逆性阻控技术的研究较少，在青藏高原区开发建设过程中高寒草甸的剥离、堆放及回铺技术的研究甚少。目前采取的草甸剥离技术缺乏规范性指导，草甸剥离、堆放、回铺工艺仍具有随意性，缺乏工艺标准。关于高寒区域生态修复的研究主要集中在高寒区域草种的生态分布和退化牧草场的自我修复研究上，关于人为扰动的高原草甸生态补植技术和生态修复方法研究甚少。针对管道施工对高寒草甸的高频扰动，依靠自然修复不能完全满足工程建设及当地生态环境的实际需求。

草甸剥离在工程应用上也有大量研究，青藏铁路唐拉段、青藏公路、川藏联网工程、藏区风电场项目、西藏公路改建等青藏高原开发建设工程均对草甸剥离进行了技术探讨，其中部分工程由于施工工艺不统一，至今恢复效果较差，如青藏公路五十年后，草甸施工迹地仍未恢复。草甸剥离的相关国内研究表明，青藏高原进行草甸剥离的技术仍十分不成熟，存在的主要问题为剥离的草甸缺乏有效防护，在高寒、缺水、低温、根系缺乏保护的条件下，草甸极容易死亡，目前采取的草甸剥离技术缺乏规范性指导，如草甸剥离厚度、块度大小、草甸下的表土剥离厚度、剥离草甸的堆放工艺及过程管护、回铺后草甸的抚育管理等仍缺乏有力数据指导，草甸剥离、堆放、回铺工艺仍具有随意性，缺乏工艺标准，青藏高原草甸保护仍有很大进步空间。管道施工时，开挖的土层可达几米深，将植被生存的土层结构从表土层到生土层全部破坏，严重影响到草甸的生境条件，

包括草甸根系延伸的通道受阻，土壤营养物质的缺失，仅依靠环境本身自我修复已不能满足建设“优质管道、绿色管道、生态管道”的实际需求和当地生态需求。

5.4 高寒草甸保护技术现状分析

截至2016年底，中国在役油气管道总里程累计约为12万km，其中天然气管道7.2万km，原油管道2.5万km，成品油管道2.3万km。2015年，我国在原有的油气管道基础上又建成了0.52万km。由此可见，国家一直在不断加大力度建设油气管道。但是随着长管线工程的逐渐增多，其对施工区域生态环境的影响是不可避免的。

生态系统往往都具有较强的自我修复能力及群落逆向演替能力，但是由于青藏高原极端恶劣的自然环境，加上长管线工程施工开挖量较大、范围广的特点，使得受损的植被很难在较短的周期内自我修复。因此，必须采取人工干预及辅助措施加快青藏高原管线施工扰动区植被生态恢复，其不仅影响着工程的安全和效益的发挥，而且关系着生态系统的健康和服务功能的可持续性，更是落实“绿色发展，绿色管道”政策的决定性因素。青藏高原草甸剥离保护不仅是一项政府考核监管指标，也是建设“绿色管道工程”的必要任务。开发此类技术对于青藏高原开发建设中的生态保护诉求至关重要，形成的技术成果能够显著降低青藏高原开发建设项目不良施工所造成的行政处罚风险和反复施工治理所造成的额外成本，推广性强，具备广阔的市场前景。

格拉管道工程穿越青藏高原腹地，长线管道工程施工的高频扰动，在修建管道的过程中，如何恢复因工程建设高频扰动而破坏的草甸植被，保护建设好区域生态环境，是当前高寒草甸区生态修复研究的重点。针对管道施工扰动剧烈、施工周期紧凑的施工特点和高寒草甸区生态脆弱、植物生境恶劣的环境特点，进行植物的种类、适宜环境、生长周期、抚育方案、生态补偿方式的效果、效率、效益和成本比选。结合高寒草甸管道施工区特点，探寻管道施工后迹地生态修复的最优路径，研究高寒草甸区高频扰动生态修复关键技术，对达到优质管道、绿色管道、生态管道的优质工程标准十分必要。

虽然已经有许多人对高寒草甸区施工项目做了许多技术上的探索。但是目前适合青藏高原草甸剥离的工艺方法尚不清晰，且草甸剥离后堆放容易受到高原缺氧、低温、风力、水分等因素的影响，目前工程上应用的剥离草甸死亡率高达60%，不规范的草甸回铺工艺会导致草甸回铺后环境适应力下降，导致回铺后成活率降低。本书从草甸的剥离、堆放、回铺三个关键工艺环节上对其进行抗逆性和适宜生境探究，从草甸根系局部保护、草甸原位修复等方面进行标准化研究，旨在规范高寒草甸区草甸剥离、管护、回铺工艺，降低草甸剥离损伤率、降低管护死亡率，提高回铺成活率。考虑到高原地区极端环境的影响以及施工单位在施工过程中的技术不统一等因素，施工结束后草甸仍可能出现局部区域裸露的情况。因此，后期生态补植技术研究是补充管道工程生态修复的又一关键保障，能够有效保证管道后续运行安全和生态环境安全。

5.5　高寒草甸区防护技术效益分析

草甸剥离后不加以人工管护其致死率高达 60%，高效管护技术的应用不仅可以增加草甸的生存率，而且也降低了后续水土流失造成的生态风险和管道安全风险，可以有效避免专项验收延误工期的时间耗费及因绿化不达标造成的后续维护期水土流失管道暴露毁坏维护。开展本项技术拟将草甸保护成本控制 5 万元/hm^2 以下，结合推广计划后，可减少后期生态修复成本 10%。

高寒草甸的高效保护和有效恢复是高海拔管道施工产业链中的重要创效点，结合此点，可形成高海拔管道施工关键产业链。对比结合管道局预期掌握的草甸施工技术，采用高寒草甸立体防护及生态劣化阻断技术预期降低草甸损毁率，在达到更好的保护效果的前提下，能够显著降低草甸剥离保护成本。

青藏高原立体防护及生态劣化阻控技术研究效果分析：开展青藏高原立体防护及生态劣化阻控技术研究可实现施工区草甸有效剥离率 90%以上，草甸综合保护率 80%以上，通过草籽调研及种植研究，有效改善管道施工对高寒草甸的不可逆破坏作用，改变青藏高原高寒草甸区土建施工后迹地难以恢复的现状。

青藏高原立体防护及生态劣化阻控技术研究效益分析：高寒草甸立体防护及生态劣化阻断技术达到管道行业施工国内领先水平，水利行业国内领先水平，达到更好的草甸保护效果的前提下，降低草甸剥离保护成本。降低因管道施工造成的高原草甸成片坏死及其衍生的区域生态退化风险，减少专项验收延误工期的时间成本及因绿化不达标造成的后续维护期水土流失管道暴露毁坏维护成本。采用高原草甸立体防护及生态劣化阻断技术，可达到更好的草甸防护效果，同时显著降低了后续水土流失造成的生态风险和管道安全风险。

青藏高原管道工程生态修复关键技术研究效率分析：开展青藏高原立体防护及生态劣化阻控技术应用研究可推进项目整体验收进度，加快工程植被恢复达验收条件进度，稳定植被生长状态，是高效、规范、科学落实水土保持方案批复要求和快速达到环水保专项验收标准的最优途径。

青藏高原管道工程生态修复 HSE 分析：成果研究过程中或成果推广应用中，青藏高原立体防护及生态劣化阻控技术研究满足相关的 HSE 标准。研究过程中存在风险如作业中长时间在野外工作，可能会发生急性疾病或传染病的危险；在野外作业时，易受高寒、缺氧等的影响；室内试验可能产生的废气、废液、废渣禁止随意倾倒，施工生活产生的垃圾，如不符合国家或行业标准进行排放，将对环境造成较大影响。确保生态水保工程顺利实施项目建设单位建立了一个组织严密、目标明确、职责分明的 HSE 管理体系；制定了 HSE 管理手册、程序文件、作业指导书；建立了 HSE 作业组织机构，明确了各级各岗位的管理职责；项目经理是 HSE 管理的第一责任人，专职人员是 HSE 管理的核心，基层作业组长是 HSE 管理的重点。各单位认真贯彻国家有关健康、安全、环保方面的技术标准和技术规范，落实五大评价报告，制订最佳的施工组织方案，采取多项措施把安全、健康、环保工作落到实处。在项目实施过程中，对高空作业、临时用电、火药雷管、交通车辆、岩土作业等高风险作业区，对条件比较艰苦，施工环境恶劣、威胁员工生命健康都严格实施了 HSE 管理，有效地控制了重大灾害事故的发生，从而保证“安全工程、优质工程、生态工程、福祉工程”四大目标的顺利实施，为工程建设和建成后贯彻 HSE 标准打下良好的基础。

在生态脆弱的高寒环境中，开展青藏高原立体防护及生态劣化阻控技术研究，能够改变青藏高原高寒草甸区土建施工后迹地难以恢复的现状，具有良好的生态效益，同时降低行政处罚风险和劳动强度，以及管道后期管护成本，保证管道后续运行安全和生态环境安全，兼具良好的经济效益。

本书对加强管道建设区生态环境可持续，保证生态环境良好具有重要意义。同时本书的相关技术可以填补降低青藏高原工程建设扰动生态技术空白，对后续青藏高原开发建设具有借鉴作用。本书最后总结一个生态恢复的实施手册，可以切实指导项目区高寒草甸剥离—堆放管护—回铺及植被生态恢复技术。

参 考 文 献

[1] 夏武平. 高寒草甸生态系统 [M]. 兰州，甘肃人民出版社，1982.

[2] 王秀红，郑度. 青藏高原高寒草甸资源的可持续利用 [J]. 资源科学，1999，21 (6)：38-42.

[3] 李兴春，陈宏坤. 从西气东输工程看长输管线工程环境影响评价 [C]. 第一届环境影响评价国际论坛，海南博鳌，2004.

[4] 王娟，耿宝. 长输油气管道工程建设对生态影响及对策研究 [J]. 环境科学与管理，2014，39 (3)：171-173.

[5] 吴雪，陈锦，李爽. 低碳经济评价指标体系的构建 [J]. 企业经济，2012，31 (6)：11-14.

[6] 曹兴. 石油管道运输造成的水环境污染事故应急处置及主要应急工程修筑应用 [J]. 甘肃科技，2021，37 (17)：59-62.

[7] 张道发，张傲. 天然气长输管道建设对生态环境的影响及防范措施 [J]. 低碳世界，2017 (17)：90-91.

[8] 陈强. 管道建设项目水土流失预测及防治措施布设实例研究 [J]. 珠江水运，2020 (15)：17-18.

[9] 许申来，陈利顶，陈忱，等. 管道工程建设对沿线地区农业土壤养分的影响——以西气东输冀宁联络线为例 [J]. 农业环境科学学报，2008 (2)：627-635.

[10] 胡继平，王耀，于晓光. 原油管道工程占用林地对环境和林业建设的影响分析——以中俄原油管道（漠河—大庆段）工程为例 [J]. 林业资源管理，2010 (2)：6-11.

[11] 李昌林，张庆. 长庆气田-呼和浩特输气管道工程生态环境保护及恢复对策 [J]. 油气田环境保护，2002，12 (3)：43-45.

[12] 李平，刘康勇，仪孝建，等. 生态水保工程在油气管道建设中的管理技术创新 [J]. 长江科学院院报，2012，29 (1)：25-29.

[13] 孙发政，黄成燕，殷春霞，等. 深圳市天然气管道工程生态恢复技术试验 [J]. 亚热带水土保持，2012，24 (4)：1-3，16.

[14] 李兴福，刘禹，苏德荣，等. 不同土壤水分对青藏高原高寒草甸土壤酶活性的影响 [J]. 青海畜

牧兽医杂志，2021，51 (1)：6-10.

[15] 刘晓东，尹国丽，武均，等. 氮素补充对高寒草甸土壤团聚体有机碳、全氮分布的影响 [J]. 农业工程学报，2015，31 (14)：139-147.

[16] 张倩，杨晶，姚宝辉，等. 放牧模式对祁连山东缘高寒草甸土壤理化特性和物种多样性的影响 [J]. 草原与草坪，2021，41 (2)：105-112.

[17] 唐立涛，毛睿，王长庭，等. 氮磷添加对高寒草甸植物群落根系特征的影响 [J]. 草业学报，2021，30 (9)：105-116.

[18] 徐满厚，刘敏，翟大彤，等. 模拟增温对青藏高原高寒草甸根系生物量的影响 [J]. 生态学报，2016，36 (21)：6812-6822.

[19] 姚天华，朱志红，李英年，等. 功能多样性和功能冗余对高寒草甸群落稳定性的影响 [J]. 生态学报，2016，36 (6)：1547-1558.

[20] 魏建方. 基于青藏铁路建设影响高寒植被再造技术的研究 [D]. 成都：西南交通大学，2005.

[21] 王继成. 天然气长输管道建设及正常工况下的环境影响分析研究 [D]. 青岛：中国石油大学（华东），2017.

[22] 文辉，段新勇. 高寒地区草皮移植施工参数现场试验研究 [J]. 工程技术研究，2019，4 (5)：238-239.

[23] 李春，操昌碧，谢光武，等. 高山地貌区草皮剥离及临时存放方式研究 [J]. 中国水土保持，2014 (10)：44-46.

[24] 易仲强，张宇，魏浪，等. 西藏输变电类生产建设项目水土流失防治探讨 [J]. 中国水土保持，2019 (1)：11-13.

第6章 高寒草甸土低损剥离利用及立体防护技术

土壤是地壳表面岩石风化体及其搬运的沉积体在地球表面环境作用下形成的疏松物质。土壤是“万物之本、生命之源”，是农业生产的基地，也是最珍贵的自然资源和环境资源。表土层松软肥沃，富含有机质、腐殖质、微生物等，还富含大量植被种子，是人类不可多得的宝贵资源。土壤天然形成的周期极其漫长，一般形成1cm厚的表土需要100～400年，在农田中形成2.5cm厚的表土一般需要200～1000年，具有一定的不可再生性。耕作层表土富含作物生长所需的矿物质、有机质和微生物等元素，不仅为植物提供养分，还营造了适于生长的物理环境、生理环境。在高寒区，地表通常覆盖有原生草甸，土壤比较肥沃，是草甸生长土壤层，对施工结束后草甸回铺的成活及再生能力十分重要，因此必须进行表土剥离。但青藏高寒区地广人稀，表土剥离研究空白。对于人烟稀少、无法种植粮食作物、主要发展放牧业的高寒区来说，“应剥尽剥”显然会造成人力物力资源的浪费。

表土剥离工程指将建设占用地或露天开采用地（包括临时性或永久性用地）所涉及的适合耕种的表层土壤进行剥离，并用于原地或异地土地复垦、土壤改良、造地及其他用途的剥离、存放、搬运、耕层构造与检测等一系列相关技术的总称。表土剥离不仅可以最大限度地存续优质的土壤资源，也实现了区域土壤资源的调配利用。表土剥离是为了有效保护利用土地资源，以建设项目占用耕地剥离耕作层为主的土壤剥离工程。但剥离活动不应仅限于耕地，只要涉及适合耕种的土壤，都应该进行剥离；其次，剥离层次应该不仅限于耕作层，而应该根据土壤的肥沃程度而定，一般包括整个表土层；剥离出来的表土不仅仅可以用于土耕地复垦等土地整治工程，还可以用于土壤改良、绿化、育苗等。目前，我国关于表土剥离虽然已经开展多年但仍然处于探索阶段，虽然各地方政府、学者有相应的研究和实践，但是缺乏一套完整且实用的表土剥离技术办法。但是国外早在20世纪中叶就已经开始对表土剥离进行探索了，如20世纪70年代由于采矿活动带来了土地破坏和环境污染等一系列问题，发达国家为了解决开矿所带来的环境问题，开始讨论有关矿区的复垦，希望将矿区恢复到开采前的地表状况，需要对矿区进行覆土，表土剥离应运而生。澳大利亚于20世纪80年代意识到了采矿业对环境造成的巨大危害，为了实现绿色经济发展，减少环境污染，颁布了《复垦法》，进一步对复垦工作进行了细化与规定，也为表土剥离技术的产生和发展奠定了基础。

21世纪初，我国受到西方学者复垦表土剥离技术应用的影响，开始了对表土剥离技术进行探索实践。随着城市的不断发展，城市周边的农田、耕地等被大量占用和浪费，土地资源损失严重，为此表土剥离也出现了新的内涵，从原来的依附矿区复垦改造到依托城市发展建设土地利用中平整土地和表土剥离、运移和保护等。在城市发展建设中不仅涉及土地平整工程，城市交通网的建设也同样值得研究讨论。在公路建设方面，有研究者表明在公路建设中更加需要对表层土壤进行剥离再利用，将剥离的表土用于道路沿线绿化、恢复弃渣场、取土场等临时用地等。在城市发展速度变缓，“绿水青山就是金山银山”号召之下，表土剥离技术又有了新的内涵，从城市建设剥离保护表土进一步演化为耕地质量提升及土壤改良的手段，为优质表土资源的区域调配利用奠定了基础。

长输管道工程地理跨度长，占地面积大，对生态系统的结构和功能影响较大。我国青藏高原地区属于生态敏感区，地形地貌十分复杂如沙漠、戈壁、高寒草甸原、退化草甸和湿地草甸等。青藏高原地域广阔，生态系统类型复杂，环境脆弱，任何不合理的人类活动和资源利用都可能导致不可恢复的生态退化。青藏高原管道工程开发具有施工扰动强度大、土石方开挖量大、临时用地比例高等特点，作为一种大型线性工程，其工程建设必将造成施工区域强烈扰动、坡面水系破坏并形成大量的分散挖填方，水土流失风险极高。水土流失不仅破坏珍贵表层土资源，也直接造成生态环境恶化。

青藏高原是我国重要的生态安全屏障、战略资源储备基地、高原特色农产品生产基地和中华民族特色文化保护地，也是重要的世界旅游目的地。青藏高原地区位于高寒地

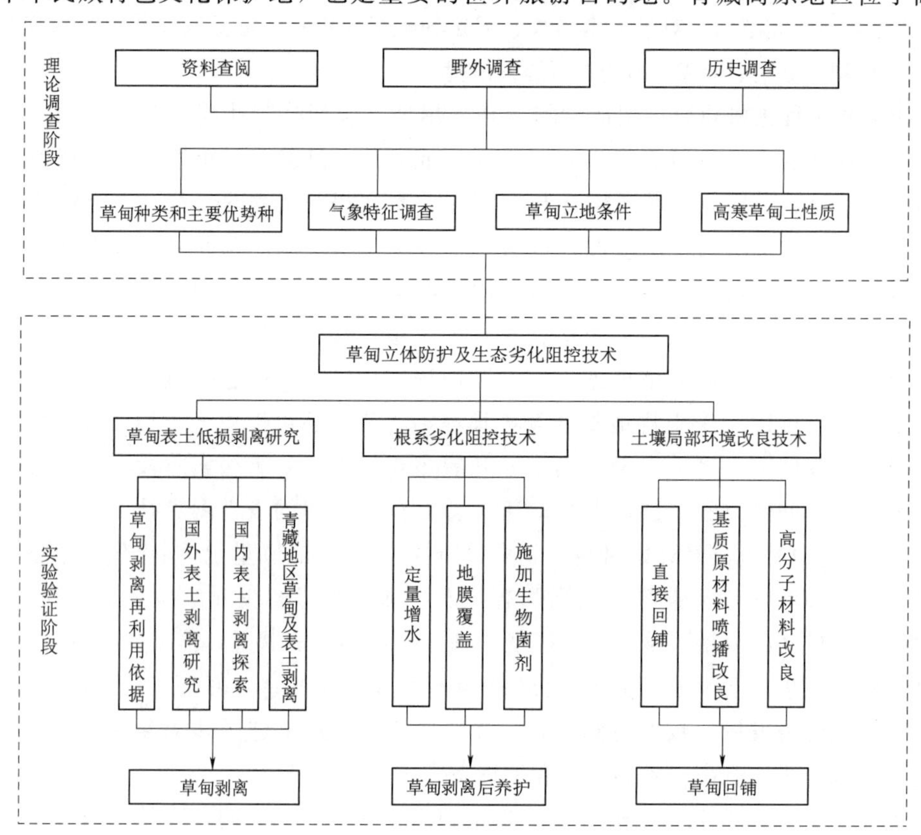

图 6.1　高寒草甸立体防护及根系劣化阻控技术路线图

区，生态环境十分脆弱，土壤贫瘠，植被稀少，植被类型为原始高寒草甸和草原。由于受地形、气候因素的制约，植物生长缓慢，生态系统极为脆弱、敏感，一旦遭到破坏，恢复难度极大。因此最大程度降低管道工程建设过程中可能引起的生态系统扰动，并及时对高频扰动裸露区域进行补植，协同好管道建设与高原生态系统的可持续关系，是青藏高原地区管道建设面对的重要问题。

针对青藏高原高寒草甸施工破坏后难以恢复的问题，开展高原草甸立体防护及根系劣化阻控技术等关键技术研究，研究根据不同土壤类型的草甸剥离特性、堆放特性、回铺特性方面对草甸根系保持、草甸集中堆存、草甸原位修复等方面进行标准化研究，规范高原草甸区草甸剥离、管护、回铺工艺，降低草甸剥离损伤率，降低管护死亡率，提高回铺成活率，保证青藏高原的生态可持续性和生态环境安全性。技术路线图如图 6.1 所示。

6.1 表土低损剥离利用技术研究

表土剥离利用是一项复杂的集成技术体系，涉及剥离的表土用于原地或异地土地复垦、土壤改良、造地及其他用途的剥离、存放、搬运、耕层构造与检测等一系列相关技术。表土剥离不仅是我国生态文明建设的内在要求，也是保护耕地资源、实现可持续发展的有效手段。土地是我国重要的战略资源，耕地是保障广大人民群众赖以生存的基础，对表土剥离复垦，区域表土资源调配，保护肥沃表土资源的研究是具有重要意义，这就需要我们研究和了解表土剥离再利用的理论依据。

表土剥离利用的理论依据主要包含以下几个方面：

（1）生态健康理论，是指人类的衣、食、住、行、玩、劳作环境及其赖以生存的生命支持系统的代谢过程和服务功能完好程度的系统指标，是衡量物体品质和环境品质本身及相互之间影响的状态。而土地生态系统作为自然生态系统的一部分，维持土壤的健康就是土地保护的目标。

（2）环境资源价值理论。表土作为一种重要的自然资源，它除了具有使用价值外，还有巨大的非使用价值，如社会保障价值，社会稳定价值、生态价值和人文价值等多种价值。

（3）供需平衡理论。这是表土剥离再利用研究的理论基础之一，表土的剥离再利用要在一定区域范围内，以表土资源的供给与需求能力为前提，以供需平衡理论为基础进行表土的合理调配。

（4）区位理论，此理论最初是由德国农业经济和农业地理学家杜能在《孤立国同农业和国民经济的关系》中提出来，为土地的利用提供了理论依据。区位理论在表土剥离再利用后的原地利用或异地利用以及表土再利用区域的筛选方面具有较强的指导意义。

6.1.1 国外主要的表土剥离研究现状

（1）美国。

美国的采煤业起始于 18 世纪 40 年代，逐渐成为联邦政府的重要支柱产业之一，煤炭开采业促进了美国工业的增长，同时也造成了土地破坏和环境污染，矿区开采引发的矿山环境危机引起了美国政府的高度重视。美国联邦政府和州政府先后颁布了《露天采矿管理与复垦法》《基本农田采矿作业的特殊永久计划实施标准》，肯塔基州颁布了《露天采矿法》等，形成了政府主导模式，即政府主导表土剥离的开展、执行和验收的整个工作。而且联邦政府还设立了露天采矿与复垦办公室（OSM）管理矿区复垦工作。其制定了两套关于露天采矿环境保护的实施标准。《露天采矿管理与复垦法》规定了要处理好环境保护和煤炭开采之间的关系，使生态环境不因煤炭开采而遭受破坏；规定了美国内政部露天采矿与复垦办公室（OSM）为监督实施该法的机关；规定了对露天开采和复垦的管理办法和详细的验收标准；设立了废弃矿区的土地复垦基金，专门用于该法实施前的老矿区的复垦等。《基本农田采矿作业的特殊永久计划实施标准》规定了在基本农田表土剥离的措施及注意事项，其中就包括用于基本农田重建的表土和表土物质，其剥离和储存的最小深度必须达到 121.92cm。

为保障矿区土地复垦和表土剥离制度的实施，美国政府实行了对表土资源的法治化和空间分异化管理。美国与表土剥离相关的法律主要有联邦法律《露天采矿管理与土地复垦法》、露天采矿与复垦办公室制定的 3 项初期管理计划实施标准和 12 项永久计划实施标准，特别是《基本农田采矿作业的特殊永久计划实施标准》《露天采矿活动的永久计划实施标准》和《地下采矿活动的永久计划实施标准》，此外，还有各州制定的法律和法规。分异化是指在根据各地土壤特征及地方发展水平，开展合适的表土剥离工作，各地区均强调表土剥离大小、剥离深度、剥离技术在空间尺度上的差异，在联邦政府颁布的《基本农田采矿作业的特殊永久计划实施标准》《山顶剥离的特殊永久实施标准》两项规定中就分别针对农田和山顶特性，规定了表土剥离的技术方法。

（2）澳大利亚。

采矿业作为澳大利亚的支柱型产业，不仅是国家收入的主要来源，也是国家建设发展的支撑。从 20 世纪 70 年代，澳大利亚政府发起了“生态可持续发展”的讨论，国家开始重视矿山开采、农业发展、生态修复保护等问题。为此已经形成了从法律法规到标准规范的一整套有关矿区表土剥离再利用的管理办法，对各类活动所涉及的表土剥离的深度、程序、条件等作出了详细的规定和要求。

《环境保护法》规定矿山勘探开采之前应开展环境影响评价，对可能造成重大环境影响的活动进行环境评估；矿业公司在获得勘探许可证后，须与土地所有者达成：土地经济损失补偿协议和土地复垦协议，同时依法编制矿山环境保护和闭矿规划，才能申请环境许可证，且须在得到当地政府的评审许可后，采矿许可证申请才能获得批准。政府部门要求矿业公司开采前必须根据开采方案和土地复垦方案制定切实可行的年度开采计划和土地复垦计划，在开采过程中，严格按照土地复垦年度计划进行复垦，同时对复垦中的生态环境指标进行跟踪监测，及时向环保部门提交年度土地复垦进展报告，根据监测结果不断修正复垦方案的复垦目标、标准、指数及技术参数。此外还包括《采矿法》（1978 年修订），其中明确设置了勘探权、开采权、保护所有权，明确矿区生态保护责任。《原住民土地权法》以保护采矿区原住民的合法权益，还有以征收土地复垦金，用于历史矿区生态修复的《矿区复垦基金法（2012）》等。

除此之外，澳大利亚政府还非常注重采矿业与公众的关系，政府将采矿公司与土地所有者的谈判环节作为颁发采矿许可证的依据，土地复垦方和矿业开采公司异同决定矿区的复垦方向，民众可以随时因土地复垦及环境保护问题来起诉采矿公司等。

（3）日本。

日本是一个土壤资源相当紧缺、人口密度较大的国家，人多地少的特征明显。随着城市化进程的快速发展，以及全社会开始对环境问题的关注，国土面积有限大大激发了日本对土地需求的压力，这导致日本在土地资源保护和合理利用的探索上不遗余力。在表土剥离再利用这一方面，虽然没有像中国那样开展“移土培肥”的国家工程，但是在土地改良、污染防治、开发建设等日常土地开发利用问题上贯彻落实资源保护理念。

目前，日本在表土资源的剥离利用上有着一套比较成熟的管理体制和法律体系。在管理方面，中央上设国土交通省、环境省、农林水产省等。国土交通省又下分3个局，农林水产省又按区域分设9个农政局，这些农政局也均配有土地整治部，环境省也下设有一个环境司等，地方上也有与之相对的管理机构。法律方面，包括《土地改良法》《农业振兴地域整备法》《耕地整理法》《城市规划法》《农业用地土壤污染防治法》以及《矿业法》等。这些法律对表土剥离再利用进行明文规定。例如：《农业振兴地域整备法》立足农业地域开发限制，《土地改良法》立足土地改良，《耕地整理法》立足耕地整理等。此外，日本还会根据形势发展需要不断适当修改法律，如《土地改良法》在1947年颁布后经历了多次修改，《耕地整理法》自从其颁布之后也经历4次修改，法律的适时修改使得日本在表土剥离再利用方面始终保持领先。

为了实现经济效益、社会效益和生态效益最大化，日本在表土剥离再利用技术和工艺上进行了大量探索，研发了许多新型应用技术和工艺方法，如翻转客土、改良式翻转客土、客土喷播技术、植生袋技术等；客土喷播技术是将其他地方剥离获取的客土与纤维、侵蚀防止剂、缓效性肥料、种子等按一定比例调配，充分混合后，再通过泵、压缩空气喷射到坡面上，以达到边坡防护与绿化的双重目的，植生袋技术在现在一些生态修复工艺仍然还在沿用。

（4）加拿大。

加拿大地大物博，国土资源极其丰富，人均占有量高，但加拿大政府仍然非常重视对国土资源的保护。建设项目中凡是涉及占用农林用地的，首先考虑的就是表层土壤的保护和维护。自20世纪80年代以来，加拿大联邦、省、市各级地方政府都强调资源环境保护的立法，表土剥离再利用是其中一项重要内容，法律要求几乎所有的建设项目都要对表层土壤进行保护，要求建设项目进行表土剥离再利用，并对表土的剥离、存放和复位都有一定的技术规范。技术规范包括：勘察规划—表土确定—表土剥离—表土存放—表土置放—清除表土中的杂质等剥离步骤。在剥离类型上，大致分为四大类：私人建设中的表土剥离、矿山勘察和开采复垦中的表土剥离、管线建设中的表土剥离和道路建设中的表土剥离。

加拿大各级政府在环境保护、农业和食品生产、道路建设、管线建设等各个方面立法中都有对表层土壤保护的规定，对工程建设涉及表土剥离再利用有一整套严格规定。《环境保护法》中有涉及土壤污染防治和联邦与土著土地保护的问题。《矿业法》从勘察开采开始到最后的复垦，规定了矿业公司首先要进行包括资源管理、土地识别、环境污染等内容的环境评估。《环境保护法》规定无论任何工程项目的建设在获得动工许可前，都要获得土壤的剥离和存放许可。《安大略省矿山治理恢复规范》要求矿山任何工程开工之前都要提前制定保护和复垦计划，对表土剥离更是做出了明确规划。

由于受到表土保护、绿色采购政策、水资源保护等法律政策的影响，农地、生态保护用地表层土壤严格受到保护，使得加拿大在表层土壤方面有了市场需求，出现了生产表土的企业，如 En－virem 技术公司，专门生产包括富含有机质的表土、有机肥、防治土壤流失的覆盖物等产品，企业生产富含有机质的表土，提高了就业人数，创造了新的肥料性产品，减少了填埋焚烧，保护了表土环境，为农业和林业部门带来了良好的经济、生态和社会效益。代表性国家表土剥离情况见表 6.1。

表 6.1　　代表性国家表土剥离情况

国家	依附活动	时间	法律规范	施工程序
美国	矿区土地复垦	20 世纪 70 年代	《露天采矿管理与复垦法》《基本农田采矿作业的特殊永久计划实施标准》	表土剥离、储存、回铺及重建
日本	土地改良、开发建设、污染治理	19 世纪末	《土地改良法》《城市规划法》《矿业法》等	规划、申报、立项、设计、实施、管理、验收等法定程序
加拿大	工程建设、矿区开采、土地复垦	20 世纪 80 年代	《环境保护法》《矿业法》《表土保护法》等	勘察规划、表土剥离、表土搬运、表土复原、表土养护
澳大利亚	矿区土地复垦	20 世纪 80 年代	《采矿法（1978）》	种子采集、表土分层剥离、存放回填

6.1.2　我国国内表土剥离利用实践与探索

我国国土面积广阔，但人均占有量极少。为了保护有限的土壤资源，我国现行《土地管理法》就提出“县级以上地方人民政府可以要求占用耕地的单位将所占用耕地耕作层的土壤用于新开垦耕地、劣质地或者其他耕地的土壤改良”。自 2015 年以来，中央多份文件都明确提出要“全面推进建设占用耕地表土剥离再利用”。目前，全国已有许多省份或地区开展了表土剥离再利用工作，并取得较好成绩，其中吉林省、贵州省等省市较早开展了表土剥离再利用工作，且出台了较为完善的表土剥离再利用工作机制以及技术标准，形成了较为有效的实践模式。

（1）吉林省表土剥离利用实践。

吉林省地处世界“黄金玉米带”和“黄金水稻带”，黑土资源十分丰富，是我国重要的商品粮基地。吉林省黑土区为 863 万 hm^2，其中发生学分类的黑土为 110 万 hm^2，这些黑土地耕作层有机质含量高，土壤肥沃，农业生产条件十分优越。然而吉林省内的经济发展热点地区和黑土区重叠度较高，区域内每年城市化建设、基础设施建设都会占用一定数量的优质耕地，造成黑土资源衰减。吉林省表土剥离工作大致分为三个阶段：第一阶段始于20世纪80年代，处于探索阶段，最初应用于油田钻井用地复垦，后推广至公路等线性临时用地复垦、高标准农田建设、工矿区复垦等；第二阶段建立工作机制，并全面推广，2012年吉林省在土地重点整治区选择了18个县市作为试点，探索建立了涵盖表土剥离、储存、管理、交易、利用等全过程的工作机制，2013年吉林省政府下发新文件，从政策层面对表土剥离工作作出战略部署，随后就开始在全省推广工作；第三阶段形成技术规范，2019年吉林省自然资源厅和农业农村厅联合印发《吉林省建设占用耕地表土剥离工作管理办法》（试行），建立了表土剥离的初步技术规范，技术规范包括表土剥离的厚度、表土剥离率和剥离量及表土剥离工艺的选择等。这些剥离工作对保护吉林省黑土资源，实现耕地占补平衡，提升耕地质量以及保障国家粮食安全具有深远和特殊意义。

（2）贵州省表土剥离利用实践。

贵州省喀斯特山区土层薄，土壤贫瘠，生境脆弱，碳酸盐岩类性质决定了喀斯特山区环境地貌，而且其成土速度极其缓慢，所以表土资源异常珍贵。在研究解决保耕地、保发展的“双保”难题上，贵州省创造性地进行了工业建设向山要地、城镇建设增减挂钩、建设项目用地实施耕作层剥离等措施的探索与实践，并取得了一定成效。在新批建设用地项目中紧扣“两加一推”的主基调，充分考虑自身地理优势，按照“一区两城多园”的模式实现产业园区和城区建设组团式发展，在道路建设方面全面主动向山“靠拢”，劈山开路，开山建城，同时将挖出的石头用于城市发展基础建设，有效保护了耕地资源。贵州省国土资源厅于2012年发布了《贵州省非农业建设占用耕地耕作层剥离利用试点工作实施方案》。该方案明确了责任主体和工作部门，并组织编制了贵州省《〈县级耕作层剥离利用专项规划〉编制指南》《贵州省耕作层剥离利用工程指南》等技术规范。

贵州省指导各地按照应剥尽剥、快剥快用原则，结合当地自然条件、项目特点，总结了以下经验和做法：①全力推进土地开发整理，建设高标准基本农田，开展非农用建设用地表土剥离用于新开垦新地耕地的复垦改良工作；②实行严格耕地保护政策。认真落实耕地保护责任制，从严控制用地计划，严格把控审批程序，确保耕地的占补平衡；③落实土地“招拍挂”出让制度，切实加强国土资源市场建设，按照经营性土地招标、拍卖、挂牌出让和工业用地出让的有关规定，严格执行工业用地“招拍挂”制度，凡属于农用地转用和土地征收审批后由政府供应的工业用地，政府收回、收购国有土地使用权后重新供应的工业用地，必须采取“招拍挂”方式公开确定土地价格和土地使用权人。

（3）其他省市的典型案例。

重庆市移土培肥工程是重庆市为保护和再利用三峡水库淹没的耕地资源，而实施的将优质耕（园）地表土剥离转移覆盖到淹没线以上的瘠薄田地上的专项工程。整个项目工程实施范围广，涉及乡镇数目多，时间紧任务重，整体工程按照统一规划、分期实施、结合具体项目的方式进行。移土培肥工程中各级责任主体分工明确，所需资金由中央财政和市财政按照7：3的比例安排。重庆市先后出台了十余个工程项目管理办法进行规范工程管理，并建立多级监管模式，开展不定期稽查，更采取了全程旁站式监理的监督和逐车、逐方建表记录的方式，以控制工程量的准确性。此项工程通过对规划三峡库区内耕地的表土进行剥离，再对库区外的丘陵梯田进行土壤改良，达到了较好的土壤培肥效果，提升了覆土区土壤质量。

广西壮族自治区在2013年以泉州至南宁高速公路柳州（鹿寨）至南宁段扩建工程项目为试点，开展建设项目占用耕地表土剥离与利用的探索工作。自治区国土资源厅随后研究并组织编制了《关于泉州至南宁高速公路柳州（鹿寨）至南宁段改扩建工程复垦表土剥离及利用试点的实施方案》，规定了责任主体、任务目标、实施技术、资金保障等内容。根据“谁用地、谁剥离”的原则，明确了建设用地单位广西交通投资集团有限公司作为实施主体，按照《实施方案》要求，履行占用耕地表土剥离再利用的责任，并将表土剥离再利用费用列入项目建设成本。广西南宁高速公路改扩建试点项目将剥离工作与项目的土地复垦同步实施，对我国线性工程表土剥离再利用有一定的参考与借鉴意义。

6.2　高寒草甸区低损剥离技术研究

近年来，关于表土剥离及保护的相关研究成果和探讨性文章很多，但都是针对我国内陆经济比较发达，气候条件较好的地区，对海拔高、气候条件差、生境脆弱、人口稀少的青藏高原地区的高寒草甸表土剥离及保护的研究几乎空白。本节通过对青藏高原各区域表层土的土壤性质、有机质含量、土层厚度等可剥离性进行分析，对青藏高原生产建设项目中草甸表土可利用性进行探讨，提出了较为切合实际的剥离保护方案，为指导高寒高原区生产建设项目中的表土剥离保护工作提供参考。

6.2.1　实地考察

为了能够更好地推进青藏地区生态工程、绿色工程建设，深入贯彻生态文明新思想；为了更好地保障工程区生态环境问题。2021年4—7月从拉萨出发沿着109国道，途经羊八井、当雄县、那曲、安多、唐古拉山口、三江源、昆仑山、格尔木市等区域对格-拉项目工程沿线的高寒草甸进行了实地考察，主要调查工程项目区域内的地形地貌，地质条件状况；草甸覆盖类型及不同区域草甸厚度，掌握了区域内原生、次生植被状况，分析植被群落科属种及优势种；调查土壤条件，通过现场取样开展土壤基本类型调查，开展室内实验测试分析，查明区域内土壤类型、土壤结构、土壤水分及土壤肥力等土壤基本理化性质（表6.2）。为今后青藏地区管道施工扰动植被生态恢复、草甸剥离后根系劣化阻控、极端条件下土壤局部环境改良等研究做好充分的前期准备工作，为确保青藏高原绿色常在，高寒草甸资源的可持续利用及区域社会经济、旅游业的可持续发展打下了坚实的基础。

表 6.2 采样点沿线地形植被土壤基本概况

区域	地质条件	主要植被类型	典型照片
羊八井-那曲	地形主要以缓丘为主，宏观上以高平原为主，地势较为平坦，大部分地区有草甸覆盖，局部区域有滩地砂砾；土壤类型以高山草原草甸土为主	高寒草甸草原植被带，以高山灌丛和高山蒿草草系为主。小蒿草草系分布在安多-羊八井铁路沿线，主要有：矮蒿草、粗壮蒿草、白尖苔草、青海苔草等。金露梅群系主要分布桑雄以南至羊八井以北河流高阶地和山地阳坡；温性草原植被带，该植被带仅在羊八井以东和南的当曲河峡谷地带分布，河谷宽阔处已辟为农田，种植有青稞、小麦、农作物。当雄县段还分布着少量的高寒沼泽化草甸	
那曲-唐古拉山口	地形主要以山区丘陵和陡峭山地为主，植被较为稀疏；土壤类型主要为高山草原土及高山草甸土等	高寒草原植被带，分布在北起昆仑山垭口，南达唐古拉山脉西南麓的安多县西北部，主要群系：紫花针茅高寒寒漠草原的优势种为紫花针茅、青藏苔草、垫状驼绒藜；在沱沱河流水低洼处以及一些小盆地的盆底部，出现一些小块的蒿草沼泽草甸，结构简单，以藏蒿草为绝对优势种	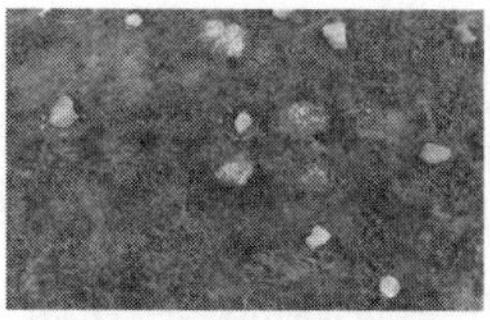
唐古拉山口-风火山	地形主要以山区丘陵和陡峭山地为主，植被较为稀疏；土壤以高山寒漠土为主，多为冻土层，土层薄，砾石较多	高山冰缘植被带，见于唐古拉山口。由调查可知，该类植被主要由地衣、苔藓和耐低温（适冰雪）的各种中生杂类草、密丛蒿草、苔草、垫状植物、肉质植物等组成的一些先锋植物群聚构成，主要的物种有网脉大黄、多刺绿绒蒿、高山葶苈、柴胡红景天	
南山口-格尔木以南	格尔木至南山口位于柴达木盆地南部边缘，地势较为平坦，南山口至昆仑山为坡降比较大的河谷区；土壤类型主要为灰棕漠土及零星的风沙土	温性荒漠植被带，主要分布着红沙、五柱琵琶柴群系和山地河谷灌丛-水柏枝 2 个群系，伴生的种类有驼绒藜、藏沙蒿、齿叶白刺等。大多为耐寒型，叶片多退化而小，绒毛增多，组成群落种类少，覆盖度较低	

6.2.2 青藏高寒草甸区表土概况及剥离建议

（1）概况及特点。

青藏地区土壤类型多样，以高山草甸土壤为主。在藏东南的昌都、林芝等地大多为黄壤、黄棕壤及棕壤，以及西藏中部“一江两河”地区（雅鲁藏布江、拉萨河及年楚河）等较低海拔地区分布着一定量的冷棕钙土及棕钙土。在藏西南的日喀则、阿里、那曲境内的高原湖盆地貌区域主要分布着黑毡土、草毡土。在高海拔区域主要分布着寒钙土、冷漠土、寒漠土等，图 6.2 所示为当地典型的草甸土类型。

图 6.2　贫瘠粗骨质草甸土

由于高山水热条件的制约，青藏地区土壤中有机质的含量展现出水平地带性分异规律，大体上从藏东南到西北方向，有机质逐渐减少。藏东南分布着森林土壤（包括暗棕壤、砖红壤、黄壤等）、高山草甸土、亚高山草甸土，高山蒿草为主要植被类型，夏季植被生长旺盛，覆盖面积大，生物量大，积累有机物较多。西藏中部为辽阔的高原腹地，气候寒冷干燥，植被类型为旱生型草本，覆盖度较低，土壤类型主要为冷钙土和寒钙土，有机质含量较低。西藏西北部与新疆的高山荒漠接壤，气候极其干旱，植被极其稀少，覆盖度约为10%，主要分布着高山漠土，有机质含量极低。

青藏地区土壤有机质的含量具有垂直地带性分异，但是情况复杂。分布在西藏中部半干旱宽谷的“一江两河”地区的冷棕钙土，有机质含量仅为 17g/kg 左右，而分布在藏西北阿里、那曲等地的高山草原型的冷钙土和寒钙土，有机质含量增加至 40～49g/kg。海拔继续升高，到西藏西北的荒漠区，分布的冷漠土和寒漠土有机质含量极低，不超过10g/kg。而且不同区域的土层厚度分布极其不均，区域的生境条件决定了土层厚度，不同生境条件下的土层厚度差异也较大。从藏东南地区的 25cm 至西北部的 5cm，表明土层厚度随着海拔和土壤类型的变化而变化。

草甸土有机质含量丰富，对于高寒地区的植被生长发育十分重要，直接影响到西藏地区畜牧业的发展。在藏东南以及日喀则南部的高山峡谷区以及西藏中部的“一江两河”地区，气候较好，地表植被相对覆盖度较高，“一江两河”地区为农业主产区，在那曲-当雄段是西藏畜牧业最发达的地区，分布着高山草甸和河滩沼泽草甸，其中草甸主要建种群为藏蒿草，是优质的放牧饲草，主要分布的土壤类型为黄壤、红壤、黄棕壤、棕壤、暗棕壤、褐土、灰褐土等，土壤内的有机质含量较高，该区段的草甸需要考虑表土剥离。

日喀则中东部、那曲东部区域，主要分布着黑毡土、草毡土，阿里、那曲境内的高原湖盆地貌区域主要分布着冷钙土、寒钙土、冷漠土、寒漠土，有机质含量极低，均在50g/kg 以下，且土层薄（不足 10cm），下层多为粗骨质、大颗粒物质，土壤十分贫瘠。另外，当海拔超过 4600m 后年平均气温低于 0℃，地表组成物质以砂砾为主。该区段草甸可以进行适当的表土剥离。

（2）表土剥离。

表土保护率和表土剥离量指标注重于表土的保护。表土剥离厚度是根据剥离区土壤类型、质地和土壤采样情况，将肥沃的表土全部剥离，剥离厚度约为 0.3m。

表土剥离率计算公式：

$$f=\frac{Q}{Q_p}\times 100\%$$

式中：f 为表土剥离率，%，Q 为剥离区土壤剥离量，万 m^3；Q_p 为预计理论表土剥离量，万 m^3。

表土剥离量计算公式：

$$Q=\sum H_i\times S_i\times f$$

式中：Q 为剥离区土壤剥离量，万 m^3；H_i 为第 i 个表土剥离单元的剥离厚度，m；S_i 为第 i 个表土剥离单元的剥离面积，m^2；f 为表土剥离率，%。

（3）剥离方式及讨论。

表土剥离量的问题在水土保持设计方面一直以来都有两种观点：一种观点认为，表土作为一种非常宝贵的资源，应剥尽剥，即使用不完，临时或永久性的堆放和保存起来可能以后还会用于其他生产建设项目，即"按拥有量剥离"，是一种比较理想的剥离方式。另外一种观点认为，项目植被恢复或耕地复垦需要多少表土，就剥离多少，首先是因为剥离表土成本较高，但是还需要考虑到经济及施工的便利性，若是运输距离较远且剥离的表土堆放起来无法合理利用，等同于弃渣，要采取相应的防护和恢复措施，这样会浪费大量的财力、人力和物力。这种情况在青藏地区就显得格外突出，青藏高原地广人稀，城镇连通性差，经济相对落后，气候条件较差，藏民大多以放牧为生，剥离过多的表土利用率较低，所以对于在可剥离表土的区域，采取按需求剥离的原则进行剥离（表 6.3）。

表 6.3　　西藏地区表土概况及剥离方式

土壤类型		有机质含量/(g/kg)	厚度/cm	主要分布区域	剥离方式		
					不剥离	论证剥离	按需剥离
山地森林型	黄壤	119.4	25	藏东南林芝、藏中"一江两河"地区			
	黄棕壤	205.9	20	藏东南林芝、藏中"一江两河"地区			▲
	棕壤	142.7	17	藏东南林芝、昌都、藏中"一江两河"地区			▲
	暗棕壤	188.6	18	藏东南林芝、昌都			▲
	灰化土	252.7	18	藏东南林芝、昌都			▲
高山草甸型	黑毡土	129.6	15	藏东南林芝、昌都			▲
	草毡土	96.3	13	藏东南林芝、昌都、那曲东部			▲
山地林灌型	褐土	50.3	13	藏东南林芝、昌都			▲
	灰褐土	76.4	13	藏东南林芝、昌都			▲
	冷棕钙土	17.2	12	山南、日喀则南部山地		▲	
高山草原型	冷钙土	49	8	阿里、那曲中南部		▲	
	寒钙土	39.5	5	阿里、那曲西北部等地	▲		
高山荒漠型	冷漠土	5.9	5	阿里、那曲西北部等地	▲		
	寒冻土	8.9	5	阿里、那曲西北部等地	▲		

6.2.3　高寒草甸区草甸植被特征

青藏高原干旱、半干旱区草本植物大多为多年生草本，其地上部分在每年生长季节结束后就会死亡，在次年的春夏季由根系的蘖节、根径、根茎处的芽生长发育成新的枝条。多年生草地植物自身具有较强的生物学再生能力，特别是对于高寒草甸抗逆性较强的物种，如图6.3所示。草皮挖出后，进入草地植物根部的有机物质被暂时中断，草地植物仅依靠其地下器官贮藏的营养物质动态维持其再生，所以草地植物贮藏的营养物质含量越高，其再生时形成的根茎数量越多，再生就越快，草皮成活率就越高。所以对于草皮的剥离工期应选择植被根系贮藏营养物质较高的分蘖期及结实期，一般为5—8月。

图6.3　高山蒿草草甸

草甸剥离大小，为了保证草甸剥离后存活时间更长，所以在施工方便的情况下，剥离草甸块度要尽可能大，避免根系切割，便于后续养护储存。同时根据草甸根系下扎的深度，判断合适的剥离厚度要保证草甸剥离的厚度大于根系埋深的深度，这样才能保证草甸根系的完整性，一般剥离深度约为15～20cm，有利于草甸剥离后更长时间的存活。草甸剥离后，如果有地方可以移植应立马进行移植，若施工时间不允许，堆放于施工地旁，加强草甸养护。

西藏地区海拔高，水资源分布不均，气候差异大，生态环境极其脆弱，不同区域的草甸土在土壤组成、类别、厚度等方面有明显的差异，因此在生产建设项目表土保护的设计和实施过程中，应根据实际情况，通过分析扰动地表范围内的地表物质组成、扰动强度、剥离的可操作性及可利用性，选择剥离方式，不能一概而论。

6.2.4　草甸低损剥离技术及可行性分析

根据当地的实际情况对表土剥离进行灵活设计，例如藏东南高山峡谷区公路建设项目，为了减少征地，公路上下边坡以修建挡墙设施为主，公路两侧可绿化的边坡较少，如果把征地十几米至几十米宽度范围内的林草地表土全部剥离，后期仅仅依靠两侧各2m左右的绿化带作为表土复垦，势必会有弃土弃渣，造成建设资金的浪费；在藏北草原区修建的变电站建设项目，站区内设计结合消防的要求，铺装碎石，而不采取植物措施。在此情况下，表土剥离其实是没有意义的，不仅浪费资金而且剥离的表土还需要找地方专门堆放，反而会对当地的生境造成一些损害。所以高寒区草甸土地剥离要充分考虑施工区域的生态环境及人文社会经济。

常见的剥离方法为采用条带复垦表土外移剥离法。根据拖式铲运机或其他施工机械宽度，由外到里（在施工草甸预算出每一拖式铲运机或其他施工机械）宽度范围内的土方量，然后将复垦区划分成不同的复垦条带和取土区，每一条带大致为拖式铲运机（或其他施工机械）宽度的倍数，最后由外向里层层剥离（图 6.4）。先将第 1 条带的草甸层及表土层剥离，并堆积在复垦区外，然后在取土区取生土填在第 1 条带，再将第 2 条带表土和草甸移至第 1 条带，依次类推，将第 1 条带的表土和草甸移植到第 n 条。最后将复垦区外的所有生土回填到取土区，然后再将所有条带的表土草甸回铺到取土区。管道施工作业宽度一般为 14m，对于环境敏感区、经济作物地带或草甸保护区作业带宽度可以压缩至 10～12m。对于草甸剥离宽度一般为 50cm×50cm 左右，就可以根据施工方便来自行调整，但不能小于 30cm×30cm，如图 6.4 所示。

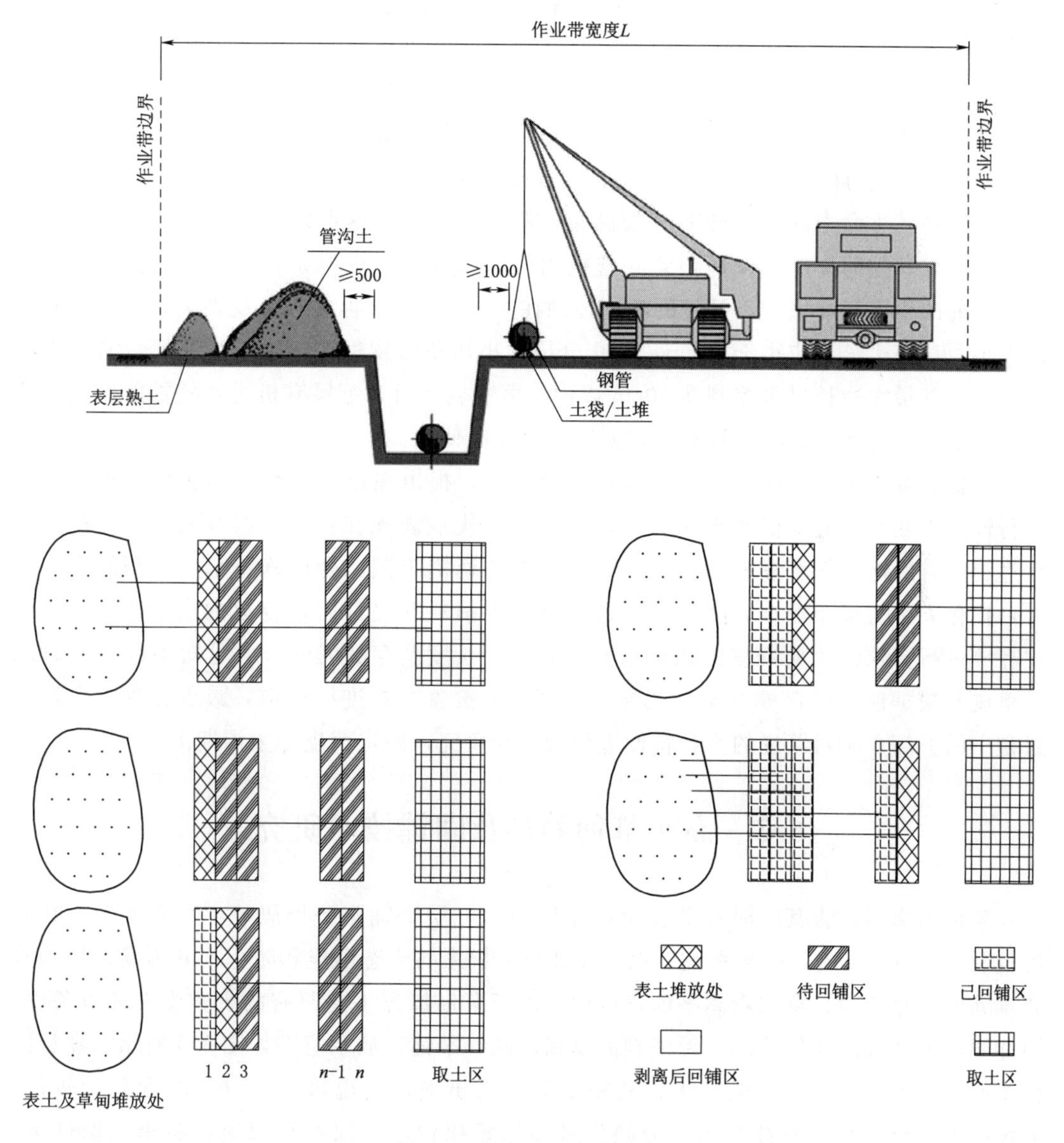

图 6.4 草甸土剥离示意图

高寒草甸区草种类型主要有早熟禾、小蒿草和伴生的密丛生蒿草等。在高山地貌区，由于植物种子难以收集而无法采用人工播种本地草种的方式恢复植被，同时目前也还没有人工撒播外地草种的经验可以借鉴（且撒播外地草种存在物种引进的潜在危险），因此难以采用直接撒播草籽的方式实施植被恢复和再造。项目区扰动范围内有大量的草甸植被，且生长良好，适宜进行草皮剥离。施工结束后直接利用剥离的草皮进行植被恢复，对改善生态环境、防治水土流失等更有效。在高寒区管线工程施工过程中，进行表土剥离的目的是保证剥离草甸存活，保护高寒区生态系统，因此应当根据施工需求进行剥离。草甸剥离与草甸下层表土剥离同时进行，在掘取草甸时，挖取一层表土，剥离土层厚度综合考虑草甸生长状况、土层薄厚后视情况而定，一般为10～20cm，随草甸堆叠于草甸下方，并用表土填塞堆叠缝隙，确保根系在短时间内可以汲取一定的养分。草甸堆叠高度不应超过1.5m，防止底部草甸因受压过大受损甚至死亡。

草皮剥离首先注意季节的选择，尽量选择气候较湿润、降雨较丰富的季节，一般为每年的5—8月。此时段通常是草地植物的分蘖期与结实期，草木植物储存的营养物质含量相对较高，生命力旺盛。同时气候温暖，避免植被因气候严寒死亡。其次，剥离时应严格控制好开挖的深度，保证根系完整挖出确保回铺后草皮根系仍保留活力。根据甘肃藏区草甸的根系深度估算，开挖的深度控制在30cm左右。再次，草皮剥离时严格控制分块大小，最小边长不应小于25cm，防止分块过小切断植物根系导致草皮枯死，同时为便于搬运，其最大边长尽量控制在50cm以内。草皮剥离后，下层有机土对植被的回植成活十分重要，应将其清理集中堆放，以便回植草皮时使用。

项目在草皮剥离的前期进行专项调查和研究，提出在以下几个方面实现草皮剥离的可行性：①在草皮成活的季节进行草皮移植，其优点表现在：草皮根系发达，在草皮分割过程中有效地降低草皮的损耗；②改进草皮的切割工艺，合理确定草皮切割的大小尺寸，优化人工与机械配合，降低分割过程草皮的损耗并提升后期存放的成活率；③对草皮存放进行要求，比如草皮的码放层数、宽度、长度及存放时间，并且对不同存放时间的草皮有根据地选择存放方案。此外，对草皮的覆盖方式进行选取，减少在草皮在存放过程中的损坏；④对草皮的生物特性进行调查和研究，确定草皮养生周期。

6.3 高寒草甸养护及回铺技术研究

草甸剥离后，将其临时存放在上施工区两边分层平铺整齐堆码放，草面朝上，其高度控制在1.0m以内，假植平铺，以便保证草甸根系的生态衔连和防止水分蒸发，提高剥离草甸的生存能力。草甸剥离平铺存放后，由于草甸离开了它原有的土壤生态环境条件，因此要加强草甸的养护管理，保证剥离草甸成活，平铺存放示意图如图6.5所示。项目区由于海拔因素影响，冬季风沙大，植物水分流失迅速，气温极低、空气中含氧量较低，假植平铺存放的草甸植被会因水分缺失过多枯萎死亡，再加上高寒地区冬季气温低下，部分地区常年气温位于冰点以下，容易造成草甸冻结，甚至死亡。因此草甸越冬需增加

覆盖，定时检测含水量和草甸内温度，适量施加水分，保证剥离草甸地下部不干枯、不冻结是确保草甸成功越冬及后续回铺成活的关键。

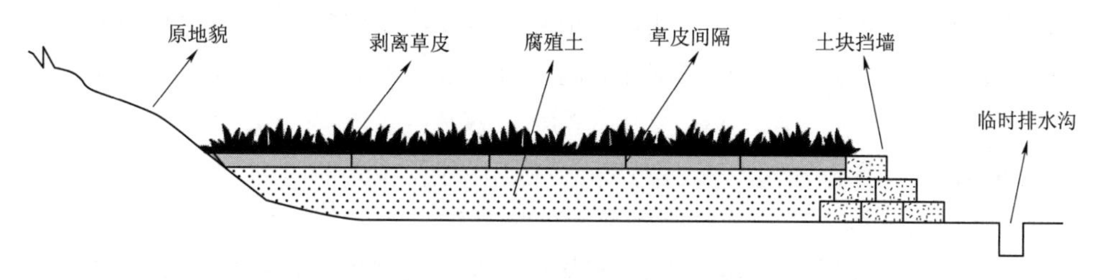

图 6.5 草甸平铺存放示意图

草皮回铺前，可以对回铺区域进行基质改土，将前期剥离存放的腐殖土搭配有机高分子材料聚丙烯酰胺（PAM）或农家肥（羊粪和牛粪）进行铺装，避免草甸根系与下层粗骨质层直接接触，铺装厚度约为25～30cm，基质改土完毕后适当洒水使腐殖土层保持湿润，再回铺草甸。将假植平铺于施工区两侧的草甸从上至下逐层卸下，草皮在搬运过程中，应轻取、轻装、轻放，以确保草甸的完整性。草皮回铺时，可以用石灰等划线工具预画纵横网格线控制草皮整体的平整度，在铺设草甸前应当事先铺洒一层腐殖土，铺设完成后用木锤夯实，保证草甸根系与下部土壤紧密结合。草甸铺装完成后，用腐殖土对草甸缝隙进行填充。当铺设位置较陡时，可以适当采用木桩及扦钉进行锚固，避免草甸在铺设后自行滑落死亡。

由于高寒区天然降水的时空分布不均，降雨量可能难以达到草甸生长发育的需要，因此，必须根据实际环境条件和草甸生长发育的季节需要，及时进行洒水养护，满足草甸对水分的需求，防止草甸根系干枯死亡。洒水时应注意控制洒水的水量，水量太大易形成胶泥层，太少会导致草甸干裂影响草甸植物根系的再生；施水时可以添加生物菌剂，避免植物根系被有害菌类侵染死亡。洒水时水保证均匀喷洒，避免水流过大导致填充的腐殖土流失，而且异地回铺的草甸生态较为脆弱，需要时间适应区域环境。应设警示标语，围栏封禁，尽量减少人为干扰（放牧或踩踏等），使其自然生长，必要时可以安排专人管护；草甸回铺后，对回铺草甸的生长状况进行定期观察采样，对于已死亡的草甸应及时挖除，重新补植草皮，以确保剥离区域草甸回铺的成活率，最大限度地降低人为因素对自然环境的影响。

6.4 高寒草甸立体防护技术研究

6.4.1 根系劣化阻控技术研究

植物根系通过吸收水分、养分、合成激素对地上部叶片生长、花芽分化、果实发育等产生深刻影响。其中细根是植物根系中最活跃、敏感的部分，其生理活动强，能够在土壤中通过穿插、固结、锚固等作用来改善土壤的结构，进行养分交换，是植被地下生态的重要组成部分。而且根系还具有较强的可塑性，能够通过改变自身的形态、数量、构型性状提高对土壤养分的吸收利用能力。在应对干旱胁迫，林木细根吸收属性决定根系解剖特征变异的 46.2%，而输导属性决定 38.02%。可见根系在植被生长发育、应对环境胁迫时具有重要意义。对于高寒草甸，良好的根际生态环境是维护根-土复合体及保证草甸植被优质快速生长的基本条件，因此在草甸剥离后为了保证其存活，对其根系的研究探讨是十分必要的。

6.4.1.1　覆盖

（1）地膜覆盖。

地膜覆盖是一种农用塑料膜等覆盖地表的一种农艺措施。在众多的农艺措施中，地膜覆盖是保持土壤水热条件，增加土壤墒情，降低土壤水分蒸发，提高土壤水分利用效率及获得高产的有效方式之一。20 世纪 50 年代，塑料工业发展迅速，以聚乙烯和聚氯乙烯为主的农用覆膜工艺也随之兴起。日本从 1948 年起开始研究覆膜在农业上的应用，在 1955 年主要集中在覆膜在水稻上的应用，1965 成立了稻作覆盖栽培研究协会；1967 年又将研究方向集中在对蔬菜、薯类、花生和烟草的栽培应用上，逐渐开始了正式的研究工作。法国于 1961 年在其东南部地区用薄膜覆膜研究瓜类作物；美国于 20 世纪 60 年代末开始用黑色塑料膜栽培棉花。我国最初开始于 1979 年引进覆膜栽培技术，并逐渐发展成熟。

覆膜可以改变土壤质地、结构及水热状况来影响土壤微生物及土壤酶活性，从而影响土壤中养分的运移状况。覆膜处理还能在改善土壤的水热条件，促进作物的根系生长，为微生物的生长繁殖提供有利条件，加速了土壤中有机质的矿化速度、土壤速效养分增加、土壤酶活性增加。有学者对半干旱区平底、坡耕地等的研究发现地膜覆盖可以显著提高土壤中硝态氮、铵态氮、全氮和碱解氮的含量，增加土壤肥力。在我国覆膜措施刚刚普及的时候，我国大部分地区主要是使用白色地膜，随着覆膜技术的发展，覆膜的种类也变得多种多样。用于覆盖栽培的地膜类型主要有普通膜、生物降解膜、转光膜和黑色地膜，其中普通膜是最常用的地膜，材质为聚乙烯，具有化学稳定、无毒无味、透光性好、升温快的优点。相比于普通地膜，黑色地膜添加了多种成分，使得其化学稳定性好、透光率较低，可以抑制杂草生长，但升温速度低于白色地膜。如今覆膜技术已经逐渐发展成熟，在西北等一些比较干旱缺水的地区已经普遍开始采用覆膜栽培方式。土壤覆膜具有有效改善土壤水分环境，影响土壤物理化学生物性状等一些优点。

1）对土壤物理性质的影响。良好的土壤环境及土体结构是影响植物生长的关键因素。土壤的容重、孔隙度、团聚体含量和土壤机械组成等是表征土壤物理性质的主要指标。土壤容重越小，孔隙度越高、土壤砂砾含量较高等说明土壤结构性更好，更利于植物的生长发育。对旱地桃树利用不同覆盖处理后，试验结果表明采取覆盖措施后土壤容重较裸地降低了，土壤孔隙度和土壤含水量明显提高。马雪琴等（2018）研究发现，地膜覆盖下小麦地内土壤储水量较传统耕作显著提高了约 8.25%。邵臻等在陇中黄土丘陵沟壑区利用地膜覆盖不同的土地后发现，覆膜对 0～40cm 土层土壤含水量影响最大，使得表层土壤水分增加约 3%～5%。同时覆膜可以显著提高土壤温度，增加土壤墒情，而且对表层土壤有明显的增温效应，一般集中在0～25cm深度，一天中增温时段是从早上10时开始，到16时达到最高峰值，在此期间增温效果明显。但是研究表明增温程度与植物的生长发育期、土层深度、天气状况、季节变化等有关。其中气象条件是影响土壤温度变化的主要因素之一，发现覆膜对土壤增温效果因天气而异，地膜覆盖在晴天的增温效果通常要比雨天的效果好。所以地膜覆盖一般适用于气候比较寒冷的区域。任小云等对黄土高原的梨园研究发现，不同的管理方式可以有效改善土壤理化性质，有利于果树根系的生长，特别是覆膜能够有效提高表层土壤的保水率，减少地表水土流失。孙文泰等对西北陇东旱塬不同覆膜年限的苹果园表层土壤细根进行调查发现，短期覆膜对土壤团聚体结构保护良好，有利于土壤有机碳的固存。

2）对植物根系的影响。土壤养分作为植物生长发育的主要来源，植物通过根系吸收土壤中的养分来满足自身的生长繁殖。植物为满足自身生长需要，会对自身根系生长环境进行感知并作出相应调整。研究发现，覆膜显著提高了玉米0～90cm土层中的根体积和根干重，尽管白色覆膜在生长初期有利于玉米根系的生长，但是在生长后期，覆膜温度较高，根系干物质积累降低，根系衰老加快，导致抽穗期后玉米籽粒形成容易缺乏营养物质。蔡永强等研究发现，地膜覆盖可以促进冬小麦生长发育，但是覆膜在一定程度上降低了小麦根系下扎生长的诱导作用，导致浅层土壤根系富集，小麦基部节间变长而增加了小麦倒伏风险。银敏华等的覆膜玉米试验结果发现，在覆膜条件下，土壤表层含水量较高，玉米根系主要集中分布在0～40cm土层，导致玉米根系分布形态呈浅层化。周昌明等研究发现，相比传统平作无覆盖种植，覆膜处理显著增加了夏玉米的水分利用效率且根系密度最高可增加16.92%。Yu的试验结果表明，覆膜条件下的土壤水分和养分状况更有利于玉米根系的生长，全膜覆盖下玉米的根重密度、根长密度和根直径显著高于半膜覆盖和裸地处理，覆膜显著提高了30～60cm土层的根重密度，但是覆膜并未改变土层当中的根体积分布。谷晓博等研究发现起垄覆膜在不同的气候年型下，均能有效提高冬油菜的出苗率，以及壮苗的形成。然而，在作物生长后期白色普通地膜会增加累积土壤温度，加剧了作物叶片的衰老。高家合等对地膜覆盖烤烟的研究结果表明，植株生长后期，在气温较高的情况下长时间覆膜会使土壤温度升高，不利于烤烟根系生长，使得根长及数量大幅下降。胥生荣等发现在低温季节覆膜可使枸杞根系活力升高，而在高温季节，会使得根系活力降低。Wang等（2018）对覆膜措施下不同品种玉米根系生物量的研究结果表明，由于不同品种玉米根系对土壤水热的敏感性不同，覆膜对玉米根系生物量的影响随品种不同而有显著差异。

（2）密目网苫盖。

密目网苫盖作为一种临时水保措施，不仅能够保护堆积体表层免受雨滴的溅蚀和剥离，干旱大风天气下也能起到防尘作用，其布设成本相对较低，因其材料的特殊性，可多次回收再利用，使用方便。

密目网苫盖一般用于工程项目中防尘，减少大气污染，它能够控制和改善覆盖土壤上方的风流场，减少覆盖区域的上方的风速，同时降低覆盖区风流场的紊流度。强风吹过密目网时，网状结构的摩擦作用，对来风造成能力损失，多孔结构对来风中的高强度涡旋有一定的过滤作用，使得部分风流通过密目网，能够有效地降低高原地区强劲风力对土壤的侵蚀，同时表面形成的低速、弱紊流风流也能保证堆叠草甸内部根系与大气进行充分的气体交换，可以有效增加堆叠草甸的通气、通风。

密目网苫盖能有效降低堆积体坡面的侵蚀速率，当降雨强度较小时，堆积体坡面侵蚀速率随着产流时间呈现迅速增大过渡到趋于稳定的趋势。当降雨强度增大时，侵蚀速率表现为先增大，达到峰值然后逐渐降低，随之趋于稳定。相对于裸土而言，不同雨强下，覆盖措施的平均侵蚀速率降低约 70.06%～97.79%，苫盖措施下减流减沙效益明显，能够有效较低草甸堆积时土壤流失，降低草甸根系裸露的风险，提高草甸的存活率，如图 6.6 所示。

图 6.6　草甸剥离后覆盖处理

综上，覆盖是一种控制根系劣化的有效方式，通过土壤水分减少蒸发，凝结回流的方式来增加表层土壤水分，有效改善了植被水分循环，提高了植被对土壤水分的利用效率。另外，覆盖对植被根系也有着显著的影响，但是受到诸多条件的控制，特别是与气候条件的关系更为密切，研究发现由于覆盖对土壤的增温效应在气温比较低的情况，效果更加明显，所以覆盖更适合在气候比较寒冷的区域。值得注意的是，覆盖虽然对植物的生长发育以及根系的影响是十分有利的，但是其效果存在明显时限性，大量研究表明，在植被生长发育后期（覆膜时间过长），可能会因为土温的累积增加导致植被根系的加速衰老，所以覆盖需要更加谨慎地控制其覆盖周期。

6.4.1.2　生物菌剂

微生物菌剂，又称微生物接种剂，是一种微生物肥料，是将筛选、驯化或改良后的一种或多种真菌、细菌及放线菌等菌株，经工业化扩繁后，在保证菌株有效活性前提下通过浓缩、吸附和干燥等环节加工而成的活菌制剂，因其由较高浓度的非致病性有益的微生物组成，有利于在接种环境中产生优势菌群，抑制土壤病原菌生长；且具有直接或间接改良土壤环境、活化土壤有机与无机养分、维持根际微生物区系平衡和降解有毒害物质等作用。生物菌剂的本质是由同一功效的微生物组成的复合菌群，可以依托目前的生物技术手段或利用基因工程手段通过改良、选育和驯化等技术方法获得理想的功能菌种而且还可以通过诱变育种重组等各种基因改良技术，改变现有菌的遗传特性，使其获得特殊能力。目前，微生物菌剂广泛应用于农业生产、畜禽饲养、水产养殖及有机废弃物无害化处理等过程，在农业生产中，微生物菌剂主要有以下功能：促进作物生长发育、改善土壤质量、实现农业资源重用、防治土传病害、增强作物抗病性和抗逆性等，使用过程无毒无害，无污染，且成本较低。微生物菌剂在农业生产的具体作用体现在如下几个方面。

（1）改善植物的根际环境。

作为改善根际环境质量的一条重要途径，一方面，活性菌株在代谢过程中可改善土壤团粒结构，使介质空隙变大，容重减小，并将其中的有机质分解释放腐殖酸等，提高土壤质量；另一方面，菌剂中的一些特殊菌种，如固氮菌类能够将空气中的氮元素固定在土壤中，解磷、解钾菌可将土壤中难溶态磷和钾等元素转化成可以被植物吸收利用的有效形态，可提高速效养分供应量和利用率。此外，外源添加微生物菌剂还可提高土壤中硝酸酶、蔗糖酶、脲酶和亚硝酸酶等酶活性，而土壤酶具有加速土壤养分转化功能，其活性强弱又是表征土壤熟化和肥力水平高低的重要指标。但菌剂的作用效果可能受作物种类、生长阶段、有效活菌种类与数量等因素的影响。

（2）促进作物的生长。

微生物菌剂不仅通过影响根际介质结构与肥力，间接影响作物生产过程，其活性菌株还可通过定殖于作物根系表面或其内部，直接影响植物的生长与健康，微生物菌剂的促生作用基于不同菌种的特殊功能，其促生作用机制主要包括：合成 IAA、GA 等植物生长调节物质，促进植株根系发育和对元素的吸收利用；改变根际微生物群落结构等，最终促使达到增产提质的目的。Weselowski 等研究发现，多黏类芽孢杆菌可分泌 IAA 和 ACC 脱氨酶等植物生长调节物质，有效促进黄瓜、番茄等作物生长；Ansaril 等研究发现解淀粉芽孢杆菌 FAB10 可通过分泌 IAA、胞外多糖等物质促进植物生长，并可在根系形成生物膜，有效提高植株抗盐性。

（3）降低病虫害，提高肥料的利用效率。

微生物菌剂抑菌作用的原理是，菌剂菌株在植物叶面或根系生态系统中的生长和繁殖形成优势菌群，挤压杂菌繁殖的空间与资源，抑制病原菌繁殖及侵染作物根际的机会。李彤阳等研究显示，混合芽孢杆菌菌群抑菌性能较单菌菌株性能强，其对梨青霉病菌的抑制率高达 75.8%。文吉辉等进一步明确了光合细菌增加了辣椒的产量，同时与空白对照相比，光合细菌处理的辣椒病毒病的病株率减少约 60.50%，抑制病虫害的效果明显。洪坚平等报道 SP11 细菌微生物菌剂可促进豌豆生长、提高其产量和磷酸酶活性，使得豌豆植株含磷量在施用易溶性磷肥的土壤处理上增加了 8.9%，在难溶性磷肥的土壤处理上则增加了 32.6%，微生物菌剂有效地提高了豌豆植株对磷的利用率。

微生物菌剂由于功能的多样，适用于各种环境的优点，在农业生产堆肥、有机废弃物的降解、作物的生长和防治病虫害，提高植物肥力利用效率等方面中运用极其广泛。对于植物根际环境的改善也是十分有效（图 6.7）。植物根际最早是由德国微生物学家

Hiltner 提出，指紧密接触植物根系的土壤微区及微区中微生物和原生生物等所构成的根系周围特殊的微环境。植物根际促生菌是存在于根系内部或根际环境中，能以直接或间接方式促进植株生长的一类微生物。大量研究表明，在农业生态系统中，根际微生物可通过分解有机质、固持养分、分泌植物生长调节物质等促进能量转化、物质循环和植株生长的直接途径，以及通过竞争根际生态位点、产生次生代谢产物、改变微生物群落结构和诱导植株系统抗性等生物防治相关的间接途径，调节植株形态发育，提高根际微环境质量，抑制病原微生物生长，实现增产提质的最终目的。合理的根际微生物群落结构、丰富的微生物多样性和较高的微生物活性是提高根际养分平衡供应能力，维持根际生态系统稳定性和可持续性，提高作物产量和品质的重要保证。

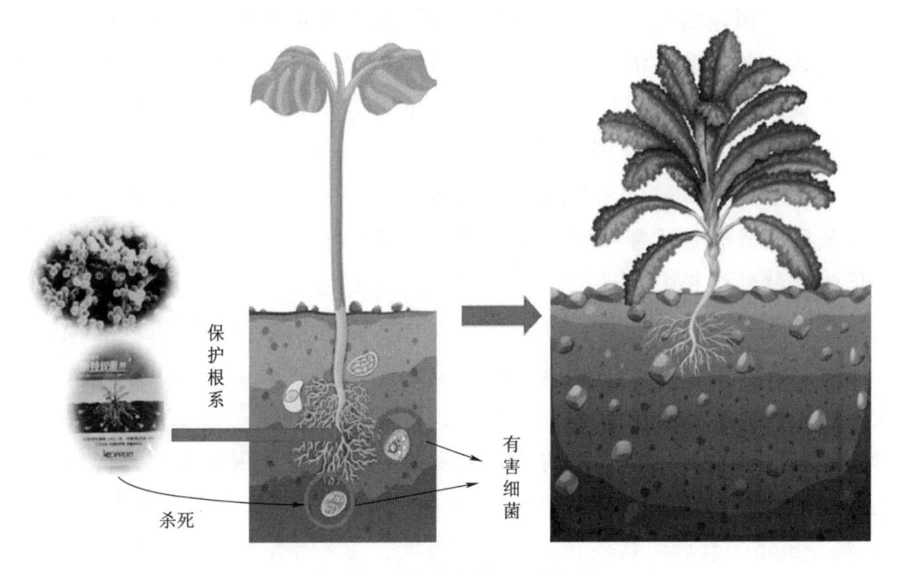

图 6.7　生物菌剂作用示意图

随着根际促生菌对作物的生长发育、抗病虫害和调理土壤等方面优良性状被发现，人工筛选和培育的微生物产品也随之出现。目前，植物根际促生菌在农业、畜牧业领域所发挥的优异功能及作用机理也被逐渐挖掘和完善。秦宝军等于小麦植株内分离出 9 株具有产 ACC 脱氨酶能力的高效固氮内生菌，可通过协同功能加快小麦生长速度；Mohite 等从番茄、小麦、香蕉和棉花根际土壤中分离得到能够高效分泌 IAA 的巨大芽孢杆菌、枯草芽孢杆菌和嗜酸乳杆菌等菌株，并证明其生长素分泌特性促进了植株生长；Singh，RajeshKumar 等在甘蔗根际土壤中分离到 350 株菌株，经过对固氮、溶磷、产嗜铁素和生防等能力逐级筛选，最终筛选得到 22 株具有生物防治、生物肥料和降解生物质等功能的促生菌。

特锐菌剂是由荷兰科伯特生物系统公司生产的微生物菌剂，主要成分是哈茨木霉菌（图 6.8）。木霉菌是一类分布广、繁殖快、具有较高价值的生防真菌，可以有效防治由镰刀菌、腐霉菌、丝核菌和核盘菌等引起的枯萎、立枯、茎腐、猝倒、根腐、菌核等植物病害。利用哈茨木霉孢子悬浮液防治黄瓜白粉病，并测定其对黄瓜的促生作用，发

现木霉菌株 T-30 有明显的促生作用，可有效控制大棚内黄瓜白粉病的发展，防治效果达到 78%。木霉菌的生防效果已在很多应用试验中得到证实，但由于外界环境的影响，木霉菌群体的定殖能力和生存能力受到一定的限制，其生防效果不稳定。特锐菌剂作为一种木霉菌制剂，在盆栽和田间应用中均表现出较好的稳定性，克服了传统木霉制剂不稳定的缺点，且在植物生长和提高抗性方面也具有突出的效果。

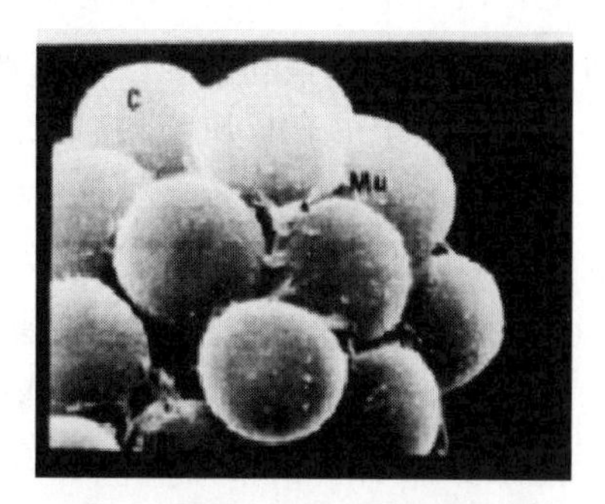

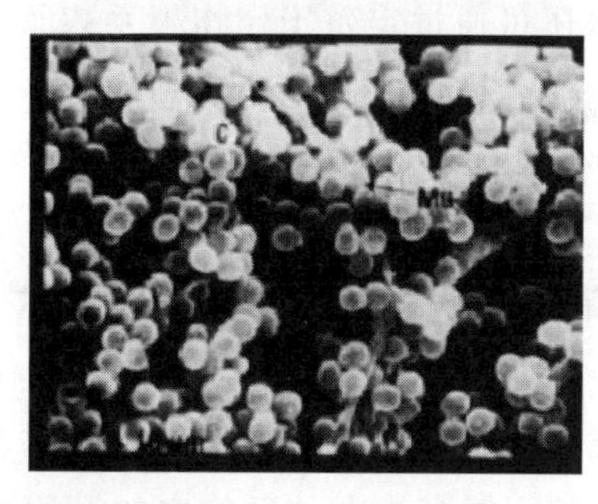

图 6.8 特锐生物菌剂及哈茨木霉孢子

特锐菌剂（Trianum-P）含有哈茨木霉孢子，是一种可湿型粉剂，加水配制并搅拌后，形成悬浮液。均匀地喷洒到种子或根部，需在使用过程中多次搅拌。配制菌液所需用水主要起运输孢子至根部或种子的作用。使用过多水可导致孢子过多地随水渗透到土壤或基质底层，而接触不到种子或根部；使用过少的水不能保证孢子均匀地被输送到种子或根部；其贮藏环境一般是 2～10℃。育苗阶段，建议用水量 2.5L/m^2；定植或栽种阶段，建议用水量 200mL/株。也可先浇灌或喷施少量特锐菌剂溶液，然后结合浇水灌溉使得特锐菌剂孢子到达根部或种子。特锐菌剂适用于多种环境，可在 10～34℃（土温）、pH 值 4～8 的各种基质与土壤环境下应用，详细施加方式见表 6.4、表 6.5。

表 6.4 保护地作物及栽培方式的菌剂施加方式

保护地作物（蔬菜、观赏植物、软果植物）			
栽培方式	使用方法	使用剂量	使用频次
育苗	播种、栽种是浇灌或喷灌	1.5g/m^2	每隔 12 周，0.3g/m^2
垄栽	播种、栽种是浇灌或喷灌	30g/1000 株	每隔 12 周，15g/1000 株
非垄栽	播种、栽种是浇灌或喷灌	200～400g/亩	每隔 12 周，100g/亩

表 6.5　　草皮的菌剂施加方式

草　　皮			
使用时期	使用方法	使用剂量	使用频次
土温达到 10℃时即开始使用	浇灌或喷施	0.15～0.3g/m^2	每隔 2～4 周，0.15g/m^2，直至土温低于 10℃

综上，生物菌剂作为改善根际环境质量的一条重要途径。一方面，活性菌株通过自身的代谢可以改善土壤的物理性质，如改善土壤的团粒结构，增大土壤孔隙，容重减小等，还能够分解土壤中的有机质释放腐殖酸等，提高土壤的质量。另一方面，菌剂中的特异菌种，如固氮类菌种能够转化空气中的氮气，解磷、解钾菌可将难溶态的磷元素和钾元素转化成可以被植物吸收利用的有效形态，提高养分的供应量和利用效率。此外，外源添加微生物菌剂还可提高土壤中硝酸酶、蔗糖酶、脲酶和亚硝酸酶等酶活性，而土壤酶具有加速土壤养分转化功能，其活性强弱又是表征土壤熟化和肥力水平高低的重要指标。微生物菌剂不仅通过影响根际介质结构与肥力，间接影响作物生产过程，其活性菌株还可通过定殖于作物根系表面或其内部，直接影响植物的生长与健康。微生物菌剂的促生作用基于不同菌种的特殊功能，其促生作用机制主要包括：合成 IAA、GA 等植物生长调节物质，促进植株根系发育和对元素的吸收利用：改变根际微生物群落结构等。

6.4.2　极端条件下土壤局部环境改良技术

多年生草地植物自身具有较强的生物学再生能力。草甸挖出后，进入草地植物根部的有机物质被暂时中断，草地植物仅依靠其地下器官贮藏的营养物质动态维持其再生，青藏高原地区土壤多为由砂砾为主的河相或海相沉积物，土层薄且骨质粗。所以在草甸回铺后，需要对其基质生境进行改良，确保其能在短时间内存活返青。

这一类改良土壤的试剂一般称为土壤调理剂，其主要是指：①用于改善土壤的物理和化学性质，及其生物活性的物料；②加入障碍土壤中用于改善土壤的物理、化学和生物性状的物料，用于改良土壤结构、降低土壤盐碱危害、调节土壤酸碱度、改善土壤水分状况或修复污染土壤等。

早在传统的农耕社会，生产中就利用客土换土、施用石灰、秸秆还田等简单的调理方式对土壤进行改良。但随着人类对土壤开发利用的不断深入，土壤问题也逐渐变得多元化、复杂化。关于土壤调理剂的研究开始于 19 世纪的末期，距今已有百余年的历史，在研究初期主要是污泥、沸石、粉煤灰等单一调理剂的应用，少有研究进行复合施用。20 世纪 50 年代以前，西方国家的研究人员开始利用多糖、淀粉共聚物、纤维素等材料进行土壤结构的改良，但这些天然有机物质分子量相对较小，施入土壤后易被降解，因此在后期的生产活动中没有得到广泛应用。20 世纪 50 年代以后，各国学者开始了对人工合成土壤调理剂的研究。首先美国研发出一种名为“Kriluim”的土壤结构改良剂，向土壤施用后有利于土壤团粒结构的形成，可以增强土壤的水稳性能，且施用后不易被微生物降解。后来各国也陆续研发出多种合成改良剂，主要包括水解聚丙烯腈（HPAN）、聚乙

烯醇（PVA）、聚丙烯酰胺（PAM）、沥青乳剂（ASP）等，其中聚丙烯酰胺当前仍应用较广。20 世纪 80 年代，许多国家将人工合成技术应用到土壤调理剂的生产当中，涌现出大量的调理剂产品，其中以比利时的 TC 调理剂最为成功，图 6.9 所示为 PAM 分子结构图。

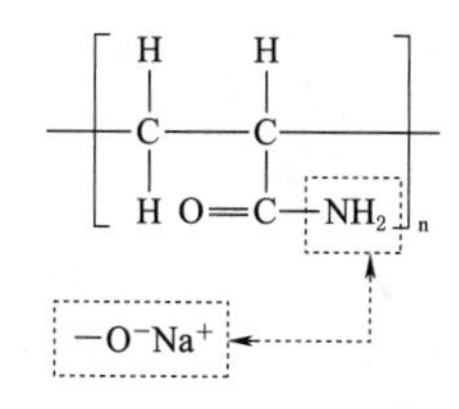

图 6.9 PAM 分子结构图

20 世纪 80 年代初，我国从比利时引进了聚丙烯酰胺和沥青乳剂，主要用于盐渍土改良、固持水土、旱地保墒增温等工作。近年来，我国土壤调理剂产品的种类愈加全面，产品数量也有所增加，这些产品主要用于改善土壤结构、养分和水分状况、改良盐渍土壤、调节土壤酸碱度、修复土壤污染等；产品原料也较为广泛，包括天然矿物、天然活性物质、工农业废弃物、人工合成聚合物等。当前许多研究利用工农业有机废弃物以及多种黏土矿物、贝类作为生产原料，实现废弃物料二次利用的同时也达到了较好的调理效果。针对不同的土壤障碍因子，我国的土壤调理剂产品也更加具有指向性，不断地被应用到了各类障碍性土壤的改良工作当中。

6.4.2.1 基质原材料喷播改良土壤

有机废弃物堆肥：以青稞、玉米、小麦秸秆为主要原料，粉碎后长度为 3cm，青稞、玉米与小麦秸秆的质量比例为 5∶3∶2，秸秆混合物与牦牛粪、羊粪混合，秸秆混合物与牦牛粪、羊粪的质量比例为 6∶4，进行自然发酵、腐熟处理 30 天，配成为有机废弃物堆肥。

矿物肥：按重量份数计麦饭石∶方解石∶黄金石=3∶1∶1，经风干、粉碎、过 3mm 筛，含水量为 5%～10%。

高分子合成改良剂：按重量份数计羧甲基纤维素钠∶聚丙烯酸钾∶聚丙烯酰胺=1∶1∶1。

微生物菌剂：特锐菌剂，含有哈茨木霉孢子，不能完全溶于水，加水配制并搅拌后，形成悬浮液。使用剂量为每平方米 0.3～0.5g。

天然矿物质矿渣：按重量份数计钾长石∶石灰石∶白云石∶磷矿粉=3∶2∶1∶2，经风干、粉碎、过 3mm 筛，含水量为 20%。

原材料按质量份数计：施工土壤 20 份、高分子合成改良剂 10 份微生物菌剂 0.1 份、天然矿物质矿渣 20 份；混合，搅拌均匀，在草甸回铺时由喷播机喷播在草甸下层土壤表面，厚度要大于 3cm。

6.4.2.2 高分子材料改良土壤

聚丙烯酰胺（PAM）是一种高分子聚合物，由丙烯酰胺（AM）均聚或与其他单体共聚而成，常用于土壤结构改良的多为高分子量和超高分子产品，外观为白色粉末状或无色黏稠胶体状，无臭、中性，具有良好的水溶性和絮凝性，能以各种比例溶于水，几乎不溶于有机溶剂，温度超过 120℃时易分解，享有“百业助剂”之称（图 6.10）。

PAM 土壤改良剂施加土壤后，会通过机械断裂、化学和生物水解、光解等方式降解成水、二氧化碳、氨态氮等无毒无害物质，且移动性弱（入渗仅 1～2cm），不会改变土

图6.10　聚丙烯酰胺

壤的酸碱度，故不会对土壤、水和环境产生危害，是一种环保型的土壤改良剂，其具有良好的絮凝和水合作用，土壤改良效果持续稳定，对环境无毒无害，在土壤结构改良、侵蚀防治和农业生产等领域中已得到了广泛的应用。研究表明，施用PAM后，土壤容重降低，团聚体稳定性增强，水动力学参数得到改善，对水分的蓄渗能力得到提高。PAM的添加可以增加土壤的团聚体数量，改善土壤结构、土壤的密度和孔隙度，加固土壤，提高土壤的持水能力，抑制土壤水分蒸发，增加土壤入渗、土壤抗侵蚀能力，减少土壤养分流失。

(1) 保土效应。

阴离子型线状结构的PAM通常作土壤结构改良剂应用，施入土壤中能够提升土壤颗粒间的凝聚力，促进土壤中细小的团粒结构及颗粒相互凝聚形成大的团聚体，提升土壤结构稳定性，有效改善土壤结构。张婉璐等（2012）的研究结果表明，在一定浓度范围内施用PAM可以显著改善土壤的物理性状，其中土壤团聚体的含量显著增加、土壤内部孔隙增多、总孔隙度增大、土壤气孔结构得到改善、土壤容重也随之降低，添加PAM改良剂的土壤，具有紧密的表面结构和较高的团聚体稳定性，能够有效地抑制土粒的分散，有效防止土壤的侵蚀。韩凤朋等的研究指出，在黄土高原自然条件下添加PAM土壤改良剂对土壤物理性状和水分分布具有重要的影响，表层土体中随着PAM含量的增加土壤含水量升高，并且当PAM含量小于等于$2g/m^2$时能够使得土壤饱和导水率增加，可提高土壤保水能力、降低土壤体积质量。王辉等的研究发现，在黄土区集中暴雨条件下土壤中添加PAM能够对坡地土壤水分的再分布产生影响，降低水分在土层中的渗漏，从而能够起到保水保肥的作用，降低养分向深层土体运移和流失的风险。张淑芬研究了聚丙烯酰胺对坡耕地及沙化土壤的水土保持作用，通过开展水土流失试验，发现在砂壤土中施用阴离子聚丙烯酰胺土壤改良剂灌溉后，能够防止沙地水分渗漏和抑制坡耕地土壤侵蚀，具有显著的保水、固土和护坡作用。

PAM作为一种土壤调理剂在非盐渍化土壤上的应用已比较普遍，如PAM在$0\sim2g/m^2$范围内添加可以减小土壤体积质量，增强土壤的吸水和释水能力，抑制土壤蒸发量，增加土壤的持水性能；添加PAM土壤改良剂后，表层土壤累计蒸发量减小4.12%～14.46%，田间持水量增加20.68%～33.71%，细管持水量增加18.41%～29.04%，最大持水量增加18.62%～29.70%；PAM在土壤中的添加量能够影响土壤颗粒水分的蒸发状况，其在土壤中的含量越高，抑制土壤水分的蒸发效应越好；PAM与砂土和壤土按不同比例混合后饱和导水率分别下降23.2%～95.3%、21.1%～91.5%；黄绵土中饱和导水率均呈降低的趋势，且随着PAM用量的增加，土壤饱和导水率越来越小。PAM能够絮凝细小土粒，稳定土壤结构。将 PAM 改良剂与非盐渍土、轻度及中度盐渍土混拌后，进行的室内灌溉模拟试验结果表明，施用 PAM 的非盐渍土、轻度及中度盐渍土的土壤团聚体含量、孔隙度及毛管孔隙度都有所提高，土壤容重减小，水分蒸发减少。此外，研究发现，适量的盐分可增强 PAM 对土壤颗粒的吸附、团聚作用，但如果土壤盐分含过高，将影响 PAM 对土壤改良的效果，甚至是不再有作用。于亚莉等在对紫色土坡耕地土壤氮磷流失的研究中发现，PAM 能有效控制土壤中养分的流失，而且在大降雨条件下还能有效降低土壤流失。

（2）保水效应。

PAM 土壤改良剂具有显著的保水作用，主要是阳离子型网状结构的 PAM 作为土壤保水剂应用，具有高吸水特性，可与许多物质产生亲和、吸附、水解、降解交联等化学反应，亲水基团通过氢键和水分子结合，从而具有显著的絮凝、团聚作用。因此，PAM 土壤改良剂施入土壤中能够对水分和土壤颗粒起到束缚作用，从而改善低效或者缺陷型土壤的结构，提高土壤持水保水能力，防止水土流失。PAM 分子结构中的基键通过与土壤颗粒间形成吸附力，提升土壤结构稳定性，有效改善土壤结构，并且能够有效降低表层土壤的水分蒸发，提高土壤水分的入渗率，使区域地表径流和水土流失减少，从而使土壤保水保肥能力得到提升，最终达到作物增产的目的。农田土壤中施用 PAM 后，发现添加 PAM 改良剂的土壤其保水持水时间较长，土壤水分含量高，作物抗旱能力强，并且 PAM 浓度相对较高的土壤保水越好，其作物产量越高。高昊辰等通过在土壤表面喷洒高分子化合物溶液成膜的方式研究了高分子化合物成膜后对土壤水分蒸发的影响，结果表明高分子化学材料能够不同程度地降低土壤表面水分的蒸发，提高土壤的保水性能。于健等发现土壤保水剂在黏粒含量较低的土壤中吸水倍率更高，其效果更加明显。

（3）保肥效应。

PAM 土壤改良剂施入土壤后具有显著的保肥及增产效应，尤其可与土壤中的分子、离子细小颗粒物以及微生物产生亲和、吸附、水解、降解交联等化学反应，提高土壤保水保肥能力，增加土壤的水肥利用效率，最终提升土地生产力和作物产量。龙明杰等研究发现施用 PAM 土壤改良剂后，在蒸发失水条件下，土壤能够有效减少水分的蒸发，提高了土壤的保水保肥性。聚丙烯酰胺能够增加黏性沃土的团聚体的稳定性，降低土壤表层的板结度，并且有助于植物对肥料和一些微量元素的吸收。农业灌溉过程中，灌溉水中加入 PAM 土壤改良剂能够提高养分利用效率，抑制表层土壤中养分的流失，减少径流中所携带的 N、P 和 BOD 等，抑制了区域河流水体富营养化。PAM 土壤改良施用土壤后，尤其是沙地及结构松散的土壤中，能够抑制有机质和一些速效养分的流失和渗漏，土壤保肥效果最高可提升 80%以上。

聚乙烯醇（PVA）是一种可生物降解的合成高分子材料，其高分子链中含有大量羟基，可通过氢键作用与土壤颗粒结合，近年来，也被研究应用于防治水土流失。Tadayonfar 等将沙土与不同浓度的 PVA 混合并在常温下养护，发现少量 PVA 的添加就能大幅提升土壤团聚体水稳定性，且这种提升随着养护时间的延长呈上升趋势；有人研究发现，经 PVA 处理后土壤抗蚀性有所增加，且这种抗蚀性的增加在黏土含量较高的土壤类型中更为明显。此外，由于 PVA 的成膜性以及可降解性，其也可被用来制作 PVA 地膜，以减少雨水和强风造成的水土流失。

聚氨酯（PU）也是一类非离子高分子土壤固化材料，与前面两种材料通过自身有效基团与土壤的相互作用稳定土壤不同，聚氨酯类材料主要通过其自交联反应在土壤表面形成不溶性交联结构以保护土壤。聚氨酯类高分子土壤固化材料多为聚氨酯预聚体，其高分子链端为与水有很强反应活性的异氰酸根基团，遇水后能迅速自交联生成网状结构，进而将土壤颗粒包裹其中，减少土壤流失。

Wu 等以 4,4'-二苯基甲烷二异氰酸酯（MDI）和 EO－PO－SO 聚醚嵌段共聚物聚合得到一种新型聚氨酯预聚体，并将其应用于荒漠化治理，取得了不错的效果。近年来，针对这类材料的研究越来越多，被广泛应用在荒漠化防治、边坡绿化治理、渠道防渗抗冻等领域。为了取得更好的效果，梁止水等还将亲水性聚氨酯类材料 W－OH 与硅胶、乳化沥青、玄武岩短纤维、PVA、乙烯-醋酸乙烯共聚物等一些功能性材料混合配比，用以砒砂岩固结实验，结果表明其可以有效增强土壤的固结力学性质。

综上，可以在土壤中添加高分子材料来对回铺土壤基质进行改良，减少土壤中大颗粒物质，增加土壤的保水、保肥性能，确保在草甸剥离回铺后能快速适应土壤环境。下面提出两种合适的土壤改良方案：

1）土壤高分子改良剂。考虑到西藏主产作物为青稞，将青稞秸秆作为主材料，以膨润土（有机膨润土在各类有机溶剂、油类、液体树脂中能形成凝胶，具有良好的增稠性、触变性、悬浮稳定性、高温稳定性、润滑性、成膜性、耐水性及化学稳定性）和 PAM 为添加剂配制土壤改良材料，具体操作步骤为：

a. 将青稞秸秆风干，然后用大型粉碎机粉碎，再用腐秆灵作为堆腐剂进行秸秆堆沤（15 天）预处理，风干，经微型植物粉碎机粉碎（2mm）备用；

b. 购买膨润土钙基，细度 200 目；

c. 购买 PAM，阴离子型，分子量 1000 万，水解度 30%；

d. 按 900：100：20 配比秸秆-膨润土-PAM 改良材料用量，混匀，在草甸回铺前，与草甸下层土壤混匀。

2）有机高分子混合土壤改良剂。需要准备的材料包括膨润土、阳离子聚丙烯酰胺（PAM）、玉米或青稞秸秆预处理材料、三元复合肥（15－15－15）、尿素等。

a. 秸秆预处理：材料制备用发酵剂（A 发酵剂、B 发酵剂、秸秆的质量比为 1：1：1000，A、B 发酵剂均来源于鹤壁市恒达生物科技有限公司）处理秸秆，进行秸秆发酵，制备出预处理材料。其中 A 发酵剂主要由细菌、丝状菌、酵母菌等 17 种菌株及相关分解酶复合而成，有效活菌数达到 2×10^{11}cfu/g 以上，能分解土壤中难溶的营养元素；B 发酵剂主要含能分解纤维素半纤维素、木质素的嗜热、耐热细菌，真菌，放线菌以及生物酶，有效活菌数达到 2×10^{11}cfu/g 以上。

b. 改土材料制作及筛选：将秸秆预处理产物进一步加工，加工方式分为粉碎和粉碎球磨 2 种方式，本试验将这 2 种加工产物分别用 FS 和 FQ 表示，然后分别将加工产物与膨润土和 PAM 按 6 种比例（即秸秆、膨润土、PAM 质量比分别为 900∶100∶0、900∶100∶25、900∶100∶50、800∶200∶0、800∶200∶25、800∶200∶50）混合制备 12 种改土材料，烘干。烘干后测定并比较秸秆改土材料的吸水倍率、吸水性能、吸水后膨胀不离析的能力，从而筛选出保水保肥性能较好的秸秆改土材料，根据前期筛选结果，选择 FS（秸秆∶膨润土∶PAM 质量比为 800∶200∶50）和 FQ（秸秆∶膨润土∶PAM 质量比为 800∶200∶50）2 种混合改土材料进行后续施用量比较试验。最终确定 FS 配比下，对土壤养分保留及改良土壤团粒结构等方面效果显著。

参 考 文 献

[1] 夏国刚. 耕地耕作层土壤剥离再利用途径探讨 [J]. 农场经济管理，2016 (10)：44-47.
[2] 董丽娟，窦森，张玉广，等. 表土剥离技术研究进展：中国土壤学会第十二次全国会员代表大会暨第九届海峡两岸土壤肥料学术交流研讨会 [C]. 成都，2012.
[3] 窦森. 吉林省黑土地保护与高值化利用工程 [J]. 吉林农业大学学报，2020，42 (5)：473-476.
[4] 朱先云. 国外表土剥离实践及其特征 [J]. 中国国土资源经济，2009，22 (9)：24-26.
[5] 杨紫千，刘小庆，董秀茹，等. 我国表土剥离技术启蒙与发展研究综述 [J]. 中国农业资源与区划，2017，38 (11)：54-60.
[6] E. B，H. A，J. D C. The role of soil in the generation of urban runoff：development and evaluation of a 2D model [J]. Journal of Hydrology，2004，299 (3).
[7] 孙宏斌，马云龙. 公路建设表土利用的几点措施 [J]. 黑龙江交通科技，2007 (12)：162.
[8] 熊婷. 天然气长输管道工程生态环境影响评价及脆弱生态环境保护研究 [D]. 西北师范大学，2011.
[9] 吴次芳. 表土剥离，也是保护生态 [N]. 中国国土资源报，2014-09-26 (3).
[10] 韩春丽. 基于选择试验模型的表土剥离利用效益非市场价值评估 [D]. 杭州：浙江大学，2014.
[11] 谢卫玲. 广西柳城县耕地表土剥离及再利用潜力研究 [D]. 南宁：广西师范学院，2018.
[12] 朱先云. 国外表土剥离实践及其特征 [J]. 中国国土资源经济，2009，22 (9)：24-26.
[13] 曹学章，刘庄，唐晓燕. 美国露天采矿环境保护标准及其对我国的借鉴意义 [J]. 生态与农村环境学报，2006 (4)：94-96.
[14] VALLA M，KOZAK J，ONDRACEK V. Vulnerability of aggregates separated from selected anthrosols developed on reclaimed dumpsites [J]. ROSTLINNA VYROBA，2000，46 (12)：563-568.
[15] 李红举，李少帅，赵玉领. 澳大利亚矿山土地复垦与生态修复经验 [J]. 中国土地，2019 (4)：46-48.
[16] 邵霞珍. 澳大利亚矿区环境管理及对我国的借鉴 [J]. 中国矿业，2005 (7)：48-50.
[17] 汪贻水，代宏文. 澳大利亚矿山土地复垦的借鉴与建议 [C]. 2000.
[18] 范树印，卢利华，蒋一军. 澳大利亚土地复垦扫描 [N]. 中国国土资源报，2008.
[19] 王静. 日本、韩国土地规划制度比较与借鉴 [J]. 中国土地科学，2001 (3)：45-48.
[20] 刘新卫. 日本表土剥离的利用和完善措施 [J]. 国土资源，2008 (9)：52-55.
[21] 郭文华. 加拿大开展表土剥离，重视保护土地质量 [J]. 国土资源情报，2012 (3)：28-31.
[22] 武旭，郭焦锋. 珍惜耕作层 护好生命线——表土剥离国际经验借鉴 [J]. 华北国土资源，

2015 (3): 15-18.

[23] 张凤荣，周建，徐艳．黑土区剥离建设占用耕地表土用于农村居民点复垦的技术经济分析［J］．土壤通报，2015，46 (5): 1034-1039.

[24] 董雪，窦森，张玉广，等．吉林省黑土区村庄表土剥离适用条件研究——以永吉县岔路河镇为例：中国土壤学会第十二次全国会员代表大会暨第九届海峡两岸土壤肥料学术交流研讨会［C］．成都，2012.

[25] 杨继红，王闯．吉林省建设占用耕地表土剥离和利用研究——以辉南县水环境改善生态示范工程为例［J］．吉林地质，2020，39 (3): 95-98.

[26] 颜世芳，王涛，窦森．高速公路取土场表土剥离工程技术要点［J］．吉林农业，2010 (11): 238.

[27] 饶应鹏．贵州省非农建设用地表土剥离再利用的做法与启示［J］．现代农业科技，2016 (22): 236-238.

[28] 司泽宽，张迅．贵州省非农建设占用耕地耕作层剥离利用研究［J］．安徽农业科学，2014，42 (17): 5582-5613.

[29] 陈光银，张孝成，王锐，等．表土剥离再利用工程绩效评价——以重庆市三峡库区移土培肥工程为例［J］．水土保持通报，2012，32 (5): 239-243.

[30] 王锐，张孝成，蒋伟，等．建设占用耕地表土剥离的主要实施条件研究——以重庆市三峡库区移土培肥为例［J］．河北农业科学，2011，15 (1): 90-91.

[31] 刘金鹏．耕作层土壤剥离利用利益协调与工程优化研究［D］．中国地质大学（北京），2020.

[32] 李晓阳．建设占用耕地耕作层土壤剥离利用费效分析［D］．中国地质大学（北京），2018.

[33] 高美荣，施建平，潘恺．西藏土种志——基于全国第二次土壤普查的数据集［J］．中国科学数据（中英文网络版），2017，2 (1): 85-94.

[34] 高丽丽，刘世全．西藏土壤有机质和氮素状况及其影响因素分析［J］．水土保持学报，2004 (6): 54-57.

[35] 高丽丽．西藏土壤有机质和氮磷钾状况及其影响因素分析［D］．成都：四川农业大学，2004.

[36] 郑度，张荣祖，杨勤业．试论青藏高原的自然地带［J］．地理学报，1979 (1): 1-11.

[37] 高宝林，李杰，高武林，等．西藏自治区生产建设项目表土剥离及保护刍议［J］．水利规划与设计，2021 (5): 87-89.

[38] 董雪．吉林省黑土区村庄表土剥离技术集成方案［D］．长春：吉林农业大学，2012.

[39] 王嘉，孙铭，张龙，等．公路项目表土剥离与利用问题探讨［J］．中国水利，2017 (18): 41-43.

[40] 宁佐春，黄洁．高原铁路草皮移植施工技术［J］．西藏科技，2006 (8): 53-55.

[41] 李春，操昌碧，谢光武，等．高山地貌区草皮剥离及临时存放方式研究［J］．中国水土保持，2014 (10): 44-46.

[42] 易仲强，张宇，魏浪，等．西藏输变电类生产建设项目水土流失防治探讨［J］．中国水土保持，2019 (1): 11-13.

[43] 付梅臣，陈秋计．矿区生态复垦中表土剥离及其工艺［J］．金属矿山，2004 (8): 63-65.

[44] 贾林巧，陈光水，张礼宏，等．罗浮栲和米槠细根形态功能性状对短期氮添加的可塑性响应［J］．应用生态学报，2019，30 (12): 4003-4011.

[45] 刘洪凯，陈旭，张明忠，等．鲁中丘陵山地干旱生境上 11 个树种的细根解剖特征与耐旱策略［J］．林业科学，2020，56 (7): 185-193.

[46] 靳乐乐，乔匀周，董宝娣，等．起垄覆膜栽培技术的增产增效作用与发展［J］．中国生态农业学报（中英文），2019，27 (9): 1364-1374.

[47] 邓纯宝．日本地膜覆盖栽培的现状与动向［J］．辽宁农业科学，1982 (3): 50-52.

[48] 杨晓东．地膜覆盖技术探讨［J］．农业科技与装备，2016 (3): 49-50.

[49] 李国海．地膜覆盖技术在我国的进展［J］．农业科技通讯，1986（3）：39.
[50] WANG Y，XIE Z，MALHI S S，et al. Effects of gravel－sand mulch，plastic mulch and ridge and furrow rainfall harvesting system combinations on water use efficiency，soil temperature and watermelon yield in a semi－arid Loess Plateau of northwestern China［J］．AGRICULTURAL WATER MANAGEMENT，2011，101（1）：88－92.
[51] ZHOU L，JIN S，LIU C，et al. Ridge－furrow and plastic－mulching tillage enhances maize－soil interactions：Opportunities and challenges in a semiarid agroecosystem［J］．FIELD CROPS RESEARCH，2012，126：181－188.
[52] 张仙梅，黄高宝，李玲玲，等．覆膜方式对旱作玉米硝态氮时空动态及氮素利用效率的影响［J］．干旱地区农业研究，2011，29（5）：26－32.
[53] 周丽娜，雷金银．覆膜方式对坡耕地春玉米产量、土壤水分和养分的影响［J］．中国农学通报，2014，30（33）：20－25.
[54] 张淑敏，宁堂原，刘振，等．不同类型地膜覆盖的抑草与水热效应及其对马铃薯产量和品质的影响［J］．作物学报，2017，43（4）：571－580.
[55] 谢东，杨友军，潘东英，等．聚乙烯除草地膜的制备及其结构与性能研究［J］．塑料科技，2015，43（2）：65－68.
[56] 郑平生．覆盖处理对旱地桃园土壤养分及桃树生长结果的影响［J］．林业科技通讯，2019（10）：53－56.
[57] 马雪琴，吴淑芳，郭妮妮．农田覆膜对冬小麦土壤水热的影响［J］．水土保持研究，2018，25（6）：342－347.
[58] 邵臻，张富，陈瑾，等．陇中黄土丘陵沟壑区不同土地利用下土壤水分变化分析［J］．干旱区资源与环境，2017，31（12）：129－135.
[59] 杨兵丽，李文平，马红强，等．黑白地膜覆盖对土壤温度和田间杂草的影响研究［J］．中国水土保持，2020（11）：58－59.
[60] 王红丽，张绪成，于显枫，等．黑色地膜覆盖的土壤水热效应及其对马铃薯产量的影响［J］．生态学报，2016，36（16）：5215－5226.
[61] 李建奇．覆膜对春玉米土壤温度、水分的影响机理研究［J］．耕作与栽培，2006（5）：47－49.
[62] 任小云，冯新新，宋宇琴，等．黄土高原丘陵沟壑区梨园垄沟覆地布效应的研究［J］．经济林研究，2018，36（3）：107－113.
[63] 孙文泰，马明，牛军强，等．陇东雨养苹果覆膜对土壤团聚体结构稳定性与细根分布的影响［J］．生态学报，2022（4）：1－12.
[64] 张向前，杨文飞，徐云姬．中国主要耕作方式对旱地土壤结构及养分和微生态环境影响的研究综述［J］．生态环境学报，2019，28（12）：2464－2472.
[65] 马金平，王福星，张岱，等．覆膜对玉米根系分布特性的影响［J］．农业与技术，2018，38（4）：21－22.
[66] 徐宝山，贾生海，雒天峰，等．膜下滴灌不同灌水定额对玉米根系生长的影响［J］．水土保持研究，2014，21（5）：272－276.
[67] 蔡永强，牛新胜，焦小强，等．灌溉条件下覆膜对冬小麦根系分布及抗倒性状的影响［J］．华北农学报，2014，29（S1）：328－332.
[68] 银敏华，李援农，李昊，等．垄覆黑膜沟覆秸秆促进夏玉米生长及养分吸收［J］．农业工程学报，2015，31（22）：122－130.
[69] 周昌明，李援农，银敏华，等．连垄全覆盖降解膜集雨种植促进玉米根系生长提高产量［J］．农业工程学报，2015，31（7）：109－117.
[70] YUHONG G，YAPING X，HANYU J，et al. Soil water status and root distribution across the

rooting zone in maize with plastic film mulching [J]. Field Crops Research，2014，156.
[71] 谷晓博，李援农，杜娅丹，等. 不同种植和覆膜方式对冬油菜出苗及苗期生长状况的影响 [J]. 中国农村水利水电，2016 (9)：10-17.
[72] 路海东，薛吉全，郭东伟，等. 覆黑地膜对旱作玉米根区土壤温湿度和光合特性的影响 [J]. 农业工程学报，2017，33 (5)：129-135.
[73] 高家合，李梅云，赵淑媛，等. 地膜覆盖与烤烟根系及烟叶产量品质的关系 [J]. 中国农学通报，2008 (7)：181-185.
[74] 胥生荣，张恩和，马瑞丽，等. 不同覆盖措施对枸杞根系生长和土壤环境的影响 [J]. 中国生态农业学报，2018，26 (12)：1802-1810.
[75] LIN W，XIAO G L，Zhen H G，et al. The effects of plastic-film mulch on the grain yield and root biomass of maize vary with cultivar in a cold semiarid environment [J]. Field Crops Research，2018，216.
[76] 杨波，张玉会. 公路施工密目网覆盖法抑制扬尘机理分析 [J]. 交通节能与环保，2019，15 (4)：66-68.
[77] 张志华，聂文婷，许文盛，等. 不同水土保持临时措施下工程堆积体坡面减流减沙效应 [J]. 农业工程学报，2022，38 (1)：141-150.
[78] 徐智，李季. 微生物接种剂在堆肥发酵过程中的应用：第十一届全国土壤微生物学术讨论会暨第六次全国土壤生物与生物化学学术研讨会第四届全国微生物肥料生产技术研讨会 [C]. 长沙，2010.
[79] 席北斗，刘鸿亮，孟伟，等. 垃圾堆肥高效复合微生物菌剂的制备 [J]. 环境科学研究，2003 (2)：58-60.
[80] 厉大伟. 微生物菌剂的筛选及应用研究 [D]. 长沙：湖南农业大学，2016.
[81] 宋凤鸣，刘建华，吴彩琼，等. 土壤微生物制剂的开发与应用概述 [J]. 江西农业学报，2015，27 (10)：38-42.
[82] 刘彩霞. 耐盐碱微生物的筛选及在盐碱土团聚体形成中的作用 [D]. 南京：南京农业大学，2009.
[83] 王涛，邓琳，何琳燕，等. 微生物菌剂对砒砂岩土壤的改良作用 [J]. 中国环境科学，2020，40 (2)：764-770.
[84] 吴俐莎，唐杰，罗强，等. 若尔盖湿地土壤酶活性和理化性质与微生物关系的研究 [J]. 土壤通报，2012，43 (1)：52-59.
[85] Weselowski B，Nathoo N，Eastman A W，et al. Isolation，identification and characterization of Paenibacillus polymyxa CR1 with potentials for biopesticide，biofertilization，biomass degradation and biofuel production [J]. BMC MICROBIOLOGY，2016，16.
[86] Ansari F A，Ahmad I，Pichtel J. Growth stimulation and alleviation of salinity stress to wheat by the biofilm forming Bacillus pumilus strain FAB10 [J]. APPLIED SOIL ECOLOGY，2019，143：45-54.
[87] 滕安娜. 木霉菌对植物的促生效果及其机理的研究 [D]. 济南：山东师范大学，2010.
[88] 霍平慧. 耐抑菌剂根瘤菌筛选及耐药菌株制备菌剂抑杂菌效果研究 [D]. 兰州：甘肃农业大学，2014.
[89] 李彤阳，杨革. 利用芽孢杆菌混合菌群发酵生产生物有机肥的研究 [J]. 曲阜师范大学学报（自然科学版），2014，40 (3)：76-80.
[90] 文吉辉，黄志农，徐志德. 光合细菌菌剂对辣椒产量及其病虫害的影响 [J]. 辣椒杂志，2013，11 (1)：19-22.
[91] 洪坚平，谢英荷，Neumann Guenter，等. 不同微生物菌剂对促进豌豆生长和提高 P、Zn 利用率

的研究：中国土壤学会第十次全国会员代表大会暨第五届海峡两岸土壤肥料学术交流研讨会［C］. 中国沈阳，2004.

[92] 陆雅海，张福锁. 根际微生物研究进展［J］. 土壤，2006（2）：113-121.

[93] 苏德纯. 作物根际环境及其研究方法［J］. 作物杂志，1991（2）：36-37.

[94] ZHANG N，WANG D，LIU Y，et al. Effects of different plant root exudates and their organic acid components on chemotaxis，biofilm formation and colonization by beneficial rhizosphere-associated bacterial strains［J］. PLANT AND SOIL，2014，374（1-2）：689-700.

[95] Egamberdieva D，Kucharova Z，Davranov K，et al. Bacteria able to control foot and root rot and to promote growth of cucumber in salinated soils［J］. BIOLOGY AND FERTILITY OF SOILS，2011，47（2）：197-205.

[96] Mohite B. Isolation and characterization of indole acetic acid（IAA）producing bacteria from rhizospheric soil and its effect on plant growth［J］. JOURNAL OF SOIL SCIENCE AND PLANT NUTRITION，2013，13（3）：638-649.

[97] Crowley D E. Microbial siderophores in the plant rhizosphere［M］//Barton L L，Abadia J. 2006：169-198.

[98] Pineda A，Zheng S，van Loon J J A，et al. Helping plants to deal with insects：the role of beneficial soil-borne microbes［J］. TRENDS IN PLANT SCIENCE，2010，15（9）：507-514.

[99] Li H，Qiu Y，Yao T，et al. Effects of PGPR microbial inoculants on the growth and soil properties of Avena sativa，Medicago sativa，and Cucumis sativus seedlings［J］. SOIL & TILLAGE RESEARCH，2020，199.

[100] 秦宝军，罗琼，高淼，等. 小麦内生固氮菌分离及其 ACC 脱氨酶测定［J］. 中国农业科学，2012，45（6）：1066-1073.

[101] Singh R K，Singh P，Li H，et al. Diversity of nitrogen-fixing rhizobacteria associated with sugarcane：a comprehensive study of plant-microbe interactions for growth enhancement in Saccharum spp.［J］. BMC PLANT BIOLOGY，2020，20（1）.

[102] 李良. 哈茨木霉防治茉莉白绢病效果试验［J］. 生物防治通报，1985（1）：19-21.

[103] 徐同，钟静萍，李德葆. 木霉对土传病原真菌的拮抗作用［J］. 植物病理学报，1993（1）：65-69.

[104] 杨春林，席亚东，刘波微，等. 哈茨木霉 T-H-30 菌株对黄瓜白粉病的防治效果及其促生作用［J］. 中国生物防治，2008，24（S1）：55-58.

[105] 吴蕊. 特锐菌剂对辣椒疫病防治效果及对柿子椒的促生作用［J］. 湖北农业科学，2018，57（6）：60-63.

[106] 索琳娜，马杰，刘宝存，等. 土壤调理剂应用现状及施用风险研究［J］. 农业环境科学学报，2021，40（6）：1141-1149.

[107] GHODRATI M，SIMS J T，VASILAS B L，et al. ENHANCING THE BENEFITS OF FLY-ASH AS A SOIL AMENDMENT BY PRE-LEACHING［J］. SOIL SCIENCE，1995，159（4）：244-252.

[108] 尹万伟，黄本波，汪凤玲，等. 土壤调理剂的研究现状与进展［J］. 磷肥与复肥，2019，34（2）：19-23.

[109] Cresser M. Atomic Spectrometry Update&mdash；Environmental Analysis［J］. Journal of Analytical Atomic Spectrometry，1990，5（1）：1-55.

[110] 蔡典雄，张志田，张镜清，等. TC 土壤调理剂在北方旱地上的使用效果初报［J］. 土壤肥料，1996（4）：34-36.

[111] 朱咏莉，刘军，王益权. 国内外土壤结构改良剂的研究利用综述［J］. 水土保持学报，

2001 (S2): 140-142.
[112] 员学锋，吴普特，冯浩. 聚丙烯酰胺（PAM）在土壤改良中的应用进展 [J]. 水土保持研究，2002 (2): 141-145.
[113] 马鑫，魏占民，张凯，等. 低分子量聚丙烯酰胺对盐渍化土壤水动力参数的影响 [J]. 土壤，2014，46 (3): 518-525.
[114] Sang S L, Haleem S S, Yasser M A, et al. Synergy effects of biochar and polyacrylamide on plants growth and soil erosion control [J]. Environmental Earth Sciences, 2015, 74 (3).
[115] 张婉璐，魏占民，徐睿智，等. PAM对河套灌区盐渍土物理性状及水分蒸发影响的初步研究 [J]. 水土保持学报，2012，26 (3): 227-231.
[116] 韩凤朋，郑纪勇，李占斌，等. PAM对土壤物理性状以及水分分布的影响 [J]. 农业工程学报，2010，26 (4): 70-74.
[117] 王辉，王全九，邵明安. PAM对黄土坡地水分养分迁移特性影响的室内模拟试验 [J]. 农业工程学报，2008 (6): 85-88.
[118] 张淑芬. 坡耕地施用聚丙烯酰胺防治水土流失试验研究 [J]. 水土保持科技情报，2001 (2): 18-19.
[119] 李常亮，张富仓. 保水剂与氮肥混施对土壤持水特性的影响 [J]. 干旱地区农业研究，2010，28 (2): 172-176.
[120] 李俊颖. PAM对沙质土壤持水性的效应研究 [D]. 重庆：西南大学，2009.
[121] 刘洋，龙凤，李绍才，等. 保水剂和PAM对人工土壤颗粒水分蒸发的影响 [J]. 中国水土保持，2015 (2): 44-47.
[122] 杨明金，张勃，王海军，等. 聚丙烯酰胺和磷石膏对土壤导水性能的影响研究 [J]. 土壤通报，2009，40 (4): 747-750.
[123] 员学锋，汪有科，吴普特，等. PAM对土壤物理性状影响的试验研究及机理分析 [J]. 水土保持学报，2005 (2): 37-40.
[124] 刘彩云. PAM在盐渍化土壤中吸附行为及土壤物理性质效应研究 [D]. 内蒙古农业大学，2013.
[125] 于亚莉，史东梅，蒋平. 不同土壤管理措施对坡耕地土壤氮磷养分流失的控制效应 [J]. 水土保持学报，2017，31 (1): 30-36.
[126] 王辉，王全九，姚帮松. PAM用量及施加方式对积水垂直入渗特征影响：纪念中国农业工程学会成立三十周年暨中国农业工程学会2009年学术年会（CSAE 2009）[C]. 晋中，2009.
[127] 杨明金，张勃，王海军，等. 聚丙烯酰胺和磷石膏对土壤导水性能的影响研究 [J]. 土壤通报，2009，40 (4): 747-750.
[128] 马鑫，魏占民，张凯，等. 低分子量聚丙烯酰胺对盐渍化土壤水动力参数的影响 [J]. 土壤，2014，46 (3): 518-525.
[129] 高昊辰，焦爱萍，陈诚，等. 高分子化学地膜对盐渍土壤物理性质与水分蒸发效应 [J]. 土壤，2021，53 (5): 1057-1063.
[130] 闫永利，于健，魏占民，等. 土壤特性对保水剂吸水性能的影响 [J]. 农业工程学报，2007 (7): 76-79.
[131] 龙明杰，曾繁森. 高聚物土壤改良剂的研究进展 [J]. 土壤通报，2000 (5): 199-202.
[132] 李常亮，张富仓. 保水剂与氮肥混施对土壤持水特性的影响 [J]. 干旱地区农业研究，2010，28 (2): 172-176.
[133] Gholamreza T, Narges S, Mohammad H B. The Effect of Polyvinyl Acetate Polymer on Reducing Dust in Arid and Semiarid Areas [J]. Open Journal of Ecology, 2016, 6 (4).
[134] 李昊，程冬兵，王家乐，等. 土壤固化剂研究进展及在水土流失防治中的应用 [J]. 人民长江，2018，49 (7): 11-15.

[135] Zhiren W U，Weiming G，Zhishen W U，et al. Synthesis and Characterization of a Novel Chemical Sand - Fixing Material of Hydrophilic Polyurethane [J]. Journal of the Society of Materials Science，Japan，2011，60 (7).

[136] 梁止水，杨才千，吴智仁. W - OH 与砒砂岩固结体力学性能研究 [J]. 人民黄河，2016，38 (6)：30 - 34.

[137] 王星舒，陆引罡，王家顺，等. 聚丙烯酰胺、膨润土、秸秆混合改土材料对土壤的改良效果 [J]. 河南农业科学，2017，46 (9)：62 - 66.

第7章 高寒草甸区高频扰动生态修复关键技术

生产建设项目建设应坚持绿色发展理念，践行生态文明优先，资源开发与环境保护并重，打造寒旱区绿色、优质工程，保护青藏高原生态文明。目前青藏高寒区生态修复案例较少，生态修复技术研究较为空白，因此为了总结适用于青藏高寒区大型工程建设项目后的生态恢复技术方法，现需对国内外生态恢复研究进展做一个综述评论，以便更好地筛选与制定青藏高寒区生态修复技术，为后续雅鲁藏布江水电开发、川藏铁路、滇藏铁路及新藏铁路等高原生产建设项目提供科学高效的参考。

7.1 生态修复内涵

生态修复是在生态学原理指导下，以生物修复、自然恢复、人为调控相互协调统一为基础，结合各种物理修复、化学修复以及工程技术措施，以退化或受损生态系统的生态功能修复和恢复为目标，通过优化组合，对退化或受损生态系统的生物要素或环境要素的修复，使之达到最佳效果和最低耗费的一种综合的修复污染环境的方法。生态修复的顺利施行，需要生态学、物理学、化学、植物学、微生物学、分子生物学、栽培学和环境工程等众多学科的参与。对受损生态系统的修复与维护涉及生态稳定性、生态可塑性及稳态转化等多种生态学理论。生态修复的目的是使受损区生态系统演替向着植被健康、功能完整、景观协调和可持续的方向发展。

7.1.1 生态修复特点

7.1.1.1 严格遵循各生态学原理

水土保持生态修复最为基础的依据是恢复生态学的相关理论与原理，实施水土保持生态修复，需坚持生态学为主导，注重遵循生态学相关规律与原则。其中需注重生物与生态因子之间的关联性、生态系统的组成及机构、生态系统循环规律等，在充分理解、掌握理论原理的基础上，实现依靠自然的力量恢复自然生态系统。

循环再生原理：生态系统通过生物成分，一方面利用非生物成分不断地合成新的物质，一方面又把合成物质降解为原来的简单物质，并归还到非生物组分中。如此循环往复，进行着不停顿的新陈代谢作用。这样，生态系统中的物质和能量就进行着循环和再生的过程。生态修复利用环境-植物-微生物复合系统的物理、化学、生物学和生物化学特征对污染物中的水、肥资源加以利用，对可降解污染物进行净化，其主要目标就是使生

态系统中的非循环组分成为可循环的过程，使物质的循环和再生的速度能够得以加大，最终使污染环境得以修复。

和谐共存原理：在生态修复系统中，由于循环和再生的需要，各种修复植物与微生物种群之间、各种修复植物与动物种群之间、各种修复植物之间、各种微生物之间和生物与处理系统环境之间相互作用、和谐共存，修复植物给根系微生物提供生态位和适宜的营养条件，促进一些具有降解功能微生物的生长和繁殖，促使污染物中植物不能直接利用的那部分污染物转化或降解为植物可利用的成分，反过来又促进植物的生长和发育。

整体优化原理：生态修复技术涉及点源控制、污染物阻隔、预处理工程、修复生物选择和修复后土壤及水的再利用等基本过程，它们环环相扣，相互不可缺少。因此，必须把生态修复系统看成是一个整体，对这些基本过程进行优化，从而达到充分发挥修复系统对污染物的净化功能和对水、肥资源的有效利用。

区域分异原理：不同的地理区域，甚至同一地理区域的不同地段，由于气温、地质条件、土壤类型、水文过程以及植物、动物和微生物种群差异很大，导致污染物质在迁移、转化和降解等生态行为上具有明显的区域分异。在生态修复系统设计时，必须有区别地进行工艺与修复生物选择及结构配置和运行管理。

7.1.1.2 影响因素多而复杂

生态修复具有影响因素多而复杂的特点。需要综合考虑多种因素，包括土地利用类型、土壤类型、污染类型、污染及受破坏程度、生态系统破坏原因、生态修复手段选择等多方面，而生态修复技术又包括生物修复技术、物理修复技术和化学修复技术三方面。生物修复技术是目前生态修复的主要途径，通过微生物和植物等的生命活动来完成，影响生物生活的各种因素也将成为影响生态修复的重要因素。

7.1.1.3 多学科交叉

当代科学研究和技术发明变得越来越复杂，通过多学科或跨学科的研究，常常能够获得单一学科研究无法获得的创新成果。多学科融合或通过跨学科研究问题也是当代科学和技术解决问题的创造性方法，体现了广泛联系和发展的辩证法。而生态修复是一门复杂的学科，其涵盖范围广、涉及知识面众多、修复任务重大，其顺利施行需要综合生态学、物理学、化学、植物学、微生物学、分子生物学、栽培学、环境工程学、水土保持学等多学科的参与，因此，多学科交叉也是生态修复的特点。

7.1.1.4 封育保护为主

实施水土保持生态修复时，封育保护是最常用的手段，其主要是依靠人为约束，使得被保护区域免遭人类活动过多干扰，通过自然生态系统的再生能力与自我调控能力，使植被能够恢复，从而对水土流失进行有效治理。因此，在进行水土保持生态修复的过程中，常见的手段是封山禁止放牧，从而使人为对生态系统的干扰减少。实践证明，对山林进行禁封治理后，林草的覆盖率大幅度提升，土壤的侵蚀模数有了显著下降，水土流失得到了有效的预防与治理，可有效改善当地生态环境。但封山育林的适用前提是生态环境没有被大规模破坏，自然生态系统再生能力仍可自我修复，若超出自然生态系统自我修复能力，则需人为手段干预促进其恢复。

7.1.1.5　修复周期长

在水土保持生态修复中，相较于小型水土保持工程、坡改梯等工程措施修筑成功后就可以发挥水保效益来说，生态修复所需周期较长。一般而言，生态修复的效益在3～5年后才会逐渐得以显现，且生态修复还会受到当地自然条件的限制，不同地域因其气候、土壤等条件存在差异性，植被的恢复速度存在一定差异性。

7.1.1.6　因地制宜原则

生态系统具有一定复杂性，其地形地貌特征、土壤类型、气象水文条件、污染影响因素不尽相同，决定了生态修复的复杂性与多样性。在实施水土保持措施时，不能照搬其他地区的措施，也不能从一而终选择同一种方法，而应该依据不同的地域特点、水土流失特点等采取不同措施。

7.1.1.7　经济可行性原则

水土保持生态修复工程需要大量的投资，且在短时间内不会发挥出明显的效果与经济效益，而在现阶段，我国很多区域的生态修复工程还不能依照发达国家与地区的标准进行。因此在具体的修复工作中，要对资金的投入进行合理控制，理应争取在最小的经济投入下，使生态系统自我调节的功能得以最大限度发挥。

7.1.2　生态修复机制

7.1.2.1　污染物的生物吸收与富集机制

土壤或水体受重金属污染后，植物会不同程度地从根际圈内吸收重金属，吸收数量的多少受植物根系生理功能及根际圈内微生物群落组成、pH值、氧化-还原电位、重金属种类和浓度以及土壤的理化性质等因素影响，其吸收机理是主动吸收还是被动吸收尚不清楚。植物对重金属的吸收可能有以下三种情形：

一是完全的“避”，这可能是当根际圈内重金属浓度较低时，根依靠自身的调节功能完成自我保护，也可能是无论根际圈内重金属浓度有多高，植物本身就具有这种“避”机理，可以免受重金属毒害，但这种情形可能很少。

二是植物通过适应性调节后，对重金属产生耐性，吸收根际圈内重金属，植物本身虽也能生长，但根、茎、叶等器官及各种细胞器受到不同程度的伤害，使植物生物量下降。这种情形可能是植物根对重金属被动吸收的结果。

三是指某些植物因具有某种遗传机理，将一些重金属元素作为其营养需求，在根际圈内该元素浓度过高时也不受其伤害，超积累植物就属于这种情况。植物根对中度憎水有机污染物有很高的去除效率，中度憎水有机污染物包括BTX（即苯、甲苯、乙苯和二甲苯）。

氯代溶剂和短链脂肪族化合物等。植物将有机污染物吸入体内后，可以通过木质化作用将它们及其残片储藏在新的组织结构中，也可以代谢或矿化为CO_2和H_2O，还可以将其挥发掉。根系对有机污染物的吸收程度取决于有机污染物的浓度和植物的吸收率、蒸腾速度。植物的吸收率取决于污染物的种类、理化性质及植物本身特性。其中，蒸腾作用可能是决定根系吸收污染物速率的关键变量，这涉及土壤或水体的物理化学性质、有机质含量及植物的生理功能，如叶面积，蒸腾系数，根、茎和叶等器官的生物量等因素。一般来说，植物根系对有机污染物吸收的强度不如对无机污染物如重金属的吸收强度大，植物根系对有机污染物的修复，主要是依靠根系分泌物对有机污染物产生的络合和降解等作用。此外，植物根死亡后，向土壤释放的酶也可以继续发挥分解作用，如脱卤酶、硝酸还原酶、过氧化物酶、漆酶等。细菌等微生物也可以大量地富集重金属，但由于这些微生物难以去除，而且虽然重金属在这些微生物体内可能会转化为无害物质而暂时对环境无害，但等微生物死亡后又会重新进入环境而造成潜在危害。因此，这种机制对于重金属污染土壤或水体的修复意义不是很大。

植物降解功能也可以通过转基因技术得到增强，如把细菌中的降解除草剂基因转导到植物中产生抗除草剂的植物，这方面的研究已有不少成功的例子。因此，筛选、培育具有降解有机污染物能力的植物资源就显得十分必要。

7.1.2.2 有机污染物的生物降解机制

生物降解是指通过生物的新陈代谢活动将污染物质分解成简单化合物的过程。这些生物虽然也包括动物和植物，但由于微生物具有各种化学作用能力，如氧化-还原作用、脱羧作用、脱氯作用、脱氢作用、水解作用等，同时本身繁殖速度快，遗传变异性强，也使得它的酶系能以较快的速度适应变化了的环境条件，而且对能量利用的效率更高，因而具有将大多数污染物质降解为无机物质（如二氧化碳和水）的能力，在有机污染物质降解过程中起到了很重要的作用。

微生物具有降解有机污染物的潜力，但有机污染物质能否被降解还要看这种有机污染物质是否具有可生物降解性。可生物降解性是指有机化合物在微生物作用下转变为简单小分子化合物的可能性。有机污染物质是有机化合物中的一大类。有机化合物包括天然的有机物质和人工合成的有机化学物质，天然形成的有机物质几乎可以完全被微生物彻底分解掉，而人工合成的有机化学物质的降解则很复杂。多年来的研究表明，在数以百万甚至上千万计的有机污染物质中，绝大多数都具有可生物降解性，有些专性或非专性降解微生物的降解能力及降解机理已十分清楚，但也有许多有机污染物是难降解或根本不能降解的，这就要求一方面加深对微生物降解机理的了解，以提高微生物的降解潜力。另一方面也要求在新的化学品合成之后，进行可生物降解性试验，对于那些不能生物降解的化学品应当禁止使用，只有这样才能有利于人类的可持续发展。

细菌除直接利用自身的代谢活动降解有机污染物外，还能以环境中有机质为主要营养源，对大多数有机污染物进行降解，如多种细菌可利用植物根分泌的酚醛树脂如儿茶素和香豆素进行降解多氯联苯 PCBs 的共代谢，也可以降解 2,4－D。细菌对低分子量或低环有机污染物如多环芳烃 PAHs（二环或三环）的降解，常将有机物作为唯一的碳源和能源进行矿化，而对于高分子量的和多环的有机污染物多环芳烃 PAHs（三环以上的）、氯代芳香化合物、氯酚类物质、多氯联苯（PCBs）、二噁英及部分石油烃等则采取共代谢的方式降解。这些污染物有时可被一种细菌降解，但多数情况是由多种细菌共同参与的联合降解作用。

菌根真菌在促进植物根对有机污染物吸收的同时，也对根际圈内大多数有机污染物尤其是持久性有机污染物（POPs）起到不同程度的降解和矿化作用，其降解的程度取决于真菌的种类、有机污染物类型、根际圈物理和化学环境条件及微生物群系间的相互作用。研究表明，许多外生菌根真菌对许多 POPs 可以部分降解。

腐生真菌及一些土壤动物对污染物质也有一定的修复作用。白腐真菌能产生一套氧化木质素和腐殖酸的降解酶，这些酶包括木质素过氧化物酶、锰过氧化物酶和漆酶，这些酶除能降解一些 POPs 外，其扩散到环境介质中的产物也能束缚一部分 POPs，从而减轻对植物的毒害。蚯蚓也能部分吸收重金属，以减少对植物的毒害。

7.1.2.3　有机污染物的转化机制

转化或降解有机污染物是微生物正常的生命活动或行为。这些物质被摄入体内后，微生物以其作为营养源加以代谢，一方面可被合成新的细胞物质；另一方面也可被分解生成 CO_2 和 H_2O 等物质，并获得生长所必需的能量。微生物通过催化产生能量的化学反应获取能量，这些反应一般使化学键破坏，使污染物的电子向外迁移，这种化学反应称为氧化-还原反应。其中，氧化作用是使电子从化合物向外迁移的过程，氧化-还原过程通常供给微生物生长与繁衍的能量，氧化的结果导致氧原子的增加和氢原子的丢失；还原作用则是电子向化合物迁移的过程，当一种化合物被氧化时这种情况可发生。在反应过程中有机污染物被氧化，是电子的丢失者或称为电子给予体，获得电子的化学品被还原，是电子的接受体。通常的电子接收体为氧、硝酸盐、硫酸盐和铁，是细胞生长的最基本要素，通常被称为基本基质。这些化合物类似于供给人类生长和繁衍必需的食物和氧。

7.1.2.4　生态修复的强化机制

对于污染程度较高且不适于生物生存的污染环境来说，生物修复就很难实施，这时就要采用物理或化学修复的方法，将污染水平降到能够降到的最低水平，若此时仍达不到修复要求，就要考虑采用生态修复的方法，而在生态修复实施之前，先要将环境条件控制在能够利于生物生长的状态。但一般来说，简单地直接利用修复生物进行生态修复，其修复效率还是很低的，这就需要采用一些强化措施，进而形成整套的修复技术。

强化机制分为两个方面：一是提高生物本身的修复能力；二是提高环境中污染物的可生物利用性，如深层曝气、投入营养物质、投加添加剂等。

7.1.3　生态修复基本方式

根据生态修复的作用原理，生态修复有以下几种修复方式：微生物-物理修复、微生物-化学修复、微生物-物理-化学修复、植物-物理修复、植物-化学修复、植物-物理-化学修复、植物-微生物修复、植物-微生物-化学修复、植物-微生物-物理修复。

生物修复是生态修复的基础，其定义是指生物特别是微生物催化降解有机污染物，从而修复被污染环境或消除环境中的污染物的一个受控或自发进行的过程，这是狭义的定义。生物修复的成功与否主要取决于微生物活性、污染物特性和环境状况。

物理与化学修复是生态修复的构成要素，是指充分利用光、温、水、气、热、土等环境要素，根据污染物的理化性质．通过机械分离、蒸发、电解、磁化、冰冻、加热、凝固、氧化-还原、吸附-解吸、沉淀-溶解等物理和化学反应，使环境中污染物被清除或转化为无害物质。通常为了节省环境治理的成本，物理修复或化学修复往往作为生物修复的前处理阶段。

植物修复是生态修复的基本形式，在污染环境治理中，从形式上来看，似乎主要是植物在起作用，但实际上在植物修复过程中，往往是植物、根系分泌物、根际圈微生物、根际圈土壤物理和化学因素（这些因素可以部分人为调控）等共同作用。总的来看，植物修复几乎包括了生态修复的所有机制，是生态修复的基本形式。青藏高寒区工程建设生态环境被破坏后，主要生态修复方式就是植物修复，当原有植被遭受破坏后，应采取补植、封育、人为抚育等方式进行修复。

7.1.4 生态修复基础理论

生态修复的对象是需要修复的生态系统，因此需要了解生态系统的一些基本属性，如生态系统的结构与功能、物理化学环境、生态系统中动植物群落的演替规律，需要了解及掌握该生态系统的优势物种或者乡土物种，还需要了解及认识生态稳定性、生态可塑性以及生态系统的稳态转化等。只有这样才能确定生态修复的目标，才能制定有效的生态修复措施与技术组合，更好地实施生态修复工程。

7.2 国内外生态修复研究进展

生态修复研究包括生态修复试验研究、大规模生态工程实践和生态修复的基础理论研究三个方面。其生态修复研究的历史发展也是围绕着这三个方面展开，并分成三个阶段。

（1）早期生态修复试验研究阶段。生态修复研究的历史发展，首先是人们发现人类活动造成了小规模的生态破坏和生态系统退化，需要进行生态修复，于是开始小规模或局部的生态修复试验研究，其目的是通过试验，恢复受损的生态系统。指导生态修复试验的理论来自植物生态学、林学、气象学、土壤学等学科。这一阶段突出人类向未干扰的自然生态系统学习，把学习中获得的自然生态法则应用到生态系统修复中。如20世纪30年代美国对温带高草草原的恢复试验研究；60—70年代对北方阔叶林、混交林等生态系统的恢复试验研究；在90年代开始的世界著名的佛罗里达大沼泽的生态恢复研究；英国对工业革命以来留下的大面积采矿地以及欧洲石楠灌丛地的生态修复研究；在澳大利亚干旱退化土地及其人工重建研究等。当国外开始进行生态修复试验研究时，我国除少数人外，大部分国民还对生态修复一无所知。

（2）中期大规模生态修复工程实践阶段。生态修复研究的第三阶段是大规模生态工程实践。如美国中部沙尘暴的治理工程、中国三北防护林工程、80年代开始的中国长江中上游地区水土保持重点建设工程、长江防护林工程、沿海防护林工程、退耕还林还草工程、天然林保护工程、沙尘暴的治理、小流域治理生态修复等一系列的生态修复工程的实施是这一阶段发展的标志。

(3) 后期生态修复基础理论研究阶段。近30年来，大规模的生态破坏和生态退化，已危及人类的可持续发展，为了回答地球各类生态系统受损和退化的特征、机制及修复的机理，生态修复的基本理论研究在实际需要的推动下，得到了较快的发展。如1975年3月，各国科学家在各类生态系统修复初步试验的基础上，为了总结不同生态恢复过程，召开了具有里程碑意义的“受损生态系统的恢复”国际会议，对受损生态系统的恢复和重建及许多重要的生态学问题、生态恢复过程中的原理、概念和特征进行了讨论；1980年，Caims主编了《受损生态系统的恢复过程》，8位科学家从不同角度探讨受损生态系统恢复过程中重要生态学理论和应用问题；80年代以“干扰与生态系统”“恢复生态学”为主题的研讨会的召开及一系列恢复生态学杂志的创刊和有关组织的成立，为生态修复理论研究建立了展示的平台。在国内，随着全民生态意识的觉醒，由国家资助，开展了一系列研究工作，如华南地区“华南侵蚀地的植被恢复研究”“石漠化地区生态系统结构和功能及恢复研究”“干旱河谷人工植物群落结构和优化调控研究”“热带亚热带常绿阔叶林恢复生态学研究”“红壤丘陵坡耕地土壤退化防治研究”“西部亚高山退化森林恢复与重建的生态学过程及调控研究”等。由于我国地域差异大，不同地区形成了各自的研究重点。在东北地区注重研究自然植被演替和生产力形成机制，如对红松林、杉木林地力衰退的与生产力的关系；在西南地区，注重石漠化的生态过程、金沙江流域半湿润常落阔叶林的恢复生态学研究；在华北地区以及北方地区注重研究生物多样性和草地生产力恢复过程，如对落叶阔叶林、内蒙古草原、毛乌素沙地的恢复研究；在华南地区注重研究花岗岩土壤侵蚀和控制为特色的南亚热带森林植被恢复和重建；在西北地区注重以草地改良和鼠害防治为特色的退化高寒草地恢复重建；在南方丘陵区注重特色资源保护和开发与地方社会经济发展的研究等。这些生态修复研究，提出了许多切实可行的生态修复与重建的技术与模式，先后发表了大量有关生态系统退化和人工恢复重建的论文、报告和论著。这一阶段，尽管还存在很多问题需要解决，但生态修复的有关理论体系已基本形成，人类已开始应用生态修复基础理论研究成果于大规模生态修复实践。

在这三个生态修复研究历史阶段中，第一阶段是为应用目的而做的试验研究，第二阶段是在第一阶段研究的基础上，解决大规模生态退化的问题而做的工程实践，第三阶段是理论体系建立，并应用恢复生态学的各种理论，进行生态恢复实践阶段。在第一阶段的后期，开始了第二阶段，第二阶段和第三阶段基本上是齐头并进的。但不同的国家，由于生态意识觉醒的先后不同，各阶段在时间上具有差异。

相对国外研究，国内生态修复效果研究起步较晚。为了对我国自然生态系统修复的研究情况有一个整体的把握，以中国知网（CNKI）收录的生态修复主题论文为研究对象，采用传统文献记载量分析的方法，对本领域的文献量时间分布特征、主题关键词等进行统计，分析该领域发展历程及研究发展趋势。围绕“生态修复”主题相关的关键词来制定中文检索式，以“CNKI”为数据源进行检索，时间跨度为2000—2021年，检索式为：TI=‘生态修复’，获取了从2000—2021年共8164篇文章。按照时间分布情况，

对研究生态修复的文献发表时间进行了梳理（图 7.1），并提出了一些见解。

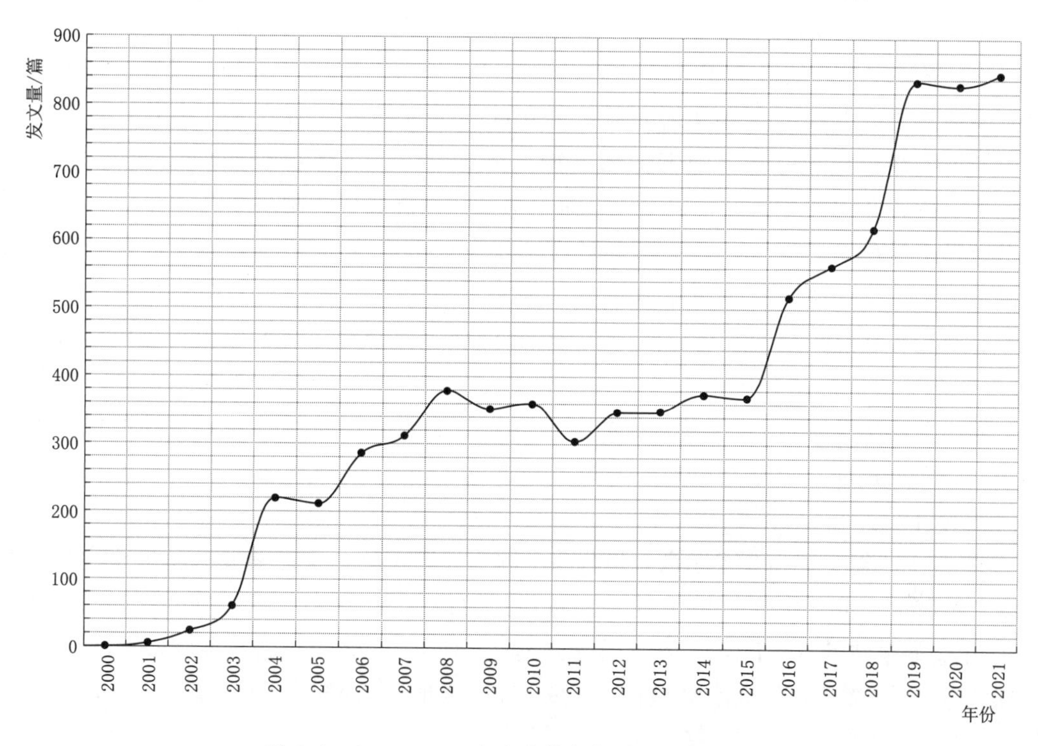

图 7.1　2000—2021 年生态修复领域发文数量统计

从检索文献的时间分布情况来看，近 20 年来我国学者对生态系统修复的研究越来越多，从 2000 年的 1 篇增长到了 2021 年的 845 篇，这表明人们对生态系统修复的重视程度越来越高。从图 7.1 可以看出，折线图中有三个明显的大幅度增长点，代表年文献数量增长率最高的 3 个年份，分别是 2004 年、2016 年和 2019 年。虽然个别年份研究文献数量出现小幅度回落，但是并不影响文献数量随着年份增加而逐年增加的总趋势。图中 3 个拐点的出现与同一时期国家出台生态相关政策、制度息息相关，可以说国家对生态系统修复的支持力度是评价生态修复综合效果的一个重要因素。

具体来看，第一个文献加速增长时间段出现在 2004 年，主要是因为 2004 年国家发布了《矿山生态环境保护与污染防治技术政策》，涉及矿山修复扩展以及生态系统修复的方方面面，2004 年发文量是 2003 年的 3～4 倍之多，2004 年《矿山生态环境保护与污染防治技术政策》的发布不仅使文献数量出现了第一个高峰，一定程度上促进了国内相关学者对生态修复的研究，而且对矿山的污染防治起到了指导作用，给地方政府对生态环境的保护提供了政策参考依据；第二个文献加速增长时间点出现在 2016 年，2015 年 7 月 1 日，习近平主持召开中央全面深化改革领导小组第十四次会议并发表重要讲话，强调必须加快推进生态文明的建设。习总书记说“现在，我国发展已经到了必须加快推进生态文明建设的阶段。生态文明建设是加快转变经济发展方式、实现绿色发展的必然要求。要立足我国基本国情和发展新的阶段性特征，以建设美丽中国为目标，以解决生态环境领域突出问题为导向，明确生态文明体制改革必须坚持的指导思想、基本理念、重要原则、总体目标，提出改革任务和举措，为生态文明建设提供体制机制保障。”2015 年习近平在吉林就振兴东北等地区老工业基地、谋划好“十三五”时期经济社会发展进行调研考察时讲到“要大力推进生态文明建设，强化综合治理措施，落实目标责任，推进清洁生产，扩大绿色植被，让天更蓝、山更绿、水更清、生态环境更美好。”2015 年 9 月习近平主持召开中共中央政治局会议，审议通过《生态文明体制改革总体方案》。习近平总书记提出绿色发展理念，把生态文明建设放在社会主义建设的总体布局中，新理念的提出引发了学术界研究生态系统修复的高潮，也为我国的生态文明建设注入了新的活力；第三个拐点出现在 2019 年，2019 年颁布了《重点生态保护修复治理资金管理办法》《关于加快推进露天矿山综合整治工作实施意见的函》《受污染耕地治理与修复导则》等相关法案及规范，《天然林保护制度方案》明确表示将继续对天然林的保护修复工作，一系列标准、规范及相关法案的出现推动了学术界对我国生态修复工程的研究迈向新的台阶。

根据 8164 篇文章主要主题词，将相似主题合并归类后，生态修复领域前十主题分布如图 7.2 所示。生态修复领域主题主要包括：生态修复（5714 篇）、水生态修复（890 篇）、生态修复技术（637 篇）、生态修复工程（331 篇）、矿山生态修复（323 篇）、生态修复措施（127 篇）、生态修复模式（109 篇）、湿地生态修复（105 篇）、边坡生态修复（102 篇）、综合治理（58 篇）。

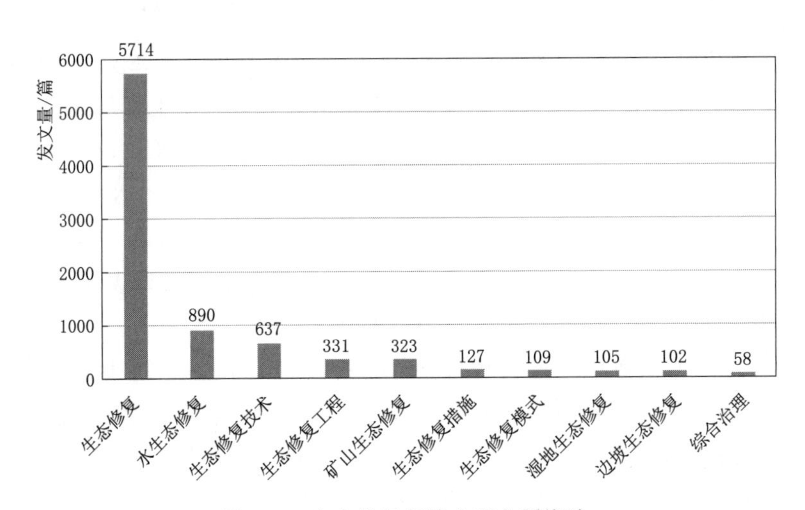

图 7.2　生态修复领域主要主题统计

具体来看，水体生态修复主要包括河流生态修复、河道生态修复、河道治理、城市河流治理、水生态修复等主题；生态修复技术主要包括综合治理、修复对策等；生态修复措施主要包括封山育林等系列修复措施；矿山生态修复主要包括矿山生态、矿区生态恢复、重金属污染等主题；湿地生态修复主要包括人工湿地、湿地生态修复；边坡生态修复主要包括公路边坡生态修复、铁路边坡生态修复等主题。

如图 7.2 生态修复领域主要主题统计柱状图所示，可以看出学者在生态修复中不同领域的研究分布情况。其中主要的领域包括水体生态修复、矿山矿区生态修复、湿地生态修复、边坡生态修复等方面，下文将对这几方面研究进展进行综述归纳，以及生态修复主要研究成果，以便更好地为高寒区工程施工后植被恢复提供借鉴与理论支撑。

7.2.1 水体生态系统生态修复研究进展

对于受损的河流、河道、水体的生态修复的研究任务主要包括以下方面：建设河流形态多样性；在保证河流多样性的同时，也要对河流生物多样性进行修复；从河流水质、水文条件等方面进行修复。三个方面相辅相成、相互促进、互为保障。河流形态的多样性能促进水质、水文条件的改善，进而促进河流生物的多样性，同时生物群落的丰富又能够为改善水质、水文条件及维持河流形态多样性提供保障。

河流生态修复理论经历了从初期到丰富再到成熟的过程。1938 年德国学者 Seifert 第一次提出了“近自然河溪治理”的概念，使人们对河流的修复由传统观念向近自然化观念转变。1950 年“近自然河道治理工程学”理念应运而生，并逐步发展成为河流生态修复研究的重要理论支撑，其核心主要是将生态学原理与工程设计理念相融合，并强调人为治理要与河流的自我恢复能力相结合。在成熟阶段，有学者开始将河流水动力学、地质学等知识运用到河流的治理当中，在修复河流时也强调“近自然化”，将河流生态功能的恢复作为治理的重点。

我国河流生态修复研究较晚，20 世纪末才开始进行。进入 21 世纪以来，河道生物生态修复已经引起了国家的高度重视，已经开展了相关的研究和实践活动。国内河道生物生态修复工作经历了以下两个发展阶段：2000—2005 年，该阶段为初始阶段，主要是学习国外的研究成果，并形成与我国生物生态修复工作有关的学术见解；2005 年至今，本阶段目前还处于发展阶段，我国生物生态修复工作已经向具体的修复方法和技术转变。目前，我国已经有多种水体生态修复技术（图 7.3），主要包括：利用微生物来治理污水技术、生物膜净化水体技术、水体浮岛吸纳重金属技术以及对单项修复技术进行优化组合的技术等。

图 7.3 云阳水口水库水生态修复工程——生态浮岛技术

7.2.2 矿山生态系统生态修复研究进展

矿产资源的开采虽有利于促进社会经济的持续发展，但相应地将会造成矿区地表裸露、对矿区土壤造成重金属污染、危害周边环境，特别是周围大气、水、土壤环境等。裸露的边坡及弃渣场若没有人为生态恢复，其生态环境几乎无法完成自我修复，植被在很长时间内都无法存活。因此对矿区内生态修复工作是十分重要的。

国外矿山的生态修复工作起步较早，在20世纪中期已经发展的较为成熟，并在法制、管理和研发等方面获得了较大突破。其中美国是最早开始矿区生态修复的国家之一，其1977年《露天采矿管理与修复（复垦）法》进一步推进了矿区土壤生态修复工作；澳大利亚是矿产资源大国，其矿区生态修复严格的保证金制度让他们的矿区治理非常成功；日本专门设立了处理矿区废弃地生态恢复问题的新能源产业技术综合开发机构（NEDO），对矿山废弃地的生态恢复进行了统一规划设计指导。

我国实施矿区土地复垦工作较晚，最初矿区生态恢复仅限于部分矿山的自发行为，1960年，我国在废石场或闭库的尾矿库开始了矿山复垦实践，主要进行简单的平整和覆土绿化，但由于矿区及弃渣场生境恶劣，土壤受到重金属污染，土壤水也受到污染等因素限制，其复垦率还停留在比较低的水平。1988年，国务院常务会议通过了《土地复垦规定》条例，本着"谁破坏，谁治理"的原则，对在生产建设过程中，因挖损、塌陷、压占等造成破坏的土地，采取整治措施，使其恢复到可供利用的状态的活动。该条例使我国矿区废弃地的生态恢复工作的速度和质量都有较大程度的提高，并开始着开展矿山废弃地土地复垦与生态恢复研究，主要致力于研究矿区土地复垦规划理论和方法，矿山废弃地复垦与绿化、土地复垦政策与战略这些研究，对推动矿山废弃地的复垦及生态环境的综合整治具有重要作用。现阶段，我国对矿区土地复垦的研究已不仅仅是复垦适宜性和效益的评价，更关注矿区生态恢复治理问题，矿山生物复垦技术也已进入了新的研究运用阶段。

图7.4　温岭废弃矿山生态修复

目前矿区生态恢复（图7.4）主要包括物理修复技术、化学修复技术、生物修复技术。

（1）物理修复技术。

主要包括隔离法、电动力法、在矿区进行表土剥离、运输、保存及再利用、客土改良法、添加有机质改良土壤质量等。

（2）化学修复技术。

主要包括添加N、P、K等营养物质，改善土壤成分；或者向土壤中施加Ca^{2+}离子，Ca^{2+}可与土壤中的一些离子产生拮抗作用，降低土壤中部分重金属离子的毒性，进而降低植物对重金属离子的吸收，促进植物生长。

（3）生物修复技术。

主要包括动物改良技术，如土壤中的蚯蚓，其在土壤中打洞可以增加土壤孔隙度，改良土壤结构，作为分解者其产生的排泄物又可以增加土壤有机质含量；植物改良技术，有些植物根系可以富集重金属污染物，从而可以改善土壤重金属污染，目前国内外研究发现超累积植物已达700多种。但富集不等同于削除，重金属会富集在根系周围；微生物改良技术，利用微生物的生命代谢活动降解、转化土壤中的污染物质，达到改良土壤、降低土壤毒性的目的。大量研究和实践表明，微生物改良适合应用于土壤中重金属无害化、植物生长促生、土壤结构改良等，具有巨大的应用潜力。

7.2.3 湿地生态系统生态修复研究进展

湿地是位于陆生生态系统和水生生态系统之间的过渡性地带，有很多湿地的特征植物，其土壤大多数时间浸泡在水中。湿地广泛分布于世界各地，拥有众多野生稀有及濒危动植物资源，是极其重要的生态系统，很多珍稀水禽的繁殖和迁徙都离不开湿地，因此湿地被称为“鸟类的乐园”。

湿地具有物质生产、水分调节、过滤有毒物质、为野生珍稀动物提供栖息地、促进局部地区气候循环等多重功能，可以作为直接利用的水源或补充地下水，又能有效控制洪水和防止土壤沙化，还能滞留沉积物、有毒物、营养物质，从而改善环境污染；它能以有机质的形式储存碳元素，减少温室效应，保护海岸不受风浪侵蚀，提供清洁方便的运输方式等，因有如此众多而有益的功能而被人们称为“地球之肾”。

湿地退化造成湿地面积缩小，水质下降、水资源减少甚至枯竭、生物多样性降低、湿地功能降低甚至丧失等多种危害，因此迫切需要对湿地进行保护、恢复和重建（图7.5）。湿地恢复原则包括：可行性原则、优先性和稀缺性原则、恢复湿地的生态完整性、自然结构和自然功能原则、流域管理原则、美学原则、自我维持设计和自然恢复原则、最小风险与最大效益原则。湿地生态恢复主要有以下两种，其流程如图7.6所示。

图7-5　若尔盖湿地生态修复工程，恢复退化湿地$64km^2$

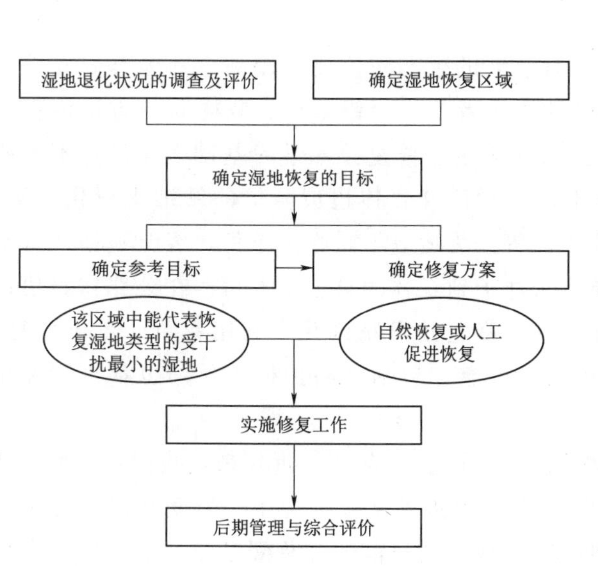

图7.6　湿地生态恢复流程

(1) 自然恢复方法。

湿地恢复的过程就是消除导致湿地退化或丧失的威胁因素，从而通过自然过程恢复湿地的功能和价值，通常自然恢复方法的成功依赖于稳定的能够获取的水源、最大限度地接近湿地动植物种源地，被动恢复的优势在于低成本以及恢复的湿地与周围景观的协调一致。

(2) 人工促进恢复方法。

人工促进自然恢复涉及自然干预，即人类直接控制湿地恢复的过程，以恢复、新建或改进湿地生态系统，主要包括物理修复技术、化学修复技术、生物修复技术。当一个湿地严重退化，或者只有通过湿地建造和最大限度的改进才能完成预定的目标时，人工促进恢复方法是一个最佳的恢复模式，人工促进恢复方法的设计、监督、建设和花费都是比较可观的。

7.2.4　公路铁路边坡生态修复研究进展

公路、铁路等建设项目具有呈线状分布、布局跨越较大、可能穿越多种地貌及土壤类型单元、取土场和弃土场沿线分布且多而分散、开挖或填方边坡较多且土石方量动用大、施工期限较长的特点。对于公路铁路边坡的生态恢复不仅关系到公路本身的美学问题，更直接关乎公路自身的安全问题，其高填挖深直接破坏掉原有地表植被，裸露的边坡若未进行生态修复，可能会在重力或其他外力作用下由于其不稳定性造成滑坡、崩塌等地质灾害，直接影响生命安全，因此裸露边坡生态修复应是公路铁路生态修复的重中之重。边坡的生态恢复主要是通过利用植物根系固结土壤以及植物的水文效应，结合适当的工程措施，增加坡面的稳定性，最大限度地控制水土流失。

发达国家十分重视公路建设中沿线生态环境的保护问题，其对道路边坡生态修复具有很长发展历史。早期，这些国家采用树枝扦插、绿篱等措施防止边坡免受雨水侵蚀。在 20 世纪 50 年代，美国发明了液压喷播技术，实现了边坡植被恢复与重建的机械化；80 年代又推广使用三维植草技术，90 年代起开始注重边坡绿化评价和管理。美国在 1965 年就制定了高速公路绿化技术标准制，为高速公路绿色建设发展提供了政策保障。欧美发达国家在高速公路设计阶段就重视对公路道边的自然风光保护，强调公路与周围景观协调性。对于被破坏的环境资源，积极采取补偿措施。经过多年研究与发展，边坡生态防护已从过去简单的绿化进一步发展为目前具有景观美学价值的生态绿化。

日本由于山地多且地质灾害频发，对边坡的生态防护要求较高，其生态修复综合技术水平居世界领先。17 世纪 30 年代日本学者就采用铺草皮、栽树苗的方法治理荒坡，成为日本植被护坡的起源。日本在对欧美生态修复技术学习基础上，经过不断改进与创新，最终创造出新型的修复技术，包括适合岩体边坡防护的纤维土绿化工法、连续纤维土绿化法、高次团粒 SF 绿化工法等。为适应不同施工条件，客土喷播在日本就开发出高达 20 余种施工方法，被誉为从种子到森林的再生技术口。在公路铁路建设过程，日本十分强调人与自然的和谐关系，修复技术精细化，利用花草、乡土作物、常青树、开花的树等对公路周边的环境进行改善，包括公路护栏铁丝网也都进行绿化覆盖。

我国对公路铁路的系统化绿化工程始于 20 世纪 90 年代。近年来，我国在边坡治理的理念上发生了较大的转变，包括：从初期以引进外来植物为主，转变到以优先选择乡土植物为主；从最初的“单一种草理论”，演变到目前的“草灌结合、灌木为主、草本为辅”；从初期的只强调短期效果，演变到长短期并重，从初期的只考虑水保效益及环保的绿化思想，发展到注重景观美化设计等诸多功能的设计。在边坡生态修复方面主要通过引进国外先进技术，并且结合我国公路等级、周边气候、土壤、地形地貌等情况，改进或研发了一些适合我国本土的防护技术。目前，液压喷播植草护坡、客土喷播防护技术、三维网植草护坡、喷混植生技术、厚层基材喷射植被防护技术等在国内都被广泛应用。已有不少文章对各种边坡防护技术的特点，适用范围做出系统阐述。通过几十年技术引入与创新，公路铁路边坡修复技术在我国已相对成熟（图 7.7）。

图 7.7　青藏铁路边坡，菱形护坡设计

7.3　国内外生态修复主要研究成果

7.3.1　封山育林技术体系

封山育林的原理就是在原生环境受到破坏的情况下，采取封锁措施，利用自然生态系统的自我修复能力对该生态系统进行修复。封锁措施包括"封"和"育"，"封"即把需要生态恢复的地区隔离起来，减少放牧、施工等人为活动影响；"育"是在封禁期间，在封禁地进行断根、移根、补种、平茬、除蘖、定株、割灌、局部整地等人为措施，促进下种速度和根蘖萌发。封山育林技术措施按以下步骤开展：①适地适种原则，确定培育的主要和次要树种或草种，以当地优势树种或草种优先，主要树种是指最适合当地生长的并具有最大培养价值的树种，一般具有良好的水土保持能力，在群落中能起到建群种或优势种作用，或在植物群落演替中具有促进发展演替的作用；②补植地带性植物群落建群种、优势种或其他促进生态系统恢复的植物种；③在树木休眠季节，在早春树液开始流动前，进行平茬和割灌，为培育树种提供良好的空间和生长环境；④根据封育目标，把高大、通植、树冠发育良好的优势木保留下来，伐去被压木、枯弱木和无培养前途的其他树木；⑤修枝，对于保留的植株进行修剪。

7.3.2　小流域综合治理技术体系

小流域综合治理是根据小流域自然和社会经济状况以及区域国民经济发展的要求，以小流域为单元，以提高生态经济效益和社会经济持续发展为目标，以基本农田优化结构和高效利用及植被建设为重点，统一规划，综合治理，减少水土流失，改善生态环境，把生态环境建设与经济发展相结合，促进社会效益、经济效益及生态效益协调统一。

在详细调查自然条件和社会经济条件的基础上，合理确定流域内每一个地块的土地利用方向及水土保持技术措施，通过多种规划方案对比，选择优化方案，进而在

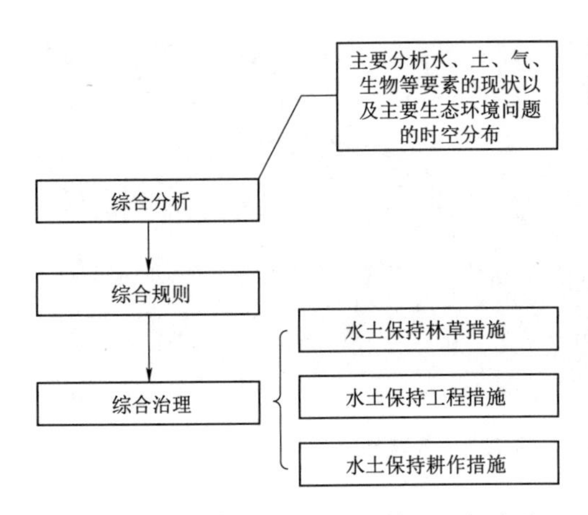

图7.8　小流域综合治理技术体系一般步骤

各个地块上配置水土保持林草措施、工程措施及农业技术措施，形成综合防治体系（图7.8）。

(1) 水土保持林草措施。

水土保持林草措施可以使小流域的治理与开发相结合。在小流域中，建设乔、灌、草相结合的生态经济型防护林体系，是实现流域可持续治理与开发的根本措施。在小流域中建立生态经济型防护林体系，可发挥林地特有的生态屏障功能，同时可为社会提供更多的林产品，提高经济效益，应根据区域自然历史条件和防灾、生态、经济建设的需要，在适宜位置布设各类林地，形成一个多林种、多树种、高效益的防护整体。

(2) 水土保持工程措施。

水土保持工程措施是小流域治理与开发的基础，能为林草措施及农业生产创造条件，是防止水土流失，保护、改良和合理利用水土资源，并充分发挥各种资源的经济效益，建立良好生态环境的重要治理措施。

(3) 水土保持农业措施。

在水土流失的农田中，采用改变小地形，增加植被覆盖度、地面覆盖和土壤抗蚀力等方法，达到保水、保土、保肥、改良土壤、提高产量等目的的措施称为水土保持农业措施。在一些小流域治理中已建成了以生态农业原理为基础，以高效、优质、可持续发展为目的的农林复合型、林牧复合型或农林牧复合型的复合生态经济系统。

7.3.3　生态修复工艺

7.3.3.1　动物修复技术

土壤动物对农药、矿物油类的有害物质具有富集作用，对重金属的形态的转化和富集具有促进作用，因此土壤动物直接用于生态修复。动物修复技术主要通过动物（如蚯蚓、沙蚕、线虫类、贝类原生动物、鱼类等）直接吸收、转化和分解污染物，或利用动物的调控作用（食物链效应）等间接作用来除去污染物质，如蚯蚓其在土壤中打洞可以增加土壤孔隙度，改良土壤结构，作为分解者其产生的排泄物又可以增加土壤有机质含量。张薇等（2004）研究表明土壤线虫对农药的富集作用比较明显，可以用作农药污染土壤的动物修复。

7.3.3.2　植物修复技术

植物修复技术是指在不破坏土壤结构前提下利用自然生长或经过遗传培育筛选的植物对土壤中的污染物进行固定、吸收、转移、富集、转化及根系降解作用，使土壤中的污染物得以消除或将土壤中的污染物浓度降到可接受水平的修复方法。植物修复技术通常在受污染区域生态恢复时使用，具有处理费用低、减少场地破坏、可以增加微生物数量等优点，其成功应用的关键在于筛选具有高产和高去污能力的植物，摸清植物对土壤条件和生态环境的适应性。

7.3.3.3 微生物修复技术

微生物修复技术是指利用天然存在的或所培养的功能微生物群，在适宜环境条件下，促进或强化微生物代谢功能，从而达到降低有毒污染物活性或降解成无毒物质的生物修复技术。由于微生物个体小、繁殖快、适应性强、易变异，所以可随环境变化产生新的自发突变株，也可能通过形成诱导酶产生新的酶系，具备新的代谢功能以适应新的环境，从而降解和转化那些“陌生”的化合物微生物对土壤中的有毒污染物的降解，主要包括氧化反应、还原反应、水解反应和聚合反应等，微生物还可以改良土壤结构，提升土壤团聚体质量，增强土壤肥力。研究表明丛枝菌根真菌能够帮助植物吸收磷、钾等矿质元素，促进植物的生长，改良土壤结构、提高植物的抗逆性、改善土壤结构、协调水肥供应，可以有效应用于生态修复中。

实际上单一的生物措施很难达到环境恢复的目的，土壤动物修复技术、微生物修复技术、植物修复技术、工程技术相结合，才更能发挥其功能，提高修复能力，促进生态系统更快变好。

7.3.4 工程施工边坡生态恢复技术

工程施工边坡生态恢复技术主要包括植生袋技术和客土喷播技术等，在此基础之上又延伸出大量技术，两种边坡生态恢复技术对比见表 7.1。

表 7.1　两种边坡生态恢复技术对比

边坡生态恢复技术	适用边坡	工程特点	工程效果
植生袋技术	岩质、土质边坡	操作简单，施工成本较低	能有效避免水土流失，但最初难以与周围环境融合
客土喷播技术	各类边坡	机械化操作，成本较高，恢复后覆盖度较高	出苗均匀、整齐、快，覆盖度高，美观

7.3.4.1 植生袋技术

植生袋又称绿化袋或植草袋，采用无纺布和遮阳网制作，抗紫外线性能优，耐用性长，透水性与透气性俱佳。

植生袋技术主要是在植生袋里面装入土壤及肥料，在植生袋的正面两层布内装入草本种子，该技术主要是将植生袋堆叠固定在边坡的表面，利用植生袋稳定坡面，同时经过时间演替，植生袋里面的种子会出芽，达到绿化覆盖的效果，主要是适应于坡度小于 60°的岩质边坡或土质边坡。植生袋是可降解材料，慢慢地边坡将会演化成自然坡面。

施工技术及工艺：①植生袋的准备及基质、草种装袋；②填平或清除坡面的凹陷与杂物，将坡面修整为弧形坡面；③挖掘沟槽，在坡面走向上，挖掘沟槽进行植生袋的固定；④植生袋的铺置；⑤铺网，首先用锚钉对植生袋进行固定，锚钉长度为 20～30cm，然后在植生袋上铺网，网眼直径约4cm；⑥填土以及洒水，覆土后进行洒水。⑦后期人工养护。在草和灌木生长成坪、根系将边坡土层固定之后，可不需再进行日常的人工养护。植生袋及植生袋护坡效果如图7.9所示。

(a) 植生袋

(b) 植生袋护坡效果

图7.9　植生袋技术

7.3.4.2　客土喷播技术

客土喷播技术适用于较缓的边坡，或是在较陡边坡上削坡开级，然后再客土喷播。

客土喷播绿化是将植物种子、土、有机质、速效肥料、保水剂、团粒剂等按一定的比例混合，利用高压设备喷射到经加固处理的岩石边坡表面，从而造就有一定厚度的耐雨水、风侵蚀，牢固透气，与自然表土相类似或更优的多孔隙稳定土壤结构。其种子能够在岩石边坡等难以绿化地段实现快速发芽绿化，是依靠基质、锚杆、铁丝网与植被的共同作用对坡面进行防护的一种喷播绿化技术，以达到景观近似于自然绿化目的。

施工技术及工艺：①施工前准备；②对坡面转角处及坡顶的棱角进行修整，使之呈弧形，可在边坡上每隔一定高度开横向槽，以增加作业面的粗糙度，更有利于客土的附着；③铺网及钉网，采用高镀锌菱形铁丝网或高强塑料加强土工网铺设，岩石处用风钻或电钻按1m×1m间距梅花形布置锚杆和锚钉，锚杆长90～100cm，锚钉长15～40cm。挂网施工时采用自上而下放卷，相邻两卷铁丝网分别用绑扎铁丝连接固定，两网交接处至少要求有10cm的重叠，锚钉每平方米不少于5只，网与作业面保持一定间隙，并均匀一致。较陡岩面处，可用草绳按一定间隔缠绕在网上，以增加附着力，使客土厚度得到保证。挂网可以使客土基质在岩石表面形成一个持久的整体板块；④客土喷播施工，将种子与纤维、黏合剂、保水剂、缓释肥、微生物菌肥等经过喷播机搅拌混匀成喷播泥浆，在喷播机的作用下，均匀喷洒在作业面上；⑤采用无纺布进行覆盖，其目的一是预防成型后的作业面被雨冲刷，造成植物种子流失，二是可保温保湿，促进草本植物的快速生长；⑥后期养护管理，植物种子从出芽至幼苗期间，必须浇水养护，保持土壤湿润。随后随植物的生长可逐渐减少浇水次数，并根据降水情况调整。客土喷播施工及生态修复效果如图7.10所示。

（a）客土喷播施工

（b）客土喷播生态修复效果

图 7.10 客土喷播施工技术及生态修复效果

7.4 青藏高原高寒草甸区生态修复需求性分析

7.4.1 青藏高原高寒草甸区生态修复现实需求

青藏高原为全球最高的高原，是全球最为独特的自然地理-地质-生态单元，其地理位置独特，战略意义突出，是我国乃至整个亚洲的生态安全屏障和高寒生物物种库，是亚洲乃至全球气候变化的“调节器”。受气候地形及大气环流的控制，青藏高原气候类型复杂，生态系统类型以高寒草甸为主，呈现森林、草甸、草原、荒漠的地带性变化特征，孕育了丰富多样、独具特色的特殊生态系统类型。青藏高原是全球生物多样性最丰富的地区之一，高原特有种子植物 3760 多种，特有脊椎动物 200 余种，珍稀濒危高等植物 300 余种，珍稀濒危动物 120 余种，是世界上山地生物物种最主要的分化和形成中心，是全球生物多样性保护关键热点区域之一。青藏高原有“亚洲水塔”之称，是 10 多条亚洲大江大河的源头，不仅拥有除南北极地区之外最大的冰川储量，也拥有地球上海拔最高、数量最大的内陆湖泊群，还分布着全球中低纬地区面积最大、范围最广的多年冻土区，是我国乃至亚洲水资源产生、赋存和运移的战略要地。青藏高原孕育了奇特的高原风光、雪山草地、江河湖泊、民族风情、宗教文化、特色建筑等自然和人文景观，是中华民族特色文化的重要保护地，是我国生态文明建设不可或缺的一部分。青藏高原是世界人类居住区域中开发程度较低，自然资源的利用仍处于初期阶段、生态环境总体保持优良的区域。因此在青藏高原区进行重大工程开发建设时，应将生态环境保护放在首位，保护这一片净土。

在我国，高寒区主要包括高海拔、高纬度两地域，是国家近期资源开发、基础设施建设的重点区域。由于人力与大型机械的介入，资源开发与基础设施建设不可避免地将对建设工程所在地造成规模巨大的施工扰动，改变原有地表结构，破坏原有植被，破坏生态系统的空间连续性，毁损大面积植被，产生众多次生裸露地皮，进而引起工程扰动区内出现生物多样性降低、水土保持功能退化、涵养水源能力下降等一系列生态环境问题，例如管道开挖多数沿着青藏公路，原生植被被破坏后若没有及时恢复，将与周围绿色植物形成强烈对比，形成一条明显的人为施工印迹，与周围的天然生态景观之间形成鲜明的反差，造成国道沿线景观美感下降影响高原环境美感，严重影响区域生态景观与社会经济的可持续发展。

高寒区水热条件组合特殊，干湿季节分割明显，发育了独特的生物区系、植被类型、生态系统和自然环境，冬季严寒、土层浅薄而贫瘠、降水量少、蒸发量大、生物生产量低、植被稀疏、生态脆弱是其显著特点。在生态环境如此脆弱的高寒区大兴土木无疑将给原本极端恶劣且脆弱的生态环境雪上加霜，导致生态系统的全面退化，同时亦会与原有已经非常发育的地质灾害构成恶性循环，危害区域生态安全、公共设施安全和水电工程安全。

十八大以来，党中央高度重视生态文明建设，把生态文明建设放在突出地位，将其融入经济建设、政治建设、文化建设、社会建设的各方面及全过程，以努力建设美丽中国。《国家中长期科学和技术发展规划纲要（2006—2020 年）》将“生态脆弱区域生态系统功能的恢复重建”明确为优先支持的主题，《全国水土保持科技发展规划纲要（2012—2020）》将“开发建设严重扰动区植被快速营造模式与技术、不同类型区生态自我恢复的生物学基础与促进恢复技术”确立为亟待解决的关键技术。因此，不仅从国家宏观战略层面上看，还是在行业发展需求方面来看，解决或改善高寒区工程扰动区生态环境问题已迫在眉睫。

生态系统往往具有较强的自我修复能力及群落逆向演替能力，但由于高寒区极端恶劣的自然环境，加之生产建设项目对其生态系统结构与功能的干扰破坏已经超过自然生态系统自我修复的阈值，使得受损的植被很难自我修复或者修复时间极其漫长，如 20 世纪 50 年代修建青藏铁路的裸露边坡至今仍未完全恢复。因此，采取相应的人工辅助措施加快高寒区工程裸露区域生态修复进程显得十分必要，其成功与否将严重影响工程安全和效益的发挥，并关系到生态系统的健康和服务功能的持续性。

对毁损植被的修复一直是国际上研究的热点和难点，其内容主要包括地质环境塑造、植被生境营造、群落构建、管养维护等。不同地区与类型的工程扰动都有其独有的立地条件和地质地貌特征，植被修复过程中采取的方式也不尽相同。通常破损山体植被修复技术的选择与区域环境、立地条件及施工难易等均有很大的关系，由于高寒区比其他区域更加恶劣的气候、降雨、温度、蒸发量大等自然生境，高寒区生产建设项目施工受损植被的修复及生态系统的重建需要采取不同于其他地区的特定特殊策略、模式及技术。

7.4.2　高寒草甸区面临的环境问题

青藏高原区域生态环境十分脆弱，随着经济社会发展进程加快，区域生态保护和经济发展的矛盾日益显现。作为我国的生态安全屏障和全球生态环境敏感的地区，青藏高原地区生态建设与环境保护面临的困难备受关注。近年来青藏高原区域面临的生态问题主要包括气候变暖、土地荒漠化、草原退化、水土流失、生物多样性降低等。

7.4.2.1 土地退化严重

高寒草原是西藏高原面积最大的生态系统，西藏天然草原面积约 0.83 亿 hm^2，占西藏全区面积的 2/3，占全国草地总面积的 22.6%，是其耕地面积的 200 多倍，是各类林地及灌木面积的 10 倍左右，但其草地的生态承载力却低于内蒙古、新疆等省（自治区），列全国第 5 位。就草地空间分布而言，那曲地区草地面积最大，占西藏草地总面积的 34.3%，其次分别是阿里地区（25.9%）、日喀则地区（16.2%）、昌都地区（13.3%），山南地区、林芝地区和拉萨市三市总计为 10.3%。草地退化是在各种自然和人为因素的综合作用下，草原生态系统逆行演替，生产能力和环境调控潜力下降，甚至完全丧失物理、化学和生物性质的过程（图 7.11）。自从西藏开始建设以来，西藏天然草地退化趋势明显，生态系统面临较大压力，草地退化、土地沙化、水土流失和土地盐渍化现象严重，形势非常严峻。2004 年藏北地区退化草地面积约占总面积的 50.8%，且以轻度退化草地为主（占 27.9%），其次是中度退化（占 13.2%）、重度和极重度退化（分别占 8.0%和 1.7%）。2005 年西藏沙化土地约 2047 万 hm^2，其中牧区草地退化面积占草地总面积的 50%，低海拔宽谷阶地沙化草地扩张迅速。2007 年西藏草地退化面积达 0.43 亿 hm^2，以那曲地区为主，退化草地面积已达 0.14 亿 hm^2；日喀则地区在沙化、鼠害和人为因素等作用下，95%的可利用草地已不同程度地退化，而且还在以每年 1%的速度增加。

图 7.11 当雄县草甸退化

7.4.2.2 湖泊及湿地退化严重

青藏高原是我国“五大湖区”之一，面积大于 0.5km^2 的湖泊有 1770 多个，总面积达 30 万 km^2。由于气候变化的影响，西藏的羊卓雍措（图 7.12）、纳木错等淡水湖水位近 10 年来以每年 0.06m 的速度下降。

图 7.12 羊卓雍措

西藏也是我国湿地面积最大、分布最广的地区之一。湿地面积约 606.5 万 hm^2，约占全区总面积的 4.9%，占全国湿地面积的 9.5%。湿地退化是指在不合理的人类活动或不利的自然因素影响下，湿地生态系统的结构和功能不合理、弱化甚至丧失的过程，并由此引发系统的自我恢复力、系统稳定性、湿地生产力以及其他服务功能在多个层次上发生退化。随着全球变暖、冰川融化加剧，近35年来西藏的湖泊、河流湿地、沼泽湿地面积总体上呈增长趋势，使得湿地总面积增加了13.7%。因为气温升高，导致了降水增多，高原地表温度升高、冰川消融、雪线退缩。其中，河流湿地面积增长了28.6%，湖泊湿地增长了18.6%，沼泽湿地则呈现下降趋势。因为原有的沼泽大面积转化为湖泊，随着温度升高，引起湖泊蒸发效应超过降水和补给，湖面将慢慢萎缩，然后消亡。湿地及草原植被退化，受气候、土壤、地貌等自然因素的影响，加上西藏湿地及草原植被结构简单，对外力作用的敏感度大，在人为干预下出现植被退化的可能性较大。由于气候变化的影响，湿地面积较20世纪80年代萎缩了10%以上，长江源区、黄河源区和若尔盖地区的湿地系统空间分布格局的破碎化和岛屿化程度显著加剧。

7.4.2.3　工程扰动区植被破坏严重

自青藏高原开始开发建设以来，其大型工程建设如铁路、国道、输油输气管道、矿区开采等众多，造成工程扰动区植被破坏严重，且不经过人为干预下很难实现自我修复。特别是西藏作为我国矿产业的主要产地之一，其矿产资源开发以露天开采为主，采场面积大，坑深渣多，占用及破坏土地资源量大。近年来，随着西藏采矿业的发展，矿山迹地面积呈不断增加趋势，环境问题日益突出，严重影响周边区域群众的生产生活。张建平等研究表明，西藏闭坑矿山占用及破坏土地面积为12483.6hm^2，类型以草地为主（面积为6456.6hm^2，占51.7%），其次是荒地、滩地、水域和林地等（面积为6027hm^2，占48.3%）。矿产资源开发过程中车辆、机械和施工人员的频繁碾压扰动，使矿区覆地植被遭到严重破坏（图7.13）。据统计，尼玛县开采金矿以来，被破坏的3135hm^2天然优质草场中有一半以上为车辆碾压破坏；崩纳藏布金矿区内自开发以来有409.5hm^2草地被破坏，金矿的开采导致河水含沙量增大，抬高了河床水位，淹没和破坏了下游的德纳、次嘎两处优良草场。2011年昌都平康尾坝垮塌事故造成大量污水泄漏，给当地的水质、土壤造成极大破坏；西藏尼木县麻江乡进行矿产勘探及开发以来，草场退化明显，牛、羊

(a) 矿区植被遭到破坏

(b) 管道工程大型开挖

图7.13　工程扰动造成植被破坏

的繁育量从30头/a降至7～8头/a，破坏了当地生态环境并造成一定的经济损失。废弃矿坑若不进行生态修复，将在未来长达数十年期间仍然裸露，破坏环境美观。

7.4.2.4 生物多样性受到威胁

由于受到森林、草原的减少与退化以及湖泊、湿地萎缩的影响，再加上过度采挖及捕猎，藏羚羊、藏原羚、藏野驴、野牦牛、高原田鼠、虫草等高原野生珍稀动植物资源遭到了严重破坏，分布范围缩小、数量剧减、种类濒危（图7.14）。而且据统计青藏高原区域受到威胁的生物物种占总种数的15%～20%，同时随着高寒生物物种资源的灭绝与濒危，高原生物所具有的强大抗逆基因和适应高寒生境的遗传基因也面临丧失的危险。

图7.14 可可西里地区藏原羚

7.4.3 高寒区环境保护科技需求

我国自改革开放以来，国家经济发展加速，南水北调、西气东输和原油管道建设等大型工程相继出现，但这些工程在对国家经济形成巨大拉动力的同时，工程的建设及运营也对生态环境造成了不可避免的影响。尤其在青藏高原这种环境敏感区，大型工程建设项目更容易对生态环境造成不可逆的伤害。

高寒草甸是青藏高原主要的植被类型，高寒草甸对于高寒地区水土保持、土壤修复、畜牧业发展以及生态系统的功能和服务具有至关重要的作用，但其对外界环境因素的变化极为敏感，尤显脆弱。目前来讲适合青藏高寒区大型工程建设项目地表草甸剥离、生态修复的技术尚未完善，且工程施工后原生植被如草甸等剥离后堆放容易受到高原缺氧、低温、水分分布不均等极端恶劣生境影响，造成工程施工完毕后原生植被（高寒草甸）死亡率高达60%以上（图7.15），同时不适宜的草甸回铺手段及技术也会造成草甸根系的水分阻断，导致回铺成活率不高，造成原生植被的死亡。考虑到高原地区外在环境的极端性、施工单位在施工过程中的技术不统一等因素，施工结束后草甸区域仍可能出现大片区域裸露。因此，后期生态修复技术研究是补充创面生态修复的最后一块短板，能够有效保证施工项目后续运行安全和青藏高寒区生态环境安全。

图7.15 青藏109国道边坡草甸退化

目前，关于高寒区域生态修复的研究主要集中在两个方面：一是在高寒区域草种的生态及时空分布研究，即在不同海拔高度，不同地形地貌，及温度、湿度、养分、微生物等土壤结构差异变化下自然植被的生存状态；二是草种的自我修复研究，即退化牧草场的自我修复（采用轮牧等方式）研究，关于受人为施工扰动后高原草甸被破坏后的生态补植技术和生态修复方法研究甚少。针对高寒区项目施工对高寒草甸造成的高频扰动，依靠自然修复已不能完全满足工程建设标准及当地生态环境的实际需求。相关研究表明通过借助生态系统自身恢复力，辅以必要的工程措施，能够达到生态功能的提升和恢复。由于高寒草甸强烈的空间异质性，加之恢复措施时效性的差异，有关退化高寒草甸生态修复对工程破坏后修复技术响应的研究仍显不足，限制了修复技术的科学认知和治理成效的整体评估。

创面生态修复关键技术研究成果能够为后续雅鲁藏布江水电开发、川藏铁路、滇藏铁路及新藏铁路等青藏高原开发建设提供科学高效的参考。因此，开展青藏高原工程创面生态修复关键技术研究对于高寒区开发建设中的生态保护诉求至关重要，形成的技术成果能够显著保护生态环境，打造优质、绿色工程，降低高寒区开发建设项目施工工艺方法不良所造成的行政处罚风险和反复施工治理所造成的额外成本，推广性强，具备广阔的市场前景。

参 考 文 献

[1] 卢学强，郑博洋，于雪，等. 生态修复相关概念内涵辨析［J］. 中国环保产业，2021（4）：10-14.

[2] 曹宇，王嘉怡，李国煜. 国土空间生态修复：概念思辨与理论认知［J］. 中国土地科学，2019，33（7）：1-10.

[3] 孟庆喜，李德海. 关于水土保持生态修复的特点与原则分析［J］. 内蒙古水利，2017（3）：44-45.

[4] 包维楷，刘照光，刘庆. 生态恢复重建研究与发展现状及存在的主要问题［J］. 世界科技研究与发展，2001（1）：44-48.

[5] Hobbs，R J.，Norton，D，A. Towards a Conceptual Framework for Restoration Ecology［J］. Restoration Ecology，1996，4（2），93-110.

[6] 章家恩，徐琪. 生态退化研究的基本内容与框架［J］. 水土保持通报，1997（6）：46-53.

[7] 任海，彭少麟. 恢复生态学导论［M］. 北京：科学出版社，2001，1-45.

[8] 彭少麟. 恢复生态学与植被重建［J］. 生态科学，1996，15（2）：26-31.

[9] 宋永昌. 生态恢复是生态科学的最终试验［J］. 中国生态学会通讯，1997，（4）：4-5.

[10] Cairns J Jr. 1997. Restoration ecology. Encyclopedia of Environmental Biology，3：223-225.

[11] 王震洪，段昌群. 滇中几种人工林生态系统恢复效应研究［J］. 应用生态学报，2003（9）：1439-1445.

[12] 李淑娟，郑鑫，隋玉正. 国内外生态修复效果评价研究进展［J］. 生态学报，2021，41（10）：4240-4249.

[13] 刘福全，杜崇，韩旭，等. 国内外河流生态系统修复相关研究进展［J］. 陕西水利，2021（9）：

13-14，17.

[14] 高甲荣．近自然治理——以景观生态学为基础的荒溪治理工程［J］．北京林业大学学报，1999（1）：86-91.

[15] 董哲仁．试论生态水利工程的基本设计原则［J］．水利学报，2004（10）：1-6.

[16] 郑若烨．城市水体黑臭生物治理方法研究综述［J］．南方农机，2019，50（14）：208.

[17] 田伟君，翟金波．生物膜技术在污染河道治理中的应用［J］．环境保护，2003（8）：19-21.

[18] 王珏，李玲宇，刘金涛，等．水体生态浮岛修复技术研究进展［J］．安徽农业科学，2021，49（20）：10-13.

[19] 侯保兵，胡俊，陆惠欢，等．生物-生态组合技术在和睦桥港水质改善中的应用［J］．水科学与工程技术，2016（6）：72-76.

[20] 周连碧，王琼，杨越晴．典型金属矿区污染土壤生态修复研究与实践进展［J］．有色金属（冶炼部分），2021（3）：10-18.

[21] Pankaj K S，Aradhana V，Sanjay D，et al. Biological removal of arsenic pollution by soil fungi［J］. Science of the Total Environment，2011，409（12）：2430-2442.

[22] 郑娟，李树彬．矿区废弃地生态恢复研究进展［J］．水土保持应用技术，2019（6）：53-55.

[23] 胡亮，贺治国．矿山生态修复技术研究进展［J］．矿产保护与利用，2020，40（4）：40-45.

[24] 才庆祥，高更君，尚涛．露天矿剥离与土地复垦一体化作业优化研究［J］．煤炭学报，2002（3）：276-280.

[25] 平原，马美景，郭忠录．像呵护皮肤一样呵护土壤——论土壤的重要性及表土保护与利用［J］．中国水土保持，2021（1）：14-17.

[26] 徐艳，王璐，樊嘉琦，等．采煤塌陷区生态修复技术研究进展［J］．中国农业大学学报，2020，25（7）：80-90.

[27] 赵永红，张涛，成先雄．矿山废弃地植物修复中微生物的协同作用［J］．中国矿业，2008（10）：46-48.

[28] 李金岚，王红芬，洪坚平．生物菌肥对采煤沉陷区复垦土壤酶活性的影响［J］．山西农业科学，2010，38（2）：53-54.

[29] 郝英君，柏祥，赵忠宝，等．秦皇岛市内陆湿地生态系统服务功能价值评估［J］．河北环境工程学院学报，2021，31（5）：41-45.

[30] 武亦可．太原市湿地生态系统服务价值评估［D］．太原：山西财经大学，2021.

[31] 李贺颖，张建辰，郭建忠．黄河流域湿地景观时空演变格局分析［J］．测绘通报，2021（10）：28-33.

[32] 罗标．广水徐家河水库环库公路建设对湿地生态影响研究［D］．长沙：中南林业科技大学，2019.

[33] Dai F C，Lee C F，Wang S J. Analysis of rainstorm-induced slide-debris flows on natural terrain of Lantau Island［J］，Hong Kong. Eng Geol，1999，51（4）：279-290.

[34] 徐宇．公路建设水土流失及防治对策［J］．珠江水运，2018（24）：92-93.

[35] 张宇，魏浪，孙荣，等．贵州喀斯特地区高速公路建设项目水土流失防治探讨［J］．中国水土保持，2019（12）：43-45.

[36] 李松招．福建省清流县铁路建设项目水土流失特点及防治措施［J］．亚热带水土保持，2019，31（2）：60-63.

[37] 周德培，张俊云．植被护坡工程技术［M］．北京：人民交通出版社，2003.

[38] 董文杰，洪文俊，赵桃桃，等．高速公路边坡生态修复与评价［J］．山东交通科技，2017（4）：69-71.

[39] 李海芬，卢欣石，江玉林．高速公路边坡生态恢复技术进展［J］．四川草原，2006（2）：34-38.

[40] 谭少华，汪益敏．高速公路边坡生态防护技术研究进展与思考［J］．水土保持研究，2004（3）：81-84.

[41] 武艳勤，李海港，齐宏，等．瓮马铁路边坡绿色防护与生态修复研究［J］．科学咨询（科技·管理），2019（8）：7-9.

[42] 赵冰琴，夏振尧，许文年，等．工程扰动区边坡生态修复技术研究综述［J］．水利水电技术，2017，48（2）：130-137.

[43] 芦建国，于冬梅．高速公路边坡生态防护研究综述［J］．中外公路，2008（5）：29-32.

[44] 王震洪，朱晓柯．国内外生态修复研究综述［A］．中国水土保持学会．发展水土保持科技、实现人与自然和谐——中国水土保持学会第三次全国会员代表大会学术论文集［C］．中国水土保持学会，2006：7.

[45] 刘军，刘春生，纪洋，等．土壤动物修复技术作用的机理及展望［J］．山东农业大学学报（自然科学版），2009，40（2）：313-316.

[46] 张薇，宋玉芳，孙铁珩，等．土壤线虫对环境污染的指示作用［J］．应用生态学报，2004（10）：1973-1978.

[47] 毕银丽．丛枝菌根真菌在煤矿区沉陷地生态修复应用研究进展［J］．菌物学报，2017，36（7）：800-806.

[48] 石菊松，马小霞．关于青藏高原生态保护治理的几点思考和建议［J］．环境与可持续发展，2021，46（5）：42-46.

[49] 姚佩君．卷鞘鸢尾的亲缘地理学研究［D］．长春：东北师范大学，2020.

[50] 宋艾，杨久成，丁文娜，等．青藏高原高寒区生物地理学研究进展［J］．冰川冻土，2021，43（3）：786-797.

[51] 李晗雪．更和谐的人与自然更美好的人居生活——记西藏生态建设与环境保护 70 年［J］．黄埔，2021（5）：43-47.

[52] 丹曲．西藏生态文明制度体系的现状及对策研究［J］．青藏高原论坛，2021，9（1）：1-7.

[53] 刘璐，祝贵兵，夏超，等．青藏高原不同海拔梯度厌氧氨氧化细菌丰度及其生物多样性空间分布［J］．环境科学学报，2016，36（4）：1298-1308.

[54] 张惠远．青藏高原区域生态环境面临的问题与保护进展［J］．环境保护，2011（17）：20-22.

[55] 赵好信．西藏草地退化现状成因及改良对策［J］．西藏科技，2007（2）：48-51.

[56] 苏大学．西藏草地资源的结构与质量评价［J］．草地学报，1995（2）：144-151.

[57] 魏学红，田广华．西藏草地的保护与建设［J］．中国草食动物，2002（3）：34-36.

[58] 高清竹，李玉娥，林而达，等．藏北地区草地退化的时空分布特征［J］．地理学报，2005（6）：87-95.

[59] 李矿明，宗嘎，汤晓珍，等．西藏湿地保护现状及发展策略探讨［J］．中南林业调查规划，2010，29（4）：64-67.

[60] 韩大勇，杨永兴，杨杨，等．湿地退化研究进展［J］．生态学报，2012，32（4）：289-303.

[61] 万玮，肖鹏峰，冯学智，等．卫星遥感监测近 30 年来青藏高原湖泊变化［J］．科学通报，2014，59（8）：701-714.

[62] 鲜纪绅，杨忠，熊东红，等．西藏矿山迹地环境问题及其治理［J］．安徽农业科学，2009，37（16）：7636-7638.

[63] 张建平，刘淑珍，周麟，等．西藏那曲地区主要草地土壤退化分析［J］．土壤侵蚀与水土保持学报，1998（3）：7-12.

第8章 高寒草甸区工程扰动草甸防护及生态修复

生态文明是人类文明的一种形态，它以尊重和维护自然为前提，以人与人、人与自然、人与社会和谐共生为宗旨，以建立可持续的生产方式和消费方式为内涵，以引导人们走上持续、和谐的发展道路为着眼点。生态文明强调人的自觉与自律，强调人与自然环境的相互依存、相互促进、共处共融。

十八大报告指出："建设生态文明，是关系人民福祉、关乎民族未来的长远大计。面对资源约束趋紧，环境污染严重、生态系统退化的严峻形势，必须树立尊重自然、顺应自然、保护自然的生态文明理念，把生态文明建设放在突出地位，融入经济建设、政治建设、文化建设、社会建设各方面和全过程，努力建设美丽中国，实现中华民族永续发展。"

自中华人民共和国成立以来，我国大力发展生产力，开发资源，提升经济，导致了很多区域的生态环境被破坏，而破坏环境换来的经济价值，远不及生态环境被破坏后带来的影响严重，因此我国在后期的发展中强调要把生态文明建设放在首要位置，宁可不要金山银山，也要绿水青山。而西藏地广人稀，是人类居住区域中开发程度较低，居住人口较少，为数不多的生态环境总体优良的区域，随着我国的发展和时代的进步，及广大西藏地区人民对美好生活的盼望及需求，之后青藏高原开发建设将会越来越多。

青藏高原地理位置战略意义突出，是中国乃至整个亚洲的生态安全屏障，也是维持气候稳定的重要屏障，对我国的生态安全具有不可忽视的作用。但青藏高原的生态环境十分敏感和脆弱，自我修复能力较差，一旦遭到破坏很难恢复。

2021年是西藏和平解放70周年，西藏的振兴发展也逐步步入正轨，同时为了响应国家西部大开发的战略号召，后期青藏高原区开发建设将会越来越多，给西藏人民谋福祉，寻幸福。未来十年，西藏必将迎来新一轮的大发展、大跨越、大繁荣时期。而在青藏高原这种环境敏感区，开发建设特别是大型生产建设项目施工更容易对生态环境造成不可逆的伤害。因此，开展青藏高原高寒区工程创面生态修复关键技术研究，不仅能够改变青藏高原高寒区大型生产建设项目施工后迹地难以恢复的现状，具有良好的生态效益，而且可以降低行政处罚风险和劳动强度以及施工后期管护成本，保证工程后续运行安全和生态环境安全，在保证打造绿色工程、优质工程、生态工程的前提下，兼具良好的经济效益。完善青藏高寒区生态修复技术，可以为后续青藏高原高寒区生产建设项目施工提供科学高效规范的参考。

8.1　工程扰动下高寒草甸防护及生态修复重难点分析

8.1.1　工程扰动因素

8.1.1.1　施工难度大

青藏高原平均海拔在 4000m 以上，属于典型的高寒生态系统，4000m 以上的海拔地区占整个青藏高原面积的 70%以上。海拔高进一步导致了施工困难，造成施工进度缓慢。且由于山区地形起伏的因素，气候变化大、极端天气多，沟谷地段雨季易大面积汇水成形成山洪、泥石流等，对施工破坏极大，限制施工作业空间和时间的选择；另外，由于青藏高寒区人类居住区分布范围较少，很大区域为无人区，因此在选择作业路线时，应尽量沿着国道布设，方便日后的机械进场及后续维修和管护，更加限制了作业空间。加上土壤下层多有多年冻土，开挖土层较为困难，青藏高原的多年冻土约 150 万 km^2，占全国冻土面积的 70%，是我国面积最大、最集中，也是世界上中低纬度地区分布范围最大的多年冻土区。多年冻土分布以藏北-青南高原范围最为广泛，多年冻土的厚度变化较大，随海拔高度的增加而增厚，具有明显的垂直分布规律，最深可达百余米。除多年冻土外，青藏高原上的季节性冻土，主要分布在海拔相对较低的地区，这些地区的冻土随季节变化而出现交替冻结、融化，从而形成一系列的融冻地貌。这些冻土进一步增加了施工难度，使得施工进度较为缓慢。

8.1.1.2　建设周期较长

恶劣的施工环境使得施工进度较为缓慢，导致建设周期较长。特别是公路、铁路、管道施工等大型线型工程，其跨越不同地貌单元，选线布局及实地考察要花费大量时间；工程施工中通常会更加重视施工技术与资金投入的后续跟进，这两者会对施工周期产生极大的影响；施工过程中如果遇到低温雨雪或剧烈的冷热变化时，为了避免施工质量受到影响而停止施工会延长道路工程的施工周期；为了保证原生植被在施工完成回铺后能成功存活，一般施工季节在雨季来临前两个月左右，其他时间段将不适合施工。

8.1.1.3　开挖填方量大

公路、铁路、油气管道施工等建设项目具有呈线状分布、布局跨越较大、可能穿越不同的地貌类型单元、取土场和弃土场沿线分布且多而分散，土石方量动用大且施工期限较长的特点，水利工程一般项目类型比较大，具有建设周期长、开挖方量大、破坏地表植被范围大的特点。

8.1.2　生态系统退化驱动因素

目前，青藏高原仍是人类居住历史上开发程度较低、生态环境总体保持优良的区域，自然资源利用仍处于初级阶段，且关于高寒区域生态修复的研究主要集中在高寒区域草种的生态分布和退化牧草场的自我修复研究上，关于人为扰动的高原草甸生态补植技术和生态修复方法研究甚少，大开挖等工程建设项目造成的环境破坏生态修复的相关技术研究还有所不足，缺乏可吸收改良应用的技术支撑。针对高频扰动区大型施工建设活动对高寒草甸的高频扰动，依靠自然修复不能完全满足工程建设验收以及保护当地生态环境的实际需求。通过后期的草籽调研及补植，可以使施工临时占地区域内地表植被覆盖率达 80%及以上。而且后期生态补植修复技术是补充工程创面生态修复的最后一块短板，能够有效保证工程后续运行安全和生态环境安全，打造优质、安全、生态工程。

8.1.2.1 自然因素

全球变暖是导致青藏高原生态系统退化的重要因素之一。研究表明 1961—2010 年西藏平均气温倾向率为 0.58℃/10a，气温逐年升高；多年平均降水量倾向率为 12.5mm/10a，总体呈增加趋势。崔庆虎等研究表明青藏高原牧草生长季节年平均气温的增温幅度仅为 0.02℃，这种增温效应在促进牧草生长的同时，也会导致土壤水分蒸发、蒸腾损失增加从而引起土地退化。气候变暖导致蒸发变大、土壤水分减少、地表植被枯萎甚至退化，进而使得土壤抗蚀性下降，土壤风蚀及水蚀化严重等问题。因此，西藏在未来气候条件下可能对草地生态系统产生不利的影响，从而导致草地生态系统进一步退化。如果气候变暖及干旱化持续，西藏唐古拉北麓地区的高寒草甸植被的退化速率将加快，区内生物总量也呈减少趋势。有学者对西藏羊卓雍错水位、面积变化及其对气候变化的响应进行详细分析得出，在降水增加、气温上升的情况下，气温引起的湖泊蒸发效应超过降水增加导致的补给影响，会成为湖泊面积减少的主要原因。而随着干旱化趋势越来越明显，沼泽湿地水分不断丧失，较低的相对湿度使植被蒸腾加剧、土壤墒情恶化。就沼泽湿地退化原因而言，一方面是由于冰川融水的补给使其可能变成湖泊湿地或者河流湿地，另一方面是因为蒸发的加剧使其面积萎缩和干涸，导致近 35 年藏北高原沼泽湿地减少了 9.8%。

（1）高寒区生境恶劣。

青藏高原高寒区气候总体特点包括：氧气含量低，紫外线强烈，日照多，气温低，积温少，气温随高度和纬度的升高而降低，气温日较差大，干燥，大风多，气压低；干湿分明，多夜雨；冬季干冷漫长；夏季温凉多雨，冰雹多；气候多变；海拔高，海拔 3000m 以上无夏季，冬季约占全年一半，气温日较差较大；全线绿色植被稀少，高山积雪终年不化，冰川广布，气候寒冷，降雨量极少，风沙大且气候多变。气候由东部温暖湿润向西北寒冷干旱递变，植被也相应呈森林带、草甸区、草原区、荒漠带依次更迭。其较为恶劣的生境条件使得该区域内生态环境十分脆弱，生态系统受到很小的扰动都有可能无法自我修复，最终造成生态系统的破坏，对我国的气候安全造成隐患。

青藏高原年平均气温由东南的 20℃，向西北递减至－6℃以下。由于南部海洋暖湿气流受多重高山阻留，年降水量也相应由 2000mm 递减至 50mm 以下。喜马拉雅山脉北翼年降水量不足 600mm，而南翼为亚热带及热带北缘山地森林气候，最热月平均气温 18～25℃，年降水量 1000～4000mm。而昆仑山中西段南翼属高寒半荒漠和荒漠气候，最暖月平均气温 4～6℃，年降水量 20～100mm，日照充足。

强烈的太阳直接辐射使高原上地表和近地面空气白昼强烈增温，但夜间冷却迅速，一年内有较长时间出现正负温度的交替变化。因而，冰缘融冻作用及寒冻风化作用普遍，在高原土壤和微地形的形成过程中有重要意义。

（2）生态环境自我修复较慢。

高寒区域的生态环境复杂脆弱，地面植被经过长期的演化，地表生长有一定的植被，但土壤养分含量低，土壤结构不利于植被生长，植被的生长具有脆弱性，垂直带谱明显，海拔4000m以下为山地荒漠带，海拔4000～4550m为高寒荒漠带，海拔4550～4650m为高寒草原带，海拔4650m以上为高山草甸带，且随着海拔升高，植被逐渐退化，地表植被被扰动破坏以后需要极长的恢复时间，工程迹地次生群落物种组成近10年内仍以耐旱耐贫瘠植物为主，处于演替过程中一个较为稳定的阶段，短期以致较长时间内都难以恢复至顶级高寒草甸群落。工程施工剥离的草甸在经过长时间堆放后，由于根系受损、缺乏营养物质等原因，极其容易死亡，使高寒草甸区原生地貌斑秃化现象加剧，对生态系统的破坏极大。

由于植被生长受限，地表土壤不发育，导致工程施工中易造成严重水土流失，且后期恢复困难，影响持续时间较长，因此工程施工中需要做好水土保持设计，同时严格按照设计实施，以避免无序施工严重破坏环境。

以往草甸生态修复研究主要以退化牧草场地修复研究为主，缺少对人为大面积施工等高频扰动后生态修复技术的研究，尤其是大型生产建设项目的施工对环境的破坏及生态修复的研究。草皮移植技术研究多集中在欧洲，由于地广人稀，人地矛盾不突出，欧洲草皮（草甸）移植多发于城市，而城市草皮（草甸）移植后多进行后期高规格管护，加上其生态环境也没青藏高原敏感，故其成活率较高。但对于青藏建设生态修复的参考意义不大，相关的移植技术不可直接复制。具体的技术难点包括以下方面：

1）草甸剥离技术。草甸剥离技术仍十分不成熟，存在的主要问题为剥离的草甸缺乏有效防护，在高寒、缺水、低温、根系缺乏保护的条件下，草甸极容易死亡，目前采取的草甸剥离技术缺乏规范性指导，如草甸剥离厚度，块度大小，草甸下的表土剥离厚度，剥离草甸的堆放工艺及过程管护、回铺后草甸的抚育管理等仍缺乏有力数据指导，草甸剥离、堆放、回铺工艺仍具有随意性，缺乏工艺标准。

2）生态修复技术。对于原生植被被破坏且未能自我恢复的区域，依靠自然修复不能完全满足工程建设及当地生态环境的实际需求。但物种遴选及恢复措施选择缺乏指导，仍没有适用于青藏高寒区的完善技术及规范，结合高寒草甸管道施工区特点，研究高寒草甸区高频扰动生态补植关键技术，探寻管道施工后迹地生态修复的最优路径。

3）生态护坡基材。当前对生态护坡基材的研究多集中于容重、孔隙率、颗粒组成、抗剪强度、无侧限抗压强度、水分常数、酸碱性、肥力参数等基本物理、化学及生物指标。在高寒区抗冻性能是非常重要的指标，由于先前边坡生态修复应用地域的局限，较少有涉及生态护坡基材抗冻性能的研究。

4）坡面植物群落。先前坡面植物群落构建时仅考虑耐旱性、乡土化、水土保持效益、景观性等，随着寒旱区工程边坡的与日俱增，在对其进行生态修复时，抗寒性与速生性是坡面植物群落构建必不可少的影响因素。

8.1.2.2 人为因素

（1）过度放牧。

过度放牧会使得草地生物量减少，大量牲畜对草地过度采食和践踏，破坏了地表植被、土壤结构和土壤养分等，使得植物枝叶面积不断减少，光合作用降低，严重时造成草原自我恢复能力被破坏，导致草原生态环境恶性循环，广大牧区的草原与湿地植被退化严重。邵伟等（2008）研究表明，西藏的实际载畜能力为2896.4万羊单位，但2011年的实际载畜量为3823.2万羊单位，超载32.0%，已经远远超过该地区的载畜能力。在藏北内陆湖等大多区域要6～20hm^2才可养1只绵羊单位，但随着人口及社会的发展需求，牲畜数量大量增长，这更加加剧了草畜矛盾。过度放牧同样会导致湿地植被的退化，以拉萨市和日喀则地区较为突出，湿地原生植被中出现了以火绒草、黄茂和棘豆等为代表的旱生植物群落。草地退化不仅包括以植被退化为主的“草”的退化，还包括以土壤退化为主的“地”的退化，且以植被退化为主，土壤质退化相对滞后。过度放牧能引起土壤质量下降，进而导致生态系统的退化，研究表明就土壤质量而言，中度放牧区和轻度放牧区表层土壤的密度与重度放牧区相比分别降低了6.3%和4.4%。此外，中度放牧区和轻度放牧区的表层土壤水分亦高于重度放牧区。

（2）工程扰动。

工程扰动是指工程建设对青藏高原原始地表所造成一系列影响。青藏高原生态环境脆弱敏感，植被稀疏、土壤贫瘠，道路工程建设和矿山开采等活动对地表植被和土壤造成严重破坏。工程扰动的途径主要有以下几种方式：①路基站场工程直接破坏地表植被，永久性地改变了土地的利用性质；②取弃土场通过取土或弃土，破坏了地表植被和土壤结构；③施工便道通过整平路面及铺设砂砾石等，对地表原有植被、土壤的团粒结构和土壤通透性产生不利的影响；④施工场地由于场地占用、机械碾压以及施工人员活动等，使地表植被和土壤结构受到一定程度的破坏。例如拉萨—日喀则铁路工程征地2473.1hm^2，该项目线路长、占地面积大，对地表造成强烈扰动，原始地貌和植被遭到破坏，原有土壤结构也被破坏，并影响到周边区域生态环境的质量。此外，水电站工程建设亦会引起扰动区的植被退化，例如林芝境内的多布水电站地表扰动面积达263.87hm^2，水土流失问题严重。道路工程建设在施工建设和运营过程中必须因地制宜地采取相应的避免、减缓或补偿等生态保护与恢复措施，最大限度地降低工程活动对植被的影响。

8.2 现场调查技术方案

现场调查（现场踏勘）是做好工程项目技术工作的基础和前提，铁路、公路、管道等土建工程是多专业、系统化的综合性项目，因此要求现场调查的内容更具全面性、针对性。调查的主要内容包括：工程项目区所在地的地形地貌、气候条件、水分条件、植被类型及覆盖度等。为了保证调查结果的准确性，一般采用查询历史资料与现场勘探相结合的方式。具体的调查步骤如下。

8.2.1　植被调查

（1）调查目的。

通过对现场灌木和草本的详细调查，得到场地内灌木和草本的种类、数量、覆盖度和分布状况。

（2）调查仪器。

围尺、游标卡尺、钢卷尺、皮卷尺（30m）、记录夹、笔。

（3）调查内容与方法。

在标准地的四角及中心选取 5 个小样方进行量测，小样方 1m×1m 大小，用测绳标出界线。调查内容有：草本或灌木的种类，高度、生长状况和分布状况等，分布状况为：均匀、随机（散生）、群团（丛生）。

8.2.2　土壤调查

（1）工具的准备。

罗盘、卷尺、土壤刀、铲子、记录表格、笔。

（2）现场踏勘及访问。

在进行详细的野外土壤调查前，必须作路线踏勘，以便对整个调查区的地质地貌、植被、土壤、农业等有一个总体的把握。在进行踏勘时，可以采用查、访结合的办法，进行调查访问，以便快速了解当地有关改造自然和利用土地方面的经验、教训。

（3）土壤形态特征研究。

土壤形态特征，一方面表现了它和周围环境条件之间的关系，另一方面也表现了在土壤形成过程中所进行的物理的、化学的以及生物化学的变化。判断土壤形成过程的方向，进而也就能决定其农业生产特点和改良途径；同时凭借于土壤剖面形态的研究，对每种土壤特性认识以后，才能有根据地找出它们之间分布的界线，绘制出土壤图来。所以对土壤形态特征的研究是土壤野外工作的一个重要环节。

土壤形态的主要特征有：土壤剖面构造、土壤颜色、土壤质地、土壤结构、新生体、侵入体及层次的过渡特点等。

（4）土壤颜色。

土壤颜色与湿度、明度（明暗）、彩度（色的强弱、鲜明的程度）都有关系。要正确地判断颜色，并不是一件容易的事。由于湿度不同，颜色深浅表现上就有很大差异，在含水量较高时土壤颜色较深；观察时光线强弱不同，土壤质地、颗粒大小的不同，都会影响我们准确地反映土壤颜色。因此，在观察土壤颜色时，必须注意以下几点：

1）除在野外土壤湿度条件下观察土壤颜色外，还要取土壤在室内风干情况下记载土壤颜色。

2）研究土壤颜色，必须在散射光线下进行，避免因照耀太阳光和人为光线而使色泽变假。

3）观察土壤颜色，应尽量保持土块的自然状态，而不能把土壤弄得过于细碎。

（5）土壤农化取样。

为了解调查区内土壤耕层的养分状况，作为正确分配肥料，合理利用土地或绘制土壤农化图，一般采用土壤农化法取样分析，其特点是：不是从整个剖面分层取样，而是在耕层取样；不是单点取样，而是多点取样，加以混合取其平均值，进行分析。这种取样方法，可以避免典型取样波动性较大的弱点，而且有普遍的代表面较广的优点。

（6）土壤物理取样。

做土壤水分或者土壤容重、比重、孔隙率、结构等物理性状的分析时，应保持土壤原始状态。采集样本时，通常采用标准环刀进行取样，用保鲜膜封装，注意安全运输，妥善保存。

8.3　高寒草甸区工程扰动草甸防护生态劣化阻控技术及案例

8.3.1　高寒草甸区工程扰动草甸防护案例

（1）案例1。

2022年冬奥会国家高山滑雪中心项目修建，该项目位于小海陀山的核心区域，海拔高约2200m，分布着大面积的亚高山草甸，是北京地区的天然的旅游资源，也是典型的保存完好的高山草甸生态系统。高山草甸生态较为脆弱，生长发育时间长，一旦遭受大面积的破坏，难以在短时间恢复。

赛道、山顶平台、速降比赛出发区和技术道路开发建设中的土石方开挖以及弃土弃渣堆放，都会破坏和挤压草甸，势必会造成草甸群落的破坏。为了贯彻“绿色冬奥，绿色发展”的理念，陶博文等通过采用增加草甸剥离厚度、使用土工布保温、遮阳网覆盖以及施加生物菌剂等方式，从剥离—存放—回铺三个方面论述了草甸的保护方法，最终使得草甸的成活率达到70%（图8.1）。

施工工艺：草甸剥离采用人工掘取的方式，剥离大小约为20cm×30cm，剥离草皮时其下层的腐殖土一并剥离，随草皮现场堆放；草皮剥离后堆放采用假植平铺的方式，保证根系朝下不裸露，存放位置一般选择阴坡，避免阳光的长时间照射，减少水分蒸发，堆叠存放时应注意堆叠高度不应超过1m，防止失稳坍塌；养护阶段喷洒生物菌剂保护植物根系，定期洒水维持根系存活，草甸上方需加盖遮阳网，提高草甸土壤水分维持时间；草甸回铺前需清理坡面碎石及杂物，保证坡面平整，回铺时先铺一层腐殖土层，并施水保持土壤湿度，便于草皮与土壤的充分贴合，回铺时草皮交错铺设，

图8.1　冬奥会赛道亚高山草甸回铺

草皮与草皮之间采用U型钉固定，防止草皮脱落死亡，缝隙间使用腐殖土填充。

(2) 案例2。

久马高速全长219km，估算总投资近302亿元，建设工期5年。项目起于四川、青海两省省界，经阿坝藏族羌族自治州阿坝县、红原县至马尔康市。久马高速是四川首条高海拔高原高速公路，其平均海拔3000m以上，其中海拔3500m至4000m路段占全线的45%，沿途穿越草原、湿地区域，生态环境极其脆弱，工程建设的环境保护、水土保持任务异常艰巨。

图8.2　久马高速草甸堆放保存

为了将高速公路建设对高原环境的破坏降到最低，将草甸切成20cm×20cm的大小，集中堆放，定期洒水维护，覆盖密目网，减少风蚀水蚀，总计草甸回铺达到300万m^2（图8.2）。久马高速作为四川首条高原生态环保示范高速公路，是连接成都平原经济区、阿坝藏族羌族自治州和青海省的重要通道。久马高速的草甸回植、表土养护、苗木培育回植等技术，也对未来青藏高原的重大基础设施建设项目有重要的借鉴意义。

8.3.2　高寒草甸区工程扰动草甸防护关键技术

8.3.2.1　施工准备

在对施工区域原地面进行清理挖掘草皮前，明确掘取草皮的种类及生长状况，掌握其生物特性与特点。根据当地多年生草地植物贮藏营养物质动态的变化情况，需要选择一个攫取草皮的最佳时期，一般在每年的6—8月。攫取草皮的最佳时期为草本植物的分蘖期及结实期，此时草本植物本身贮藏的营养物质较多，有利于回铺后草本植物的再生。

对施工区表层土壤厚度的测量，一般的草毡层（地上部和地下根系）厚约30cm，下层腐殖土厚约10cm，具备剥离条件。

8.3.2.2　草甸剥离

草皮掘取前，在施工范围内，根据草皮的密度情况，用白灰放样出草皮切割的范围和块状大小，草皮块状的大小一般为100cm×150cm或150cm×200cm的矩形块（块状太小，地下根系破碎严重，移存不易），以便保证草皮切割的规则性、完整性及保湿性。掘取草皮时，注意所取草皮的厚度。根据现场施工条件，纵横切割草皮，切割草皮时，根据根系深入地下的深度，确定所取草皮的厚度，保证所取草皮的厚度大于根系埋入地下的深度，一般厚30～35cm，从而保证根系的完好性。将草皮取走后剩余的腐殖土集中收集堆放于草甸剥离区以外两侧，以便移植回铺及养护草皮时使用。土壤以草甸土、寒钙土为主，土壤发育年轻，部面风化弱，土层薄，粗骨性强，可给养分含量低，因此草皮下的腐殖土对移植草皮的再生能力和成活十分重要。草甸剥离后，应立即施工，施工完

毕后及时回铺，确保草甸的存活率。

机械施工使用自制草甸剥离切割的挖掘机，主要包括挖掘机，挖掘机铲斗下自制的方形切割刀板。挖掘机的动力充足，可以轻松地克服切割地面时的阻力，保证切割和剥离的顺畅，进而保证剥离效率；切割刀板大小可调整，使用方便，草甸切块成型较容易，便于搬运和存储，一次性可以沿灰线进行多次切割，同时将多块草甸从地面上剥离下来，进一步地提高工作效率；挖掘机为施工现场常用设备，改装方便，只需要在铲斗处焊接简单的剥离工具即可，草甸剥离完成后，再将剥离工具切掉，不影响挖掘机的使用，改造成本低。剥离机具及草甸剥离成型状况如图 8.3 所示。

图 8.3　自制剥离机具及草甸剥离成型状况

8.3.2.3　草甸管护

草甸剥离后，将其临时存放在上施工区两边分层平铺整齐堆码放，草面朝上，其高度控制在 1.0m 以内，草甸与草甸间各层不能架空，必要时可以加添腐殖土，假植平铺，以便保证草甸根系的生态衔连和防止水分蒸发，提高剥离草甸的生存能力。草甸剥离假植平铺后，由于草甸离开了它汲取营养物质的土壤环境条件，因此要加强草甸的养护，保证剥离草甸成活，如图 8.4 所示。由于施工工期影响，一些原地面清表剥离的草皮需要越冬存养。青藏高寒地区原生草皮主要属于多年生草本，地上部分的枝条（叶）在每年在生长季节结束后死亡，同时在来年春夏季由蘖节、根茎处的芽生长成新的枝条（叶）。项目所处地区海拔高、冬季风沙大、气温极低，分层存放的草甸植被水分缺失过多会枯萎死亡，再加上高寒地区冬季气温低下，容易造成草甸冻结，甚至死亡。因此草甸越冬需覆盖严密，并加强含水量和草甸内温度监测，定时补充水分，保证分层存放的草甸蘖节、根茎（即

图 8.4　剥离草甸集中管护

土壤中的草毡层）不干枯、不冻结是确保草皮成功越冬及后续移植成活的关键。

8.3.2.4　草甸回铺

草皮回铺前，将拌好肥料的腐殖土满铺一层，厚度约为25～30cm（腐殖土为草皮的生长土层，在掘取草皮时，连带挖取剩余的一层腐殖土，随草甸现场集中堆放），腐殖土层铺洒完毕后适当洒水使腐殖土层保持湿润，再回植草甸。将分层堆放于施工区两侧的草甸从上至下逐层卸下，草皮在搬运过程中，轻取轻装轻放，以保证草甸的完整性，卸下的草甸要及时回铺。草皮回铺时，采用预挂纵横网格线控制草皮大面平整度，从原剥离区边缘逐层向内错缝铺筑一层（不叠铺），铺设完成后用木槌夯实，保证草甸根系与下部土壤紧密结合，当有个别草甸块厚度不一时，可以调整其底部的腐殖土层使得草甸表面保证平整。草甸块与块间的缝隙用腐殖土塞缝。当铺设位置处于较陡边坡位置时，草甸铺设时可以适当采用U型钉加固，避免草甸在铺设后自行滑落死亡。

8.3.2.5　养护管理

由于高寒区天然降水的时空分布不均，降雨量可能难以达到草甸生长发育的需要。因此，必须根据实际环境条件和草甸生长发育的季节需要，及时进行洒水养护，满足草甸对水分的需求，防止草甸根系干枯死亡。洒水时应注意控制洒水的水量，水量太大易形成胶泥层，太少会导致草甸干裂影响草甸植物根系的再生；施水时可以添加生物菌剂，避免植物根系被有害菌类侵染死亡，水温对草甸回铺皮的生长发育也有一定的影响，就地在河道中抽取的水温较低，应将水运输到现场停留一定时间，洒水时水的温度应与草甸土壤的温度接近，利于回铺草甸的生长。洒水时水流不宜过急避免腐殖土冲刷流失，而且异地回铺后的草甸生态较为脆弱，需要一段时间自行适应环境。回铺后，应尽量减少人为干扰（放牧或踩踏等），采用专人负责巡查和看护，使其自然生长。草甸回铺后，应加强对病虫害的监测，如发现病虫害时应及时采取施药防治。同时要定期跟踪全面检查，对局部未成活的草甸，应及时挖除，重新补植草皮，以确保剥离区域草甸回铺的成活率，降低人为活动对高寒区草甸生态环境的干扰。

8.4　高寒草甸区高频扰动生态修复关键技术及案例

8.4.1　目标及路线

针对青藏高寒区工程创面高频扰动后造成的原生草甸及原生植被受损甚至死亡，造成当地生态系统无法自我修复的问题，对工程创面生态修复所需的关键技术进行基础研究与技术研发，重点解决草种遴选、土壤基质培育、喷播技术、边坡固定、后期养护、生物结皮生态修复等技术中存在的难点，整理细化草种选育、补植用地管理、草籽种植、边坡固定等各项技术。针对不同立地条件、不同环境要求及地形（平坦区和边坡区），结合高寒高频扰动区施工特点，总结确实可行的完善的修复方案，在不同的施工区段内体现出草种搭配的差异性，制定较为合理的生态修复措施，为青藏高原后期的生态可持续提供技术支撑。最后形成规范、成熟且完善的青藏高寒高频扰动区

生态修复技术体系，提高工程创面生态修复效果，打造绿色、优质、生态工程，为全面提升青藏高寒区工程创面退化生态系统恢复重建水平提供关键技术支撑。技术路线图如图8.5所示。

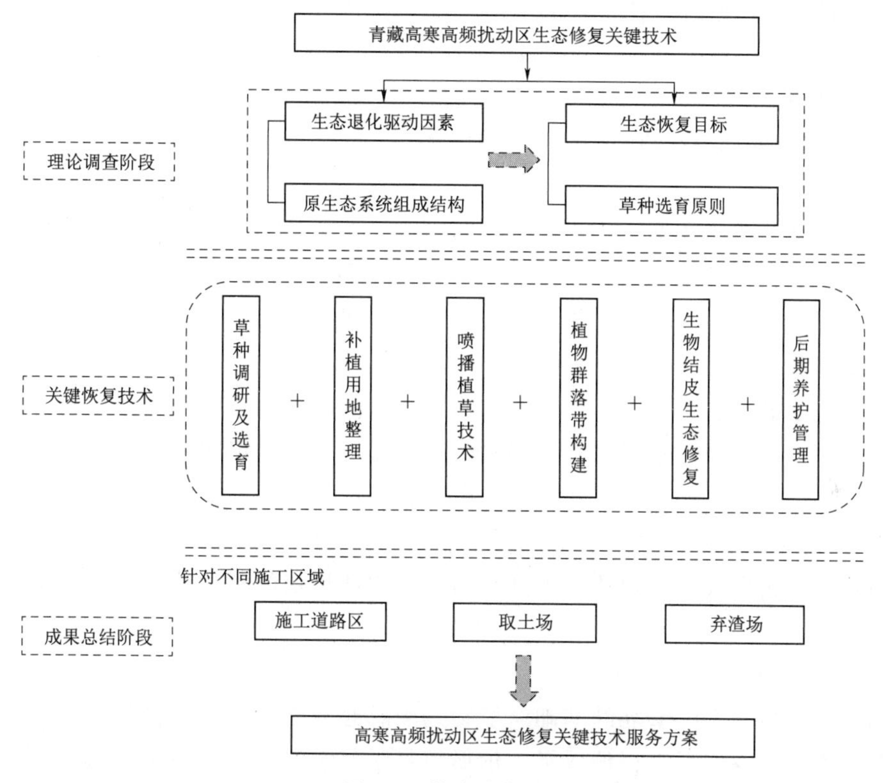

图8.5　技术路线图

8.4.2　高寒草甸区工程扰动草甸生态修复案例

青藏铁路的修建和维护，魏建方等通过对青藏高原唐南段进行草甸植被的再造研究发现：

（1）当雄段，高寒植被再造工程选择垂穗披碱草、老芒麦、达乌里披碱草为主要再造草种，无芒雀麦、扁穗冰草、短柄老芒麦为辅助再造草种；那曲段选择垂穗披碱草、老芒麦、达乌里披碱草为主要再造草种，赖草为辅助再造草种；在唐古拉山段选择垂穗披碱草，老芒麦为主要再造草种。

（2）改土措施可根据工程要求及资源可利用条件进行选择，在植被再造要求较高的重点地区或有表土资源可供利用的地区，表层铺垫5～10cm表土，每亩施1000kg熟化羊粪和20kg磷二氨底肥；在再造植被要求一般且无表土可以利用的地区，可利用地处牧区的优势，每亩施用1000kg发酵羊粪和20kg磷二氨底肥；在周边植被较差、再造植被要求较低的自然恢复地段可采取化肥改土方式，每亩施用20kg磷二氨底肥。

（3）种植方案，以种子种植为主，采用条播方式，播种深度2～3cm，播种量根据播前种子发芽率试验结果确定，最佳播期当雄选择在5月下旬至7月上旬，那曲为6月上旬至 7 月上旬。

(4) 再造植被在播种后应随时注意土壤墒情，在出苗后当地降水一般可以满足种苗生长需要，但如遇连续干旱，干土层达 3cm 以上时，须及时浇水灌溉。第二年与第三年由于再造植被根系已比较发达，基本不需灌溉。在第一年幼苗出苗后一月的生长期追施一次尿素，在草苗分蘖时追施一次过磷酸钙，第二年在植物分蘖 7 月和抽穗期 8 月各追施一次尿素和磷肥。

8.4.3 高寒草甸区高频扰动生态修复关键技术

8.4.3.1 施工准备

经过调查踏勘和环境调查后，确保施工场地"三通一平"。开工前，组织技术人员和管理人员学习有关的技术规范、工艺标准、招标文件以及业主、监理下发的有关文件，熟悉了解工程的施工特点，掌握各项目的施工工艺和技术标准，同时组织专业技术工种人员进行培训教育，为工程施工顺利进行创造条件。

这里的施工准备主要指施工后期生态修复工程的施工准备。生态修复施工前必须做好前期准备工作，充分考虑施工季节因素带来的影响，并制定应急措施。熟悉设计资料及当地相关水文、地质、土壤、气候、地形等资料，结合资料及现场核实施工区域不良地质情况、冻土分布区域、草甸生长恢复情况、地形地貌类型、当地乡土物种等相关信息。通过比对筛选出较为合理的生态补植植物，构建稳定的植物群落，确保生态恢复的稳定及优质。

8.4.3.2 草种选育

植被恢复是生态系统恢复的基础。植物是生态修复工程的重要材料，物种遴选适宜与否直接关系到生态修复工程的效果。依循植物学及恢复生态学理论，通过多个水电工程扰动边坡植被群落的定点长期监测和群落演变分析，结合以下原则遴选寒旱区工程边坡植被修复适宜先锋物种。

(1) 抗寒性原则。

植物耐寒性指植物一般能短时间内耐零下低温影响的特性。低温是一种常见的影响植物地理分布、生长发育和品质产量的非生物胁迫因素，严重时会导致植物死亡。研究表明，高抗寒性植物具有细胞体积小、渗透势低和束缚水含量高等特点，其叶片的气孔密度小、角质层和上下表皮厚，叶肉细胞排列紧密，叶脉中的导管发达，具有更大的叶片厚度、组织结构紧密度、栅栏组织厚度、栅栏组织/海绵组织，木质部所占比例较大，皮层所占比例较小。可忍耐干旱逆境。植物的耐旱能力主要表现在其对细胞渗透势的调节能力上。在干旱时，细胞可通过增加可溶性物质来改变其渗透势，从而避免脱水。耐旱型植物还具有较低的水合补偿点，水合补偿点指净光合作用为零时植物的含水量。当植物受到低温胁迫时，通过改变相应结构来应对低温伤害，如气孔器减小、气孔呈关闭或半关闭状态、气孔器与气孔的长度和宽度减小，并通过这些方式来降低光合速率和呼吸速率，减少与外界环境之间 O_2、CO_2、H_2O 的交换，降低能量消耗，增强对低温环境的适应性。

植物抗寒性的可根据叶片受冻害程度、枝条萎蔫程度和干枯程度以及在适宜生长条件下恢复生长的状况等来鉴定，亦可以根据枝条中木质部、韧皮部和髓的褐变程度来鉴定，还可以根据植物组织中自由水含量、束缚水含量、总含水量以及自由水含量与束缚水含量的比值来评价。一般来讲，褐变程度越小，植物抗寒性越强；相对电导率越高，细胞膜透性越强，受伤害程度越大，植物抗寒性越差；抗寒性强的植物抗氧化酶活性较抗寒性弱的植物高。

(2) 耐旱性原则。

水分是影响植物地理分布、生长发育和品质产量的另一非生物胁迫因素，植物受到干旱胁迫时，根、茎、叶，特别是叶的结构会发生显著变化，同样有气孔器减小、气孔呈关闭或半关闭状态、气孔器与气孔的长度和宽度减小，并通过这些方式来降低光合速率和呼吸速率，减少与外界环境之间 O_2、CO_2、H_2O 的交换，降低能量消耗，增强对干旱环境的适应性。

目前关于植物耐旱性的研究与鉴定指标的选择，国内外学者各说纷纭，且大多集中在田间作物的耐旱方面，在园林植物耐旱性鉴定上还没有一个简单有效的鉴定标准。本研究鉴定指标主要包括形态指标和生理生化指标两方面，形态指标选取土壤相对含水量和枯叶率，生理指标选取游离脯氨酸含量和相对电导率。

(3) 乡土化原则。

乡土物种长期生长于当地，经过自然演替和选择，已融入当地自然生态系统，具有较强的适应性和抗逆性。优先选用乡土物种对植物群落的健康，加快生态系统的恢复等均有着重要的意义，同时亦可避免由于引进物种而带来的一系列问题，特别是产生物种大量入侵的灾难。世界各国在物种引进方面都有惨痛的教训，现在国际之间的物种流通已有严格的法律限制，外来物种入侵问题也越来越引起人们的注意，特别是近几年发生的一系列外来物种带来的严重生态灾难，促使我国加强了物种引进的监管，以防止外来生物入侵。因此，利用本地物种营造本土化的生态系统应是物种遴选的基础。

(4) 速生性原则。

寒旱区冬季严寒、降水量少、蒸发量大、生物生产量低，加上水电工程扰动边坡绝大多数缺乏土层，或者土层浅薄贫瘠，故此植物生长严重受限。为尽早实现边坡植被修复的目标，应遴选速生性先锋植物。植物的生长速度与所处环境的温度、水分、土壤性质等密切相关。遴选适宜的速生性植物，应根据水电工程扰动边坡具体立地条件特征模拟近似环境，开展控制性试验，监测地上、地下生物量来评价其生长速率的快慢。

(5) 经济性原则。

施工单位可以在保证工期和质量满足要求的情况下，利用组织措施、经济措施、技术措施、合同措施把成本控制在机会范围内，并进一步寻求最大限度的成本节约。特别是青藏高寒区这种环境极端恶劣区域，在进行重大工程建设时通常会有大面积区域原生态被破坏，需要进行植物修复，例如 1975 年格拉石油管道工程破坏的草甸至今还未完全恢复；青藏铁路、青藏公路高寒草甸区域 50 年后的工程迹地仍未完全恢复，因此经济性原则也应当充分考虑。在综合考虑以上因素后，选择抗逆性强、生长迅速、经济成本低的草本植物进行补植。

8.4.3.3 整理补植用地

(1) 草甸及表土剥离。

草甸剥离的季节尤其重要。为了保证草甸剥离后存活时间更长，减少其根系损伤，尽量选择气候较湿润降雨较丰富的季节（5—8 月）施工，这个段通常是草地植物的分蘖期与结实期，该季节的植被具有最长的生命力，同时气候温暖，植物免受冻害、旱害，易于成活；在施工方便的情况下，剥离草甸斑块要尽可能地大，剥离大小一般其最小边长不应小于 25cm，防止分块过小容易切断植物根系导致草皮枯死，最大边长应尽量控制在 50cm 以内，便于施工及后续搬运及储存；同时根据草甸根系下扎的深度，判断合适的剥离厚度要保证草甸剥离的厚度大于根系埋深的深度，必须开挖到根系层以下并保留 3～5cm 的裕度，这样才能保证草甸根系的完整性，一般剥离厚度约为 10～20cm（图 8.6），有利于草甸剥离后更长时间的存活。草甸剥离后，理论上应尽快进行移植，若施工时间不允许，应堆放于施工地旁，并以防风透气的密目网进行覆盖，避免大风带走草皮蓄含水分，保证草皮存活；在草皮堆存区域洒水，保持土壤湿润，保证草皮的需水量，同时在堆存区域外侧布设临时排水沟，及时疏排降水；必要时，可在洒水中添加草皮生长需要的肥料，帮助草皮度过假植期；养护时间应尽量缩短，可提高剥离草甸的成活率，也可避免因上层草皮长期覆盖导致下层草皮死亡。

在高寒区地表通常有原生草甸生长，表土一般指草甸下层的腐殖土。腐殖土为草皮的生长土层，对其提供营养基质，对施工结束后草甸回铺的成活及再生能力十分重要，因此必须进行表土剥离。但青藏高寒区地广人稀，表土剥离研究几乎为空白。根据《生产建设项目水土流失防治标准》（GB 50434—2018），表土保护率应达到 90%及以上。对于人烟稀少、无法种植粮食作物、主要发展放牧业的高寒区来说，我们进行表土剥离的目的是保证剥离草甸存活，以及后续的补植需要，保护高寒区生态系统，因此应当按实际需求进行剥离。随草甸堆叠于草甸下方，并用表土填塞堆叠缝隙，如图 8.7 所示，确保根系在短时间内可以汲取一定的养分。草甸堆叠高度不应超过 1.5m，防止底部草甸因受压过大受损甚至死亡。

图 8.6　高寒草甸厚度，较厚区域有 20cm

(2) 表土集中堆放。

对于后期草甸回铺及生态补植所需要的表土实行集中堆放制储存，堆存高度不超过 1.5m，防止储存堆放过高使下层表土底土化，压实表土使土壤内部微生物难以

图 8.7 草甸堆放，表土要填充孔隙

存活，且应用防风透气的密目网进行覆盖，防止刮风引起扬尘（图 8.8）；表土的肥力会随着堆放时间逐渐降低，长时间堆放会使土层重现，下层表土变“死土”，因此施工应尽快进行，若堆放时间较长，应对表土进行基质培育。

图 8-8 表土剥离堆放示范

（3）表土基质改良。

在草甸回铺及草籽补植之前，采用以下配比进行表土培育，将显著提高草甸或草籽的成活率：

1）有机废弃物堆肥：以青稞、玉米、小麦秸秆为主要原料，粉碎后长度为 3cm，青稞、玉米与小麦秸秆的质量比例为 5：3：2，秸秆混合物与牦牛粪、羊粪混合，秸秆混合物与牦牛粪、羊粪的质量比例为 6：4，进行自然发酵、腐熟处理 30 天，配成为有机废弃物堆肥；

2）矿物肥：按重量份数计麦饭石：方解石：黄金石＝3：1：1，经风干、粉碎、过 3mm 筛，含水量在 5%～10%；

3）高分子合成改良剂：按重量份数计羧甲基纤维素钠：聚丙烯酸钾：聚丙烯酰胺＝1：1：1；

4）微生物菌剂：使用特锐菌剂，含有哈茨木霉孢子，不能完全溶于水，加水配制并搅拌后，形成悬浮液。为保证孢子在溶液中分布均匀，并且能均匀地施用到种子或根部，需在使用过程中多次搅拌。使用剂量为 0.3～0.5g/m^2；

5）天然矿物质矿渣：按重量份数计钾长石：石灰石：白云石：磷矿粉＝3：2：1：2，经风干、粉碎过 3mm 筛，含水量 20%。

原材料按质量份数计：表土 20 份、高分子合成改良剂 10 份、有机废弃物堆肥 25 份、微生物菌剂 0.1 份、天然矿物质矿渣 20 份；混合，搅拌均匀，形成改良基质。在草甸回铺及草籽补植之前由喷播机喷播在草甸下层土壤表面，厚度不应小于3cm。

（4）草甸回铺。

回铺草甸时，应先回填表层土，并保证回铺后地表平顺，使回铺的表土与下层土壤无缝衔接；接着回铺草甸，草甸回铺后，草甸斑块之间缝隙应用表土填塞密实；可将草皮轻轻敲打拍实，防止翘角和鼓包；草皮回铺后，根据草皮生长发育的季节需要，可考虑在半个月内对其进行施肥、浇水养护，以满足植被对营养和水分的需要；回铺后的草皮需要一段时间才能与底层土壤结合，在回铺后10天之内，应尽量减少对回铺草皮区域的人为或外力侵扰；恢复较差区域应相应延长养护期限，使其恢复生长；上层草皮回铺后，应及时清除下层原生植被上的洒落腐殖土，恢复其原有生长环境。

（5）土地整治。

对于草甸回铺后草甸未能成活的区域，将采取补植措施进行生态修复。首先应对该区域土壤进行土地整治。土地整治应根据地形条件和用地要求进行整理，同时要考虑排水条件。一般工程项目土地整治应以机械施工为主，以人工施工为辅。工程整地处理将对后期植被存活及长势起到至关重要的作用，故应加强整地处理。对于施工建设造成的洼地应分层回填，深层土优先填埋，表层土回填于地表。整地措施主要包括深翻法和增施肥法：

1）整地深翻法：对绿化区域土壤进行深耕深松处理。首先削高垫底，然后深耕晒垡，切断毛细管，提高土壤活性，增强保墒抗旱能力，改良土壤的养分状况。深翻整地时段，春宜迟，秋宜早。

2）增施肥：通过增施肥，提高土壤腐殖质含量，利于团粒结构的形成，从而最终使得栽植植物易于发苗，并长势良好。基施要多施有机质含量高的生物有机肥，减少化肥用量，且在高寒区以放牧为主，化肥既不生态，也无来源。若选择施用化肥，应让化肥尽量不靠近种子，以免增加土壤溶液浓度，影响发芽。追肥应根据情况，及时施入，避免过量。

8.4.3.4　草籽调研及种植

（1）草种选择。

虽然成年乔木树种保水保土能力及水土保持效益均要优于灌木及草本，但乔木生长较慢，且需要更多的人工管护，而且青藏高寒区生境恶劣，乔木相比于灌木及草本来说其管护成本要更高，结合草种选育原则、施工成本等问题，在青藏高原生态补植植物一般选择以灌木及草种为主。

经长期选育并成功应用的补植灌木主要有紫穗槐、柠条、沙棘、梭梭、西藏小檗、紫穗槐等；补植草种主要有垂穗披碱草、老芒麦、星星草、紫花苜蓿、格桑花、老芒麦、扁穗冰草、无芒雀麦、紫羊茅、骆驼蓬、高山蓬草、紫花针茅等。其主要生态学特性及适用区域见表8.1。

表 8.1　　　　　　　　　　　　生态补植植物选择

种类	名　称	主要生物、生态学特性	适用区域	照　片
灌木	沙棘 *Hippophae rhamnoides Linn.*	胡颓子科、沙棘属落叶性灌木，苗木株高在30～50cm，成株高1.5m左右，其特性是喜光，耐寒，耐酷热，耐风沙及干旱气候，对土壤适应性强。可以在盐碱化土地上生存，因此被广泛用于水土保持。中国西北部大量种植沙棘，用于沙漠绿化	各区域，尤其风沙区	
	骆驼刺 *Alhagi sparsifolia*	骆驼刺属豆科、骆驼刺属落叶灌木。枝上多刺，叶长圆形，花粉红色，6月开花，8月最盛，根系发达且一般较长。从沙漠和戈壁深处吸取地下水分和营养，是一种自然生长的耐旱植物。在恶劣的生态环境中被作为防风固沙的植物种之一，对于抑制草场退化、减轻干旱荒漠农区绿洲的盐渍化及沙化、保护及扩大绿洲等起着重要作用	各区域，尤其风沙区、水蚀区	
	柠条锦鸡儿 *Caragana korshinskii Kom.*	豆科锦鸡儿属植物，灌木，有时小乔状，高1～4m，花期5月，果期6月；生长于半固定和固定沙地。常为优势种；喜光，适应性很强，既耐寒又抗高温。在年平均气温1.5℃，最低气温－42℃，最大冻土层深达290cm的内蒙古锡林郭勒，能正常安全越冬；极耐干旱，既抗大气干旱，也较耐土壤干旱；在贫瘠干旱沙地、黄土丘陵区、荒漠和半荒漠地区均能生长，而在沙壤土上生长迅速，年均高生长量达67cm。毛条具有根瘤菌，有固氮性能	各区域，尤其风沙区	
	拉萨小檗 *Berberis hemsleyana Ahrendt*	小檗科，小檗属落叶灌木，高达2m。老枝暗灰色，幼枝淡红色，茎刺粗壮，三分叉，叶纸质，倒披针形，分布于中国西藏。生长在海拔3660～4400m的石缝、田边、灌丛中或草坡。拉萨小檗环境适应性强，耐旱耐荫，对水分和光照条件要求不严	施工站场绿化区域、边坡生态恢复区域	
	紫穗槐 *Amorpha fruticosaLinn.*	豆科落叶灌木，高1～4m。枝褐色、被柔毛，后变无毛，叶互生，基部有线形托叶，穗状花序密被短柔毛，花有短梗；花萼被疏毛或几无毛；旗瓣心形，紫色。荚果下垂，微弯曲，顶端具小尖，棕褐色，表面有凸起的疣状腺点。花、果期5—10月。耐寒、耐干旱、耐贫瘠、耐水湿和轻度盐碱土，又能固氮、喜欢干冷气候，也具有一定的耐淹能力，浸水1个月也不至死亡，对光线要求充足，对土壤质量要求不严	各区域，尤其水蚀区	

续表

种类	名 称	主要生物、生态学特性	适用区域	照 片
草种	冷地早熟禾 *Poa crymophila Keng*	禾本科早熟禾属植物，多年生，丛生。秆直立或有时基部稍膝曲，高15～60cm，直径0.5～1mm，具2～3节。叶鞘平滑，基部者紫红色；抗旱能力较强，可在年降水量不足200mm的青海柴达木盆地种植；耐盐碱，耐瘠薄，在pH值7～8.3的土壤上种植，生长良好，抗寒，幼苗能耐－5至3℃低温，成株，冬季－38.5℃也能安全越冬。对土壤要求不严，但在湿润的沙壤土、轻黏性暗栗钙土生长繁茂	高海拔(4450～4500m)草甸、湿地、高寒草地等生态恢复区域	
	披碱草 *Elymus dahuricus Turcz.*	禾本科，多年生丛生草本植物。秆疏丛，直立，高可达140cm，叶鞘光滑无毛；叶片扁平，稀可内卷，上面粗糙，下面光滑，穗状花序直立，较紧密，穗轴边缘具小纤毛，小穗绿色，成熟后变为草黄色，含小花；是一种很好的护坡、水土保持和固沙的植物，是山地草甸或河漫滩等天然草地适宜条件下补播的主要草种。耐旱、耐寒、耐碱、耐风沙	各区域，尤其边坡生态恢复	
	星星草 *Puccinellia tenuiflora* (Griseb.) *Scribn. et Merr.*	禾本科，碱茅属多年生草本植物，疏丛型。秆直立，高30～60cm，根系发达。星星草生长在海拔500～4000m的草原盐化湿地、固定沙滩、沟旁渠岸草地上，是形成盐生草甸的建群种。星星草具有较强的盐碱耐性及抗旱性、抗寒性，能在pH值9～10以上的盐碱地上生长发育，经常在碱斑周围构成星星草群落	各区域，尤其水蚀区	
	紫花苜蓿 *Medicago sativa L.*	豆科苜蓿属植物。多年生草本，多分枝，高30～100cm。叶具3小叶；根粗壮，深入土层；可作为牧草。小叶倒卵形或倒披针形，长1～2cm，宽约0.5cm，先端圆，中肋稍突出，上部叶缘有锯齿，两面有白色长柔毛；小叶柄长约1cm，有毛；托叶披针形，先端尖，有柔毛，长约5cm。总状花序腋生；花萼有柔毛，萼齿狭披针形，急尖；花冠紫色，长于花萼	立地条件较好区域，尤其牧区	

续表

种类	名 称	主要生物、生态学特性	适用区域	照 片
草种	格桑花（翠菊） *Callistephus chinensis* (L.) *Nees*	一年生或二年生草本植物，高15～100cm。茎直立，单生，被白色糙毛；花瓣有浅白、浅红、蓝紫等色。两性花花冠黄色。属观赏性花卉；浅根性植物，干燥季节需要注意水分供给；植株健壮，不择土壤，但具有喜肥性，在肥沃沙质土壤中生长较佳，喜阳光、喜湿润、不耐涝，高温高湿易受病虫危害；耐热力、耐寒力均较差	立地条件较好区域，尤其是施工后具有观赏价值的绿化区域如绿化带等	
	老芒麦 *Elymus sibiricus Linn.*	禾本科，披碱草属多年生丛生草本植物。秆高可达90cm，粉红色，叶鞘光滑无毛；叶片扁平，有时上面生短柔毛，穗状花序较疏松而下垂，穗轴边缘粗糙或具小纤毛；小穗灰绿色或稍带紫色，含小花；抗寒力强，在－30℃至－40℃的低温和海拔4000m左右的高原能安全越冬。翌年返青较早，从返青到成熟需活动积温1500～1800℃。能耐湿，抗旱力稍差，在年降水量400～600mm的地区可旱作栽培，而在干旱地区若有灌溉条件可以获得高产。对土壤的适应性较广，适于弱酸性或微碱性腐殖质土壤生长	湿地、水蚀区	
	扁穗冰草 *Agropyron cristatum* (L.) *Gaertn.*	禾本科、冰草属多年生草本植物，秆成疏丛，高可达75cm，叶片长质较硬而粗糙，常内卷，穗状花序较粗壮，矩圆形或两端微窄，小穗紧密平行排列成两行，整齐呈篦齿状，小花，颖舟形，顶端具短芒；内稃脊上具短小刺毛。生长于干燥草地、山坡、丘陵以及沙地。冰草为优良牧草，青鲜时马和羊最喜食，牛与骆驼亦喜食，营养价值很好，是中等催肥饲料	各区域，尤其牧区	
	无芒雀麦 *Bromus inermis Leyss.*	禾本科，雀麦属多年生草本植物，秆直立，疏丛生，高可达120cm，叶鞘闭合，叶片扁平，先端渐尖，两面与边缘粗糙，圆锥花序，较密集，花后开展；微粗糙，小穗含花，小穗轴生小刺毛；颖披针，外稃长圆状披针形，内稃膜质，短于其外稃，脊具纤毛；颖果长圆形，褐色，7—9月开花结果。营养价值高，适口性好，耐寒旱，耐放牧，也是建立人工草场和环保固沙的主要草种	各区域	

续表

种类	名　称	主要生物、生态学特性	适用区域	照　片
草种	紫羊茅 *Festuca rubra L.*	禾本科，羊茅亚属多年生草本植物，疏丛或密丛生，秆直立，无毛，高可达70cm，6—9 月开花结果。生长在海拔600～4500m 的山坡草地、高山草甸、河滩、路旁、灌丛、林下等处。紫羊茅能充分利用弱光，而且簇叶多，绿化效果好。紫羊茅喜肥又耐瘠薄，在砂砾地、岗坡地等生长也较好，喜微酸性至中性土壤，以 pH 值 6.0～7.5 最为适宜，但超过 8.0 的碱性土壤生长较差	非碱性土壤区域	
	骆驼蓬 *Peganum harmala L.*	蒺藜科、骆驼蓬属多年生草本植物，高可达 70cm，无毛。根多数，粗达2cm。茎直立或开展，由基部多分枝。叶互生，叶片卵形，全裂条形或披针状条形裂片，花单生枝端，与叶对生；萼裂片条形，有时仅顶端分裂；花瓣黄白色，倒卵状矩圆形，花丝近基部宽展；蒴果近球形，种子三棱形，稍弯，黑褐色、表面被小瘤状突起。5—6 月开花，7—9 月结果。生长在荒漠地带干旱草地、绿洲边缘轻盐渍化沙地、壤质低山坡或河谷沙丘	风沙区、盐渍化沙地区	
	高山蓬草 *Halogeton arachnoideus*	苋科盐生草属的植物，一年生草本，高 10～40cm。多生长在沙地、干旱山坡及河滩，植株用火烧成灰后，可以取碱	干旱区、边坡生态修复	
	紫花针茅 *Stipa purpurea Griseb.*	禾本科、针茅属多年生密丛草本植物。须根较细而坚韧。秆细瘦，高可达45cm，基部宿存枯叶鞘。7—10 月开花结果。分布于中国甘肃、新疆、西藏、青海、四川。多生于海拔 1900～5150m 的山坡草甸、山前洪积扇或河谷阶地上。草质较硬，但牲畜喜食，由于耐牧性强，产草量高，可收贮青干草，是草原或草甸草原地区优良牧草之一	高海拔区域、牧区	

（2）草种种植。

生态补植措施施工一般要选择雨季或雨季即将来临之前进行，可以增加草籽的出苗率，同时防止恶劣天气造成的不必要的损失，造成新的水土流失。种子播撒前，在种草的区域内铺填一定厚度的表土，并进行营养基质改良，深耕细作，保证土壤温度为草种正常生长创造良好的条件。

1）放线、打号。严格按照补植施工图纸的布局要求，用测量仪器进行定点测量、放线，标出种植地段、种植位置及品种的轮廓，据此进行放样。

2）整地。按设计文件进行整地。

3）灌木苗木栽植。

a. 栽植进行挂线作业，做到“高低一线，左右一线”。

b. 栽植技术做到规范化。栽植时先将苗木放入穴中，理好根系，使其均匀舒展，不窝根，更不能上翘、外露，同时注意保持深度，适当深栽，超出原土印 2～3cm，然后分层覆土，做到“三埋两踩一提”，将肥沃的湿润土壤填于根际，提根并分层踏实。踏实后穴面可再覆一层虚土，或盖上塑料薄膜、植物茎干、碎石等，以减少土壤水分蒸发。种植宜选择在无风的阴天或多云的天气。

c. 栽植带大土球的苗木时，除防止散坨外，还应去掉不宜穿透的容器，或将土球上部的麻（草）袋割开并除去，其技术与裸根栽植基本相同，覆土时应填实土坨与土壤之间的空隙。

d. 及时发现倾斜苗和根部覆盖不严苗，进行扶正和培土。

e. 浇水：植苗前检查树坑规格，然后浇灌底水，待水全部渗透后方可种植。种植后做土埂，其半径比树坑半径大 20～30cm。种植后须立即浇灌定植水，定植水浇足浇透，待水全部渗下后及时覆土或封埂。及时浇水 4～5 天后再浇第二遍水，10 天之内要浇第三遍水，干旱无雨季节，要增加浇水的次数。每次浇水后，发现土壤出现裂缝或洞穴后，及时覆土夯实。

4）种草。种草严格按杂物清运、场地平整、浇水、基质培育、喷播植草、镇压覆盖、浇水、清理现场等施工工序进行施工，完工后交付管护。

a. 杂物清运：对场地进行细致的清理，除去所有不利于植物生长的元素，如不能破碎的土块，大于 25mm 的砾石、树根、树桩和其他垃圾等用铁耙清理干净。

b. 场地平整：大面积绿地深耕 30～40cm 平整地面，并采用机械耙耱，使其地形符合设计要求。机械不到的地段采用人工进行细致平整。

c. 浇水：在坪床之前对植草地段浇一次透水，对草种发芽非常有利。

d. 撒播：播种以机械喷播为主，草本出苗后长势均匀、美观。喷播选择在无风雨的天气进行。

8.4.3.5 喷播植草技术

喷播技术是结合喷播和免灌两种技术而成的新型绿化方法，将绿化用草籽与保水剂、黏合剂、绿色纤维覆盖物及肥料等，在搅拌容器中与水混合成胶状的混合浆液，用压力泵将其喷播于待播土地上。由于混合浆液中含有保水材料和各种养分，保证了植物生长所需的水和其他营养物质来源，故而植物能够健康、迅速地成长。客土喷播适合于大面积的绿化作业，尤其是较为干旱缺少浇灌设施的地区，与传统机械作业相比，效率高成本低，对播种环境要求低，由于使用材料均为环保材料，所以可确保安全无污染。其操作流程如图 8.9 所示。

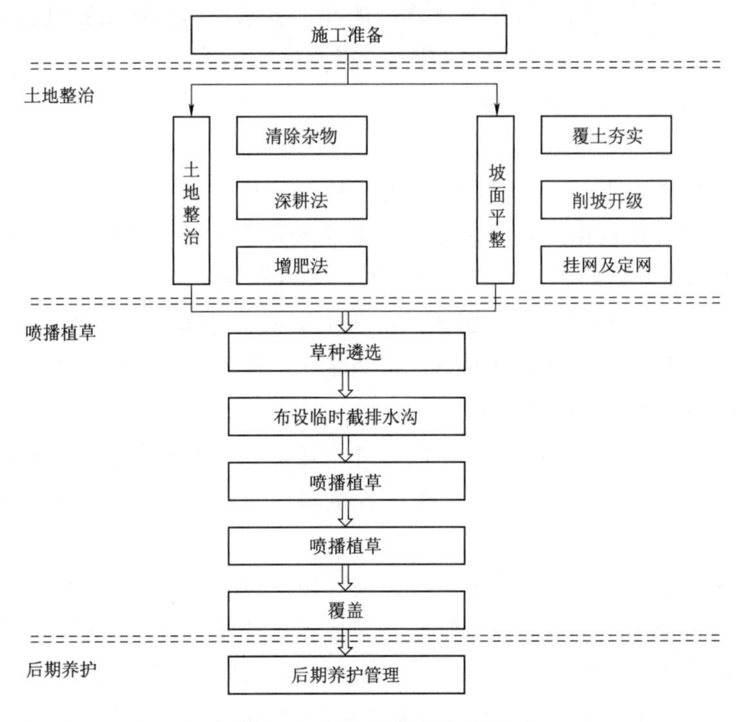

图 8.9　喷播植草技术路线

喷播基质是保证喷播成功的重要因素。喷播基质按比例配制。

(1) 设安全防护区。

界定安全防护区，在施工场地设置施工标志。根据施工安全操作规范要求，选择安全防护措施。若在边坡进行挂网喷播，则应搭设钢管脚手架，下铺毛竹脚手片，上挂防护网，或从山顶下悬绳索，系安全带施工。脚手架搭设按脚手架搭设施工规范进行施工，现场施工人员佩戴安全帽及必要的劳保用具。

(2) 作业面整理。

若作业面为平地或者缓坡，则主要以土地平整为主，尽量使作业面平整，对于高填洼深的工程，其坡面上的作业面整理需要清除杂物及松动岩块，对坡面转角处及坡顶的棱角进行修整，使之呈弧形，尽可能将作业面平整，以利于客土喷播施工。对低洼处适当覆土夯实回填或采用植生袋装土回填，以填至反坡段消失为准，在条件允许的情况下可在作业面上每隔一定高度开一个横向槽，以增加作业面的粗糙度，使喷播泥浆对作业面的附着力加大。若岩石边坡本身不稳定，应该采用预应力锚杆锚索进行加固处理。

(3) 截、排水沟施工。

作业面排水系统的设置是否恰当和合理，直接关系到作业面植被的生长环境，对于长边坡、大边坡，坡顶、坡脚均需要设置临时排水沟，并根据工程量的大小考虑是否设置坡面排水沟。

(4) 铺网及钉网。

采用高镀锌菱形铁丝网或高强塑料加强土工网，网孔规格为5cm×5cm。岩石处用风钻或电钻按1m×1m间距梅花形布置锚杆和锚钉。锚杆长90～100cm。锚钉长约15～40cm。挂网施工时采用自上而下放卷，相邻两卷铁丝网（土工网）分别用绑扎铁丝连接固定，两网交接处至少要求有10cm的重叠（图8.10），锚钉每平方米不少于5只。网与作业面保持一定间隙，并均匀一致。在比较陡峭的岩面坡壁，可用草绳按一定间隔缠绕在网上，以增加附着力，使喷播上的土壤厚度得到保证。挂网可以使客土基质在岩石表面形成一个持久的整体板块。

图8.10 施工边坡挂网喷播，两网交接处至少要求有10cm的重叠

(5) 喷播泥浆。

灌木种子用80℃热水（含浸种剂）浸种1天，草本植物种子在喷播前浸种1～2小时使种子吸水湿润即可。将处理好的种子与制备好的喷播基质以及水等经过喷播机搅拌混匀成喷播泥浆，在喷播泵的作用下，均匀喷洒在工作作业面上，喷播泥浆厚度不应小于3cm。

(6) 覆盖。

为保证多雨季节，植物种子生根前免受雨水冲刷，寒冷季节，植物种子和幼苗免受冻伤害，以及正常施工季节的保温保湿，要求采用防风透气的密目网或干草进行覆盖，预防成型后的作业面被雨冲刷，同时保温保湿，促进植物的生长。

8.4.3.6 植物群落构建

根据施工作业面土壤或岩面性质、当地气候特点、施工季节，并结合各种植物生长特性，利用草种及灌木的互补性选择补植植物，如深根型和浅根型、高植株与矮植株的空间搭配、豆科和禾本科相互促进作用、生长迅速与生长较慢但水保效益好、先锋物种与草本植物进行混合喷播，抗旱耐寒互作耦合，灌木草本科学搭配，高、中、低空间分布有机叠加，增加生态补植植物群落的环境抵抗性及群落稳定性，保证在生态修复后的各个时期补植的植物群落都兼具水土保持效益。表8.2为针对各种立地条件下对目标群落搭配的参考。

表 8.2　　植物群落构建搭配参考

立地条件		目标群落	群落特征	生态补植物种搭配
缓坡地区	立地条件较差	简单型立体植被	草本、先锋物种为主	草本：翠菊、紫花苜蓿、早熟禾、紫羊茅、披碱草、老芒麦 先锋物种：生物结皮
	立地条件较好	多层次立体植被	灌木、草本科学叠加，有机搭配	灌木：紫穗槐、拉萨小檗 草本：老芒麦、扁穗冰草、无芒雀麦、紫羊茅、骆驼蓬、高山蓬草、紫花针茅
30°≤坡度<50°	—	低矮型草灌植被	草本为主，灌木为辅	灌木：沙棘、骆驼刺 草本：冷地早熟禾、
坡度≥50°	—	低矮型草灌植被	主要喷播草本植物	冷地早熟禾、披碱草、星星草、扁穗冰草、无芒麦雀、紫羊茅、高山蓬草
风沙区	—	低矮型草灌植被	以低矮型防风固沙草灌为主	灌木：沙棘、骆驼刺、柠条锦鸡儿 草本：扁穗冰草、无芒麦雀、紫羊茅、骆驼蓬、高山蓬草、紫花针茅
水蚀区	—	深根型草灌植被	以深根型草灌结合为主	灌木：骆驼刺、紫穗槐 草本：星星草、老麦芒
牧区	—	可作牧草类植被	以产草量高草本为主	紫花苜蓿、扁穗冰草、紫花针茅

8.4.3.7　后期养护管理

乔灌木种植后，在种植穴周围筑成 10～15cm 的灌水土堰，不漏水。新植苗木在当日浇透第一遍水，一般隔 3～5 天浇第二遍水，再隔 7～8 天浇第三遍水。为了保证植物成活率，管理工作包括洒水、施肥、修剪、清除杂草杂物及垃圾、防治病虫害等。在风沙较大区还应设置沙障，避免苗木被风沙吹倒受损伤。

草籽播种后必须立即浇透水，第一次灌水量以渗透入土深度不低于 10cm 为宜，生长初期应经常喷水保持湿润。等草籽出苗后，对缺苗地段进行集中补播，增加植被覆盖度，同时做好病虫害防治工作。

8.4.3.8　生物结皮生态修复技术

青藏高寒区域主要面临的问题是气候干旱、水源缺乏，植被恢复或补植的难度很大，成本较高，植被恢复后若没有人工养护难以成活。生物土壤结皮（Biological Soil Crusts，BSCs）简称生物结皮，是由蓝藻、绿藻、地衣、苔藓类和微生物以及其他相关的生物体通过菌丝体、假根和分泌物等与土壤表层颗粒胶结而成的复合体（图 8.11）。其抗逆性强，广泛存在于沙漠、黄土高原、青藏高原等干旱、半干旱生态系统中，覆盖了全球约 30%的旱地表面积，是旱地生态系统的重要组成部分。在水分极其匮乏的区域，高等植被等通常很难存活，生物结皮作为一种“先锋物种”，在侵蚀劣地易于存活，可以增加地表覆盖及粗糙度、截留和黏结土壤颗粒，影响土壤容重和孔隙度，提高土壤有机质含量，改善土壤结构与稳定性，增强土壤抗侵蚀能力，汲取水分并且改良土壤的理化性质，改

善水肥气热等环境条件，为草本植物的生长创造先决条件。鉴于青藏高原区生境较为恶劣，生态恢复可采用生物结皮进行。

图 8.11　青藏高原生物结皮

青藏高原地区地表生物结皮主要以苔藓结皮与藻类结皮为主。目前生物结皮人工接种方法主要包括：①孢子接种，用镊子将成熟的褐色孢蒴从采集的新鲜藓结皮上采下来放置到试管的底部，然后用竹筷碾碎释放出孢子，然后注入 5mL 蒸馏水制成孢子悬浮液接种；②断茎接种，将剔除孢蒴的藓结皮地上植株部分剪切下来，用单面刀片切碎；③碎皮接种，将风干的原状藓结皮用植物式样粉碎机粉碎备用；④分株法：将藓类结皮层切成 1cm×1cm 的小块，栽培于 1m×1m 样方土壤中，喷水后用塑料薄膜覆盖保存水分，不定期喷水并连续观察结果。

碎皮接种法藓结皮的盖度、藓类植物的密度和株高最高，具体操作步骤如下：①选择生物结皮：根据试验区气候以及土壤特性，选择自然发育良好的生物结皮；②采集生物结皮：铲取表层约 10～20mm 厚的结皮备用，将采集的生物结皮晾干，去除杂物后粉碎过筛，搅拌混匀制成生物结皮种源；

（1）制备生物结皮种源。

采集试验所需生物结皮原材料，在野外采集生长良好的生物结皮，使用小铲子小心铲取表层约 10～20mm 厚的生物结皮，将采集的样品置于室内阴干，之后将其与杂质以及土壤分离，使用植物粉碎机将其粉碎（孔径为 1.2mm），生物结皮使用量为 $0.3\sim0.5kg/m^2$。表土风干后过 1mm 筛，使用量为 $0.3\sim0.5kg/m^2$。再加入 $10g/m^2$ 边坡黏合剂，$50g/m^2$ 小麦或玉米秸秆粉末（可帮助提升泥浆黏结性以及营养成分），以及 $40g/m^2$ 氮磷钾混合肥料（包含 $15g/m^2$ 尿素、$15g/m^2$ 三料磷肥和 $10g/m^2$ 氯化钾），将上述原材料混合均匀，再在其中加入 $2L/m^2$ 的水并混匀，形成较黏稠的泥浆备用。

（2）制备喷播泥浆。

将生物结皮颗粒、过筛表土、氮磷钾混合肥料以及边坡黏合剂（聚丙烯酰胺，PAM）按照 40∶40∶1∶4∶5 的干重量比混合，其中氮磷钾混合肥料为尿素、三料磷肥以及氯化钾按比例为 1.5∶1.5∶1 的重量比混合制成，再将上述的混合物与水按 1∶2 的重量比混合均匀成泥浆。

（3）喷播生物结皮。

将要喷播区域修平整，使用喷播机将泥浆均匀喷播于土层表面，生物结皮泥浆喷洒量为 1.5～2kg/m^2，并使用防风透气的密目网或者干草覆盖。

将生物结皮混合泥浆倒入喷播机料斗内，喷播机为可调节式液压喷播装置，动力由柴油发动机提供，通过液压装置将泥浆输送至喷头，利用高压将泥浆附着在地表上，喷播时应控制好喷播速率，使泥浆喷洒均匀，喷洒量为 1.5～2kg/m^2，厚度不应小于 3mm。喷播后在梯壁上覆盖一层干草，防止生物结皮因刮风、阳光暴晒或降雨造成损失，影响喷播效果。

（4）培养生物结皮。

考虑到区域内降雨量较小，且生态环境较为恶劣，喷播结束后在 15 天内的每天早晚浇水两次，并在 10 天后追肥，施 10～18g/m^2 尿素、10～15g/m^2 三料磷肥和 8～12g/m^2 氯化钾，施肥时将肥料溶于水中喷施。降雨期间停止浇水，15 天之后 2 个月每 3～4 天浇水一次，2 个月左右后可停止浇水，同时可以清除生物结皮上面的覆盖。浇水时水管要外接雾化器，避免直接冲刷喷播的生物结皮。待生物结皮覆盖大部分面积后即可停止培养。

喷播后定期测定生物结皮盖度的变化，盖度：采用点针样框法测定，所用网格规格为 3cm×3cm。生物结皮接种生长迅速，在 1 个月后可观察到青绿色斑状生物结皮，但覆盖度仅 10%。在 2 个月后停止浇水时生物结皮生长已很明显，覆盖度达 30%。之后就可自然生长，5 个月后覆盖度可达 70%左右。

参　考　文　献

[1]　韩海辉．基于 SRTM-DEM 的青藏高原地貌特征分析 [D]．兰州：兰州大学，2009.

[2]　张继承．基于 RS/GIS 的青藏高原生态环境综合评价研究 [D]．长春：吉林大学，2008.

[3]　赖开金．山区高速公路综合地质勘探技术探究 [J]．工程技术研究，2018 (9)：38-39.

[4]　张宇，魏浪，孙荣，等．贵州喀斯特地区高速公路建设项目水土流失防治探讨 [J]．中国水土保持，2019 (12)：43-45.

[5]　李松招．福建省清流县铁路建设项目水土流失特点及防治措施 [J]．亚热带水土保持，2019，31 (2)：60-63.

[6]　王童，焦莹，菅宇翔，等．水利水电工程表土剥离相关问题探讨 [J]．水利水电工程设计，2016，35 (3)：7-9.

[7]　田原，余成群，查欣洁，等．青藏高原西部、南部和东北部边界地区天然水的水化学性质及其成因 [J]．地理学报，2019，74 (5)：975-991.

[8]　陈斌，李海东，曹学章．西藏高原典型生态系统退化及植被恢复技术综述 [J]．世界林业研究，2014，27 (5)：18-23.

[9]　崔庆虎，蒋志刚，刘季科，等．青藏高原草地退化原因述评 [J]．草业科学，2007 (5)：20-26.

[10]　SHEN WS，LIH D，SUN M，et al. Dynamics of Aeolian sandy land in the Yarlung Zangbo River basin of Tibet，China from 1975 to 2008 [J]．Global and Planetary Change，2012 (86)：37-44.

[11]　王谋，李勇，黄润秋，等．气候变暖对青藏高原腹地高寒植被的影响 [J]．生态学报，

2005 (6): 1275 - 1281.
[12] 林乃峰. 近35年藏北高原湖泊动态遥感监测与评估 [D]. 南京: 南京信息工程大学, 2012.
[13] 万玮, 肖鹏峰, 冯学智, 等. 卫星遥感监测近30年来青藏高原湖泊变化 [J]. 科学通报, 2014, 59 (8): 701 - 714.
[14] 恩和. 内蒙古过度放牧发生原因及生态危机研究 [J]. 生态经济, 2009 (6): 113 - 115, 122.
[15] 许志信, 赵萌莉. 过度放牧对草原土壤侵蚀的影响 [J]. 中国草地, 2001 (6): 60 - 64.
[16] 邵伟, 蔡晓布. 西藏高原草地退化及其成因分析 [J]. 中国水土保持科学, 2008 (1): 112 - 116.
[17] 李矿明, 宗嘎, 汤晓珍, 等. 西藏湿地保护现状及发展策略探讨 [J]. 中南林业调查规划, 2010, 29 (4): 64 - 67.
[18] 赖星竹, 周正坤, 杨宗莉. 西藏高寒湿地面临的环境问题 [J]. 西藏科技, 2012 (5): 38 - 39.
[19] 闫玉春, 唐海萍. 草地退化相关概念辨析 [J]. 草业学报, 2008 (1): 93 - 99.
[20] 韩文军, 春亮, 侯向阳. 过度放牧对羊草杂类草群落种的构成和现存生物量的影响 [J]. 草业科学, 2009, 26 (9): 195 - 199.
[21] 王丽颖. 西藏矿产开发与环境保护调查研究 [J]. 西藏科技, 2007 (8): 57 - 59.
[22] 魏建方. 基于青藏铁路建设影响高寒植被再造技术的研究 [D]. 成都: 西南交通大学, 2005.
[23] 曹永翔, 韩晓峰, 权广峰. 西藏地区水电站建设水土流失影响及植被修复措施探讨——以多布水电站为例 [J]. 西北水电, 2014 (1): 7 - 9.
[24] 沈渭寿, 张慧, 邹长新. 青藏铁路生态影响预测与评价 [M]. 北京: 中国环境科学出版社, 2005: 41 - 43.
[25] 陶博文, 周博. 施工影响区亚高山草甸移植技术 [J]. 施工技术, 2020, 49 (51): 1666 - 1669.
[26] 冯大财. 关于高寒区冻土路基施工的几点看法 [J]. 江西建材, 2015 (14): 191 - 192.
[27] 何瑞霞, 金会军, 吕兰芝, 等. 格尔木-拉萨成品油管道沿线冻土工程和环境问题及其防治对策 [J]. 冰川冻土, 2010, 32 (1): 18 - 27.
[28] 高宝林, 李杰, 高武林, 等. 西藏自治区生产建设项目表土剥离及保护刍议 [J]. 水利规划与设计, 2021 (5): 87 - 89.
[29] 平原, 马美景, 郭忠录. 像呵护皮肤一样呵护土壤——论土壤的重要性及表土保护与利用 [J]. 中国水土保持, 2021 (1): 14 - 17.
[30] 姚志杰, 古力巴哈. 高寒区公路建设项目水土流失特点及治理措施 [J]. 河南水利与南水北调, 2021, 50 (3): 52 - 53.
[31] 罗卫东, 雷江, 郭志敏. 藏北高寒区光伏电站建设期水土流失防治措施简析 [J]. 绿色科技, 2018 (18): 47 - 49.